제2판

전기·전자·통신 계열

공업수학

김성덕, 김은원, 임동균 공저

D.B.Info

머 리 말

최근에 이르러 전자, 통신시스템은 물론 계측제어 및 전기공학 등은 매우 급속히 발전해 가고 있다. 이러한 분야의 대부분은 입, 출력 사이의 신호 전달특성을 해석하는데 주안점을 두고 있다. 일반적으로 물리시스템의 특성은 적절한 수식모델로 표현되어야 하고 이 모델을 토대로 해석이나 설계가 이루어진다. 따라서, 공학문제에서의 수학은 필수적인 도구임에 틀림이 없다. 그렇지만, 전자, 전기, 계측제어 또는 정보통신공학을 입문하는 학생들에게는 그 필요성 만큼 수학을 공부하기가 수월하지 않은 것이 보통이다. 이는 관련학과에서 배우는 응용수학이 다른 교과과정과의 연관이 쉽지 않다는 사실이 첫번째 이유이며, 또한, 수학시간에 배운 이론들이 매우 광범위하므로써 응용이나 적용에 지속적인 노력이 필요하다는 것이 두번째 이유일 것이다.

일반적으로 공학을 다루기 위한 응용수학은 그 범위가 매우 다양해서 짧은 기간에 학습하여 관련교과목에 적용하기가 쉽지 않다. 물론, 최근에는 디지탈 소자와 마이크로 프로세서 분야나 컴퓨터 소프트웨어공학 분야 등은 경우에 따라 수학적인 개념이 다소 덜 사용되기도 한다. 또한, 전자회로, 제어시스템 등의 분야에서는 해석 및 설계용 전용 소프트웨들의 출현으로 사용자가 관련 소프트웨어를 단순히 운용하므로써 복잡한 수학적인 기법을 이해하지 않더라도 해당분야를 이해하여 적용할 수 있게 되었다. 그렇지만, 소형 컴퓨터를 사용하더라도 반도체 소자 및 관련 시스템의 급속한 발전으로 인하여 시스템을 해석하거나 설계하는 경우에 필요한 수학적 기법은 오히려 증가되었다. 따라서, 응용수학은 여전히 공학도의 필수적으로 학습해야 하는 교과목임에 틀림없다.

전자, 전기, 통신 및 계측제어공학 분야는 공통적인 기초개념을 가진 것들 뿐만 아니라 적용분야가 다를 수 있으므로 다양한 응용수학기법들이 사용된다. 그러나, 제한된 시간에 모든 분야를 학습할 수 없을 뿐만 아니라 어떤 분야는 학습량에 비하여 적용범위가 제한된 것들도 있다. 따라서, 관련분야에 가장 보편적인 해석 수단으로서의 수학기법을 학습하는 것이 요청된다. 다행이도 이들 분야는 대상이 회로시스템이 주로 사용되고 따라서 이들의 입, 출력 특성 등을 신호처리의 개념으로 해석하는 경우가 많다.

전형적으로 전자, 전기 및 통신공학과에서 사용되고 있는 수학교재는 선형대수학 뿐만 아니라 함수론, 미분방정식 해석과 그 응용 등의 광범위한 분야를 총망라하고 있다. 그러나, 이 책에서는 신호처리를 위해 사용되는 수학으로 국한하므로써 학습자들의 부담을 줄일 수 있도록 배려하였다. 행렬, 복소수 및 벡터 등의 선형대수학은 대학의 저학년에서 기초적으로 다룰 뿐 아니라 전공교과목에서도 학습하므로 이 분야를 전혀 다루지 않았다. 따라서, 저자들은 본 교재에 아날로그 신호처리에 근간인 선형미분방정식, Laplace 변환, Fourier 급수 및 Fourier 변환을 집중적으로 기술하였다. 그러나, 디지탈 신호처리를 위해 차분방정식, z 변환 및 이산 Fourier 변환 등은 지면관계상 다루지 못했다.

1장에서는 미분방정식의 기본해법을 소개하고 선형회로망과 같은 선형시스템에서 자주 사용되는 선형미분방정식의 해석법을 집중적으로 설명하였다. 시간함수의 Laplace 변환, 역변환, 부분분수 전개법과 Laplace 변환의 응용이 2장에서 다루어진다. 한편, 3장에서는 주기함수의 Fourier 급수 전개법과 이들의 응용분야를 서술하고, 4장에서는 시간함수에 대한 Fourier 변환과 그 해석법을 기술하였다.

본 교재에서는 수학의 깊은 이론은 배제하고 증명 또한 간단한 것들만 제시하였다. 가급적으로 각 설명 중에 대표적인 예제를 두고 해석하므로써 학습자의 학습의욕이 상실되지 않도록 하였다. 또한, 학습내용이 관련되거나 응용될 수 있는 분야와의 관계를 기술하고 이때 사용되는 용어의 정의와 수학적인 개념 사이의 관계를 설명하였다. 각 장의 마지막 절에서는 학습된 수학이론들이 관련되는 분야를 소개하고 그 각각에 대한 응용예를 보이므로써 전공교과목과의 관계를 이해할 수 있도록 시도하였다.

이 책은 대학 또는 전문대학에서 전자, 전기, 통신 및 계측제어공학을 전공하는 2학년 또는 3학년 학생들에게 주당 3시간 정도로 1학기에 강의 및 학습할 수 있도록 집필하였다. 내용은 1장에서 4장까지의 차례로 기술되어 있으나 필요에 따라 각 장을 독립적으로 학습할 수 있다. 본 교재는 다년간 저자의 강의경험을 토대로 교수와 학습자에게 부담이 덜어질 수 있도록 심혈을 기울였지만 미흡한 면이 적지 않으리라 추측된다. 추후, 독자들의 충고와 격려로서 수정, 보완해 나갈 것을 약속한다. 끝으로 이 교재가 완성되기까지 여러 측면에서 도와주신 분들과 복두출판사의 한승희씨와 송광헌 사장님께 감사의 말씀을 드린다.

저자 일동

차 례

제1장 미분방정식의 해법

제2장 Laplace 변환

제3장 Fourier 급수

제4장 Fourier 변환

제 1 장

미분방정식의 해법

물리시스템의 특성을 기술하는 미분방정식은 공학계 수학에서 매우 중요한 역할을 한다. 왜냐하면, 물리특성을 나타내는 법칙이나 원리들이 대부분 미분방정식 형태로 표현되기 때문이다. 따라서, 물리시스템을 다루는 전기, 전자, 기계공학 등에서는 미분방정식을 구성하거나 작성된 방정식의 해석을 통하여 대상시스템의 특성을 규명해야 한다. 특히, 회로시스템을 근간으로 하는 전자회로, 반도체 장치, 통신장비 등 뿐만아니라 음성, 영상, 소음 등의 신호처리 분야와 전동기, 전력시스템 등의 해석 및 설계에서는 다양한 형태의 미분방정식이 나타난다.

미분방정식은 물리시스템 특성의 수학적 표현이므로, 전자, 전기, 계측제어, 통신 등의 관련학과에서는 전기자기학, 회로망 해석, 반도체회로의 설계, 물성론 및 제어공학 등에서 자주 접하게 된다. 그러므로 미분방정식의 작성이나 그 해석은 관련 교과목 내용을 학습하는데 필수 불가결한 문제이다. 이 장에서는 미분방정식의 작성과 그 해를 구하는 방법을 기술하고, 회로시스템을 예로들어 주어진 해석법이 관련분야에 실제적으로 응용되도록 시도하였다. 특히, 다루어진 대부분의 내용은 선형미분방정식을 대상으로 하고, 방정식 형태, 작성 및 해법들을 기술한다.

1.1 미분방정식의 개론

1.1.1 미분방정식의 종류

일반적으로 미분방정식(differential equation)이란 종속변수와 독립변수 및 이들의 도함수들로 구성된 방정식을 말한다. 이러한 미분방정식은 방정식의 형태에 따라 다양한 해석법이 사용된다. 미분방정식의 종류는 다음과 같다.

(1) 상미분방정식(ordinary differential equation)

함수 $y=f(x)$에 대하여 x를 독립변수라 하고 y를 종속변수라 한다. 이 때,

$$g(x,\ f(x),\ f'(x),\ f''(x),\cdots,c)=0 \qquad \cdots\cdots (1.1)$$

과 같이 함수와 이 함수에 대한 상미분계수로 이루어진 방정식을 상미분방정식이라 한다. 여기서 $f'(x)=df(x)/dx$이다. 상미분방정식 식(1.1)은 독립변수가 1개이고 종속변수가 1개인 함수의 도함수로 이루어짐을 알 수 있다.

예제 1-1

다음은 상미분방정식의 예들이다.

(1) $y'=2y$: (1계 1차 선형미분방정식)

(2) $y''-xy'+y=0$: (2계 1차 선형미분방정식)

(3) $\dfrac{d^2y}{dx^2}=3y^3\dfrac{dy}{dx}+2\cos 3x$: (2계 1차 비선형미분방정식)

(4) $x^3y^5\left(\dfrac{d^3y}{dx^3}\right)^2+\tan 2xy^4=2e^{-3x}\sin 2x$: (3계 2차 비선형미분방정식)

□

예제 1-1에서 (1)~(2)는 선형미분방정식(linear differential equation)이라 하고, (3)~(4)는 비선형(nonlinear) 미분방정식이다. 선형미분방정식이란 y 및 y', y'', …… 등의 항이 1차로 구성된 방정식을 말하며, 특히, 이

러한 항들에 대한 계수(coefficient)가 상수인 방정식을 상수계수 선형미분방정식이라 한다. 이 장의 1.1 및 1.2절의 일부를 제외하고는 이 책에서는 상수계수 형태의 선형미분방정식의 해석을 주로 다룬다. 따라서, 선형성(linearity)나 비선형 미분방정식은 다른 전문서적을 참고하기 바란다.

방정식의 명칭은 방정식의 계수(階數:order)와 차수(次數 : degree)에 의해 구분된다. 이 때, 미분방정식의 계수는 방정식 중에 나타나는 최고계 도함수를, 차수는 이 최고계 도함수의 차수를 나타낸다. 예제1-1의 (4)에서와 같이, 먼저 도함수의 최고계와 이 최고계의 차수로 방정식을 명칭한다는 것을 주목해야 한다.

(2) 편미분방정식(partial differential equation)

독립변수가 2개 이상이고 종속변수가 1개인 다음과 같은 함수가 있다.

$$y = f(x_1,\ x_2,\ \cdots) \qquad \cdots\cdots (1.2)$$

이 함수에 대하여

$$g\left(x_1,\ x_2,\ \cdots,\ \frac{\partial y}{\partial x_1},\ \frac{\partial y}{\partial x_2},\ \cdots,\ \frac{\partial^2 y}{\partial x_1 \partial x_2},\ \cdots\right) = 0 \qquad \cdots\cdots (1.3)$$

와 같이 편미분계수를 포함하는 방정식을 편미분방정식이라 한다.

예제 1-2

다음 예는 편미분방정식의 예이다.

(1) $z = x\dfrac{\partial z}{\partial x} + y\dfrac{\partial z}{\partial y}$

(2) $\dfrac{\partial^2 V}{\partial x^2} + \dfrac{\partial^2 V}{\partial y^2} + \dfrac{\partial^2 V}{\partial z^2} = 0$ (Laplacian equation)

□

(3) 전미분방정식(total differential equation)

방정식

$$f(x,\ y,\ z,\ c) = 0 \qquad \cdots\cdots (1.4)$$

과 같이 독립변수와 종속변수를 구분할 수 없는 경우에, 이 함수와 이 함수에 대한 도함수들로 구성된 방정식을 전미분방정식이라 한다.

예제 1-3

다음 방정식은 전미분방정식의 전형적인 예이다. 이 방정식의 일반해는 구이다.

(1) $xdx + ydy + zdz = 0$

□

1.1.2 미분방정식의 작성

공학이나 물리학에서는 해석하는 대상에 따라 여러가지 형태의 미분방정식이 나타난다. 예컨데, 선형회로시스템에서는 선형미분방정식이 주어지고 반도체소자 특성해석에서는 비선형방정식이 구성된다. 실제로 특성을 기술한 미분방정식은 대상시스템에 나타나는 법칙이나 원리에 의해 작성된다. 회로에서의 키르히호프 법칙이나 전하분포를 표현한 Poisson 법칙, 전기기기의 에너지 보존법칙 등이 그 예이다. 따라서, 공학문제에서는 대상시스템의 특성을 나타내는 수학적 모델(model)을 작성하는 과정과 이 과정에서 주어진 방정식을 풀어 시스템의 성질을 분석하거나 이 결과를 응용하는 해석과정이 있다. 즉, 모델링(modelling)과 해석(analysis)이다. 모델링 과정은 수동회로망, 반도체회로, 통신시스템, 전동기 및 계측제어 등과 같이 각 분야의 특성들이 다양하게 주어지기 때문에, 이 책 전체는 주로 주어진 미분방정식을 해석하는 것으로 제한한다. 그렇지만, 공학문제를 다루는 경우에는 이 두가지 과정을 이해하여야 한다.

경우에 따라서는 얻고자 하는 결과에 대해 이 결과가 나올 수 있는 미분방정식을 만들어내는 과정이 요구되기도 한다. 이러한 절차는 해(solution)와 미분방정식의 관계를 추론하는데 도움이 된다. 이 절에서는 미분방정식의 해로 부터 원 미분방정식을 작성하는 방법을 고찰한다.

예컨데, 시스템의 동특성이 다음과 같은 간단한 미분방정식으로 표현된다고 가정해 보자.

$$\frac{dy}{dx} = 2x \qquad \cdots\cdots (1.5)$$

이 방정식의 양변을 적분하면

$$y = \int 2x\,dx = x^2 + c \qquad \cdots\cdots \ (1.6)$$

여기서 c는 적분상수(integral constant)이다. 이 값은 주어진 시스템에 대하여 해석자가 알수 있는 초기값(initial value), 최종값(final value) 등의 경계조건(boundary condition)이나 특정값에 의해 구해진다. 이와 같은 값들은 다루는 대상마다 다양하게 주어지므로 적용대상에 따라 해석자가 구해야 하는 변수들이다.

일반적인 상수 c에 대하여 식(1.6)은 그림 1.1과 같은 포물선 군을 형성한다. 만약, $x=0$일 때 $y(0)=1$이라는 결과를 알고 있으면 식(1.5)에 대한 해는

$$y = x^2 + 1 \qquad \cdots\cdots \ (1.7)$$

이 경우에 식(1.6)을 미분방정식 식(1.5)의 일반해(general solution)라 하고, 식(1.7)을 특수해(particular solution)라 한다.

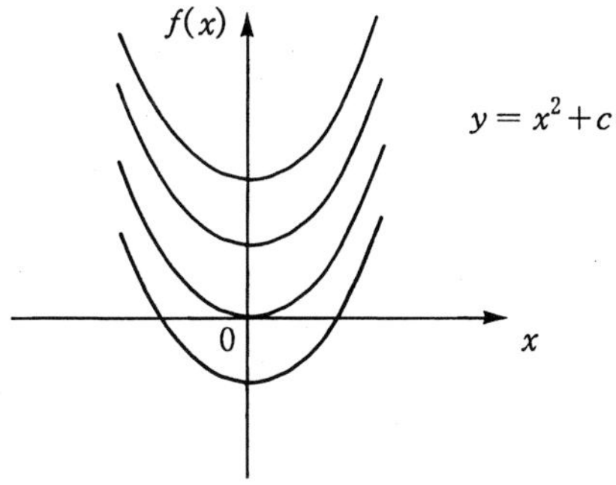

그림 1.1 식(1.6)의 포물선 군

한편, 식(1.6)을 x에 대해 미분하면 식(1.5)가 얻어진다. 이와 같이, 미분방정식의 해를 구하는 과정을 "미분방정식을 푼다"라고 하고 그 반대과정을 "미분방정식을 작성한다"고 한다.

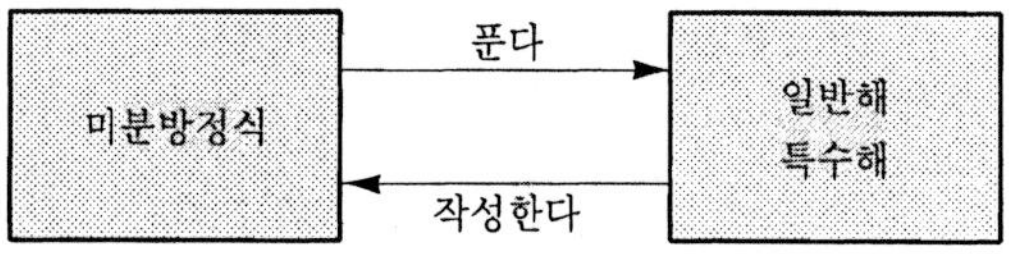

그림 1.2 미분방정식과 해

공학문제에서는 대상시스템의 수식모델이 물리법칙이나 원리 등에 의해 기술되고, 이러한 모델은 주로 미분방정식이 된다. 따라서, 해석자는 주어진 미분방정식의 해를 구하기 위하여 필요한 수학적 기법을 적용하는 것이 보통이다. 그러나, 경우에 따라서는 가정된 해에 맞는 미분방정식을 작성하는 과정이 요구되는 경우도 있다.

예제 1-4

다음과 같은 형태로 일반해가 주어진다. [ ]의 상수를 제거하여 주어진 함수와 같은 해를 갖기 위한 미분방정식을 작성하라.

(1) $y = 4\sin 3x + m$　　[m]　　…… (a)

(2) $y^2 + bx^2 = a$　　[a, b]　　…… (b)

(3) $x^2 + y^2 + z^2 = r^2$　　[r]　　…… (c)

(4) $z = (x+a)(y+b)$　　[a, b]　　…… (d)

☞ (1) 식(a)를 x에 대하여 미분하면

$$y' = 12\cos 3x \qquad \cdots\cdots \text{(e)}$$

이 식이 본식의 m이 소거된 미분방정식이다.

(2) 본식을 x에 대하여 미분하면

$$2yy' + 2bx = 0$$

$$yy' + bx = 0 \qquad \cdots\cdots \text{(f)}$$

식(f)를 다시 미분하면 다음과 같다.

$$y'^2 + yy'' + b = 0$$

따라서,

$$b = -(y'^2 + yy'') \qquad \cdots\cdots \text{(g)}$$

식(g)를 식(f)에 대입하면 다음과 같은 미분방정식을 얻게 된다.

$$xyy'' + xy'^2 - yy' = 0 \quad \cdots\cdots \text{(h)}$$

(3) 식(c)에서는 독립변수와 종속변수의 관계를 알 수 없으므로 이 해를 갖는 방정식은 전미분방정식 형태가 된다. 즉,

$$2xdx + 2ydy + 2zdz = 0$$

따라서, 미분방정식은

$$xdx + ydy + zdz = 0 \quad \cdots\cdots \text{(i)}$$

(4) 식(d)는 $z = f(x, y)$ 형태이므로 이 식을 해로 갖는 방정식은 편미분방정식이 된다. 즉, 식(d)에 대해 x와 y에 대해 각각 편도함수를 구하면

$$\frac{\partial z}{\partial x} = y + b, \quad \frac{\partial z}{\partial y} = x + a$$

따라서, 미분방정식은

$$\frac{\partial^2 z}{\partial x \partial y} = 1 \quad \cdots\cdots \text{(j)}$$

□

1.1.3 미분방정식의 해

미분방정식을 푼다는 것은 주어진 방정식을 만족하는 해를 구하는 것이다. 1.1.2절의 예제 1-4에서 식(a)~(d)는 각각 식(e), (h)~(i)의 일반해를 나타낸다. 일반적으로 초기조건(initial condition) 등이 적용되지 않은 미분방정식의 해는 일반해이지만, 회로시스템과 같이 취급대상이 명확한 경우에서는 초기치 등을 사용하여 특수해 형태의 완전해(exact solution)를 구해야 한다.

예제 1-5

다음과 같은 미분방정식이 있다.

$$\frac{dy}{dx} + 2y = 0 \quad \cdots\cdots \text{(a)}$$

(1) 일반해를 구하라.

(2) $y(0) = 5$, $y(1/2) = e^{-1}(= 2.71828)$인 경우 특수해를 구하라.

☞ (1) 주어진 식(a)를 정리하면

$$\frac{dy}{y} = -2dx \qquad \cdots\cdots \text{(b)}$$

이 식의 양변을 적분하면

$$\int \frac{1}{y}\,dy = -2\int dx$$

$$\ln|y| = -2x + c$$

따라서 다음과 같은 일반해를 얻는다.

$$y = ke^{-2x} \ (k = e^{c}) \qquad \cdots\cdots \text{(c)}$$

(2) 식(c)에 $x=0$, $y(0)=5$의 관계를 적용하면

$$y(0) = k \equiv 5$$

따라서 이 식을 식(c)에 대입하면 특수해는

$$y = 5e^{-2x} \qquad \cdots\cdots \text{(d)}$$

한편, 식(c)에 $x=1/2$, $y(1/2)=e^{-1}$의 조건을 적용하면

$$y\left(\frac{1}{2}\right) = ke^{-1} \equiv e^{-1}$$

$$\therefore\ k = 1$$

결국, 이 경우에 특수해는 다음과 같이 구해진다.

$$y = e^{-2x} \qquad \cdots\cdots \text{(e)}$$

□

예제 1-5의 일반해에 특정값 k를 대입하여 얻어진 해를 특수해라 하고, 이러한 특수해 중 초기조건이나 경계조건을 사용해 구해진 해를 완전해라 한다. 이 특수해란 용어는 선형미분방정식(1.3절)에서 사용하는 특수해와는 구별되어 사용됨을 주목해야 한다.

예제 1-5의 식(b)는 주어진 미분방정식에 대하여 $y \neq 0$이라는 가정하에 전개된 식이다. 그러나, $y=0$을 주어진 미분방정식에 적용하면 등식이 성립되므로 이 함수 역시 식(a)의 해가 된다. 이와 같이 해를 구하는 과정에서는 나오지 않으나 미분방정식을 만족하는 해를 특이해(singular solution)이라 한다.

그림 1.3 공학문제에서의 입, 출력 관계

이제, 공학문제의 미분방정식 해의 성질을 규명해 보자. 전형적으로 물리시스템에서는 시간응답(time response)을 주로 사용한다. 따라서, 이 경우 미분방정식의 독립변수는 시간변수로 사용하는 경우가 대부분이다. 일반적으로, 미분방정식의 특수해는 공학문제에서 출력 또는 응답(response)이라 한다. 그러므로, 대부분의 공학문제에서 미분방정식을 푼다는 것은 시스템의 응답을 구하는 것을 의미한다.

미분방정식은 주로 이 시스템에 관계된 입력변수(input variable)과 시스템의 목표치를 나타내거나 모델의 결과인 출력변수(output variable)로 표현된다. 따라서, 입력은 주로 전압, 전류나 온도, 힘 등의 에너지로 주어지는 경우가 많고 출력은 동등한 변수들이나 또는 다른 에너지 변수로 주어진다. 그렇지만, 신호처리 분야에서 통상적으로 알려진 입력이 반드시 입력변수가 되는 것은 아니며 또한, 시스템의 목적변수가 반드시 출력변수라는 개념은 성립되지 않는다. 이와 같은, 해에 대한 수학적 용어와 대응되는 공학적 용어의 정의와 개념은 1.3절에서 다시 설명한다.

연 습 문 제 1.1

문 1. 다음과 같이 주어진 방정식에서 [ ]의 상수를 소거하여 미분방정식을 작성하라.

(1) $y = ae^x$ [a]

(2) $y = \sin(x+c)$ [c]

(3) $y = mx+m^2$ [m]

(4) $\dfrac{x^2}{a^2+\lambda} + \dfrac{y^2}{b^2+\lambda} = 1$ [λ]

(5) $y = mx+\sqrt{1+m^2}$ [m]

(6) $y = ax+\dfrac{b}{x}$ [a, b]

(7) $v = a\cos(mt+b)$ [a, b]

(8) $y = ax + \dfrac{b}{x} + c$ [a, b, c]

(9) $yz + xz + xy = c$ [c]

(10) $u = ax + by + cz$ [a, b, c]

문 2. 다음과 같은 미분방정식의 일반해가 $y = cx - c^2$인 경우에 특수해를 구하고 $y = x^2/4$가 특이해임을 밝혀라.

$$y'^2 - xy' + y = 0, \quad y(0) = -9$$

1.2 1계 미분방정식

1.2.1 변수분리형 미분방정식

1계 미분방정식은 대수적인 연산에 의하여 식(1.8) 또는 (1.9)와 같은 형태로 주어지는 경우가 있다.

$$g(y)dy = f(x)dx \qquad \cdots\cdots (1.8)$$

$$g(y)\frac{dy}{dx} = f(x) \qquad \cdots\cdots (1.9)$$

이 때, 식(1.8)에 대한 일반해는 다음과 같이 주어진다.

$$\int g(y)dy = \int f(x)dx + c \qquad \cdots\cdots (1.10)$$

식(1.8)에서 알 수 있는 바와 같이, 변수들을 분리하여 표현할 수 있는 방정식을 변수분리형 미분방정식(differential equation with sparable variables)라 한다. 이러한 형태의 방정식은 RL 또는 RC 등의 간단한 회로시스템, 직류전동기의 동특성 등을 해석하는 공학문제에서 자주 접하는 가장 기초적인 미분방정식이다.

예제 1-6

다음과 같은 미분방정식을 풀어라

(1) $9yy' + 4x = 0$ ...... (a)

(2) $y' = -2xy$ ...... (b)

☞ (1) 식(a)의 변수를 분리하여 쓰면

$$9ydy = -4xdx$$

$$9\int ydy = -4\int xdx + c$$

따라서,

$$9y^2 + 4x^2 = c' \qquad (c' = 2c)$$

$$\therefore \ \frac{x^2}{9} + \frac{y^2}{4} = a^2 \qquad \left(a^2 = \frac{c'}{36}\right) \qquad \cdots\cdots \text{(c)}$$

(2) 식(b)를 변수분리하면

$$\frac{1}{y}dy = -2xdx$$

따라서,

$$\int \frac{1}{y}dy = -2\int xdx + c$$

$$\ln|y| = -x^2 + c$$

결국, 식(a)의 일반해는 다음과 같이 구해진다.

$$y = Ke^{-x^2} \qquad (K = e^c) \qquad \cdots\cdots \text{(d)}$$

□

전자, 통신, 전기 및 계측제어 등의 공학분야에서는 다양한 회로들이 나타나며, 이러한 시스템의 신호변환 관계를 규명하는 것이 기본으로 되어 있다. 이 책에서는 기술하는 응용수학 기법들이 실제 측면에서 적용되는 예를 보이기 위하여 여러가지 회로시스템을 인용한다.

일반적으로 시스템 해석은 이 시스템의 동특성을 나타내는 미분방정식의 작성으로부터 시작된다. 회로시스템 해석에서는 정상상태 해석(steady state analysis)을 사용하지만, 시간특성은 주로 미분방정식에 의해 주어지는 과도해석(transient analysis)이 사용된다. 회로망 방정식의 작성은 회로해석 등의 교과목에서 다루어지므로 여기에서는 그 결과만 간단히 기술한다.

(1) 회로방정식의 구성

① 회로에 스위치가 있으면 동작이 완료된 후에 회로법칙으로 회로방정식 구성.

② 구성된 회로방정식(일반적으로 미분방정식)을 푼다. ⟶ 일반해

③ 일반해에 초기조건 적용 ⟶ 완전해

(2) RLC 소자의 전압 및 전류관계

① 저항(R) : $v(t) = Ri(t)$ $i(t) = \frac{1}{R} v(t)$

② 인덕턴스(L) : $v(t) = L\frac{di(t)}{dt}$ $i(t) = \frac{1}{L}\int_{-\infty}^{t} v(t)dt$

③ 커패시턴스(C): $v(t) = \frac{1}{C}\int_{-\infty}^{t} i(t)dt$ $i(t) = C\frac{dv(t)}{dt}$

예제 1-7

다음과 그림 1.4와 같은 RC 회로가 있다. $t = 0$일 때 스위치 K를 닫았다. 이 때 이 회로에 흐르는 전류를 구하라. 단, C의 초기전하는 없다고 가정한다.

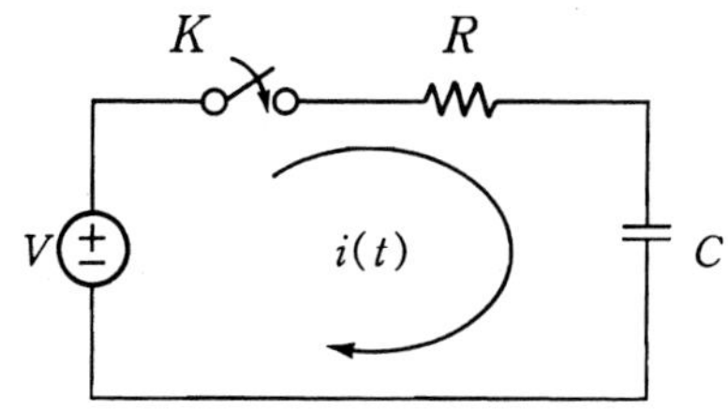

그림 1.4 RC 회로

☞ 회로법칙 KVL에 의하면 다음과 같은 방정식을 얻는다.

$$v_R(t) + v_C(t) = V \quad (t \geq 0)$$

$$Ri(t) + \frac{1}{C}\int_0^t i(t)dt = V \quad (t \geq 0)$$

$$R\frac{di(t)}{dt} + \frac{1}{C} i(t) = 0 \qquad \cdots\cdots \text{(a)}$$

이 식(a)는 전류 $i(t)$를 구하기 위한 미분방정식으로 다음과 같이 변수분리형으로 표현할 수 있다.

$$\frac{1}{i}di + \frac{1}{RC}dt = 0 \qquad \cdots\cdots \text{(b)}$$

따라서,

$$\int \frac{1}{i}di + \frac{1}{RC}\int dt = c$$

$$\ln|i| + \frac{1}{RC}t = c$$

$$\therefore\ i(t) = Ke^{-\frac{1}{RC}t} \quad (K = \text{적분상수}) \qquad \cdots\cdots \text{(c)}$$

이 식(c)가 전류에 대한 일반해이다. 실제로 대부분의 물리계 또는 공학문제에서는 특수해를 구해야 하며 이를 완전해(exact solution)라 한다. 완전해는 이 회로의 성질에 의해 전류의 초기치 $i(0) = V/R$이므로 다음과 같이 구해진다. (회로망의 초기값은 회로시스템의 고유특성에 의해 결정되는 것으로 여기에서는 그 결과만 인용한다.)

$$i(t)|_{t=0} = Ke^{-\frac{1}{RC}t}\Big|_{t=0}$$

$$i(0) = K \equiv \frac{V}{R} \qquad \cdots\cdots \text{(d)}$$

식(d)를 식(c)에 대입하면

$$i(t) = \frac{V}{R}e^{-\frac{1}{RC}t}(t \geq 0) \qquad \cdots\cdots \text{(e)}$$

이 식이 완전해로 구하는 전류이다. 그림 1.5는 이 회로의 입력과 출력파형이다.

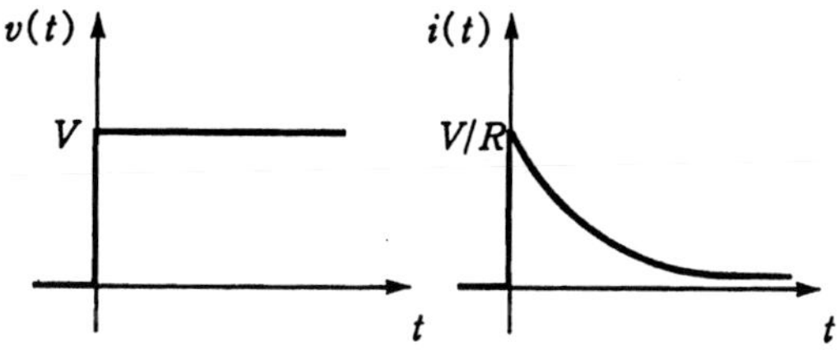

(a) 입력전압 (b) 전류파형

그림 1.5 RC 회로의 입력과 출력파형

1.2.2 동차(제차)형 미분방정식

1계 미분방정식 중에는 변수를 직접 분리하기 곤란하지만, 간단한 변수변환을 이용하면 분리형 미분방정식으로 표현할 수 있는 것들이 있다. 전형적으로 식(1.11)과 같은 형태가 이러한 종류에 속한다. 이러한 방정식을 동차형(homogeneous) 또는 제차형 미분방정식이라 한다.

$$\frac{dy}{dx} = g\left(\frac{y}{x}\right) \qquad \cdots\cdots (1.11)$$

이 때 $y/x = u$라 놓으면 식(1.11)의 일반해는 다음과 같이 주어진다.

$$\ln|x| = \int \frac{du}{g(u)-u} + c \qquad \cdots\cdots (1.12)$$

[증명] 식(1.11)에 대하여

$$u = \frac{y}{x} \Rightarrow y = xu$$

$$\frac{dy}{dx} = u + x\frac{du}{dx} = g(u)$$

이 관계를 식(1.11)에 적용하면

$$\frac{dx}{x} = \frac{du}{g(u)-u}$$

$$\int \frac{dx}{x} = \int \frac{du}{g(u)-u} + c$$

결국, 이 식으로 부터 식(1.12)를 얻는다. ■

식(1.11)과 같은 형태는 기초적인 공학문제에 자주 접하는 것은 아니지만, 그 해를 구하는 과정이 변수분리형과 유사하므로 해석법을 이해하는데는 어려움이 없다.

예제 1-8

다음과 같은 미분방정식의 일반해를 구하라

(1) $y + \sqrt{x^2 + y^2} = x\frac{dy}{dx}$ $\cdots\cdots$ (a)

(2) $2xyy' - y^2 + x^2 = 0$ $\cdots\cdots$ (b)

☞ (1) 식(a)의 양변을 x로 나누어 정리하면

$$\frac{dy}{dx} = \frac{y}{x} + \sqrt{1 + \left(\frac{y}{x}\right)^2} \qquad \cdots\cdots (c)$$

$u=y/x$로 치환하고 $y'=u+u'x$ 관계를 사용하면 이 방정식은

$$u+x\frac{du}{dx}=u+\sqrt{1+u^2}$$

$$\frac{du}{\sqrt{1+u^2}}=\frac{dx}{x} \qquad \cdots\cdots \text{(d)}$$

식(d)는 x와 u에 대한 변수분리형이므로 일반해는 다음과 같이 구해진다.

$$\ln(u+\sqrt{1+u^2})=\ln|x|+c'$$

$$u+\sqrt{1+u^2}=ax \quad (a=e^{c'})$$

따라서, 이 식에 u를 y/x로 치환하여 정리하면

$$y+\sqrt{x^2+y^2}=ax^2$$

$$\therefore x^2+y^2=(ax^2-y)^2 \qquad \cdots\cdots \text{(e)}$$

(2) 식(b)의 양변을 x^2으로 나누면

$$2\frac{y}{x}y'-\left(\frac{y}{x}\right)^2+1=0 \qquad \cdots\cdots \text{(f)}$$

여기서 $u=y/x$로 치환하고 $y'=u+u'x$ 관계를 사용하면 이 방정식은

$$2u(u+u'x)-u^2+1=0$$

$$\frac{2u\,du}{1+u^2}=-\frac{dx}{x}$$

따라서

$$\ln(1+u^2)=-\ln|x|+c'$$

$$1+u^2=\frac{c}{x} \quad (c=e^{c'}) \qquad \cdots\cdots \text{(g)}$$

이 식에 u를 y/x로 치환하면

$$x^2+y^2=cx$$

$$\left(x-\frac{c}{2}\right)^2+y^2=\frac{c^2}{4} \qquad \cdots\cdots \text{(h)}$$

□

1.2.3 완전 미분방정식

다음과 같은 1계 미분방정식이 있다.

$$P(x,\ y)dx+Q(x,\ y)dy=0 \qquad \cdots\cdots (1.13)$$

이 방정식이 다음 조건

$$\frac{\partial P}{\partial y} = \frac{\partial Q}{\partial x} \quad \cdots\cdots (1.14)$$

을 만족하는 경우에 식(1.13)을 완전 미분방정식(exact differential equation)이라 한다. 이 때 일반해는 다음과 같다.

$$u \equiv \int P dx + \int \left[Q - \frac{\partial}{\partial y} \int P dx \right] dy = c \quad \cdots\cdots (1.15)$$

[증명] 식(1.13)의 미분방정식의 일반해는 $u(x, y) = c$의 형태를 갖는다. 따라서,

$$du = \frac{\partial u}{\partial x} dx + \frac{\partial u}{\partial y} dy = P dx + Q dy \equiv 0 \quad \cdots\cdots (1.16)$$

이 식과 식(1.13)을 비교하면

$$P = \frac{\partial u}{\partial x}, \quad Q = \frac{\partial u}{\partial y} \quad \cdots\cdots (1.17)$$

따라서,

$$\begin{cases} \dfrac{\partial P}{\partial y} = \dfrac{\partial^2 u}{\partial x \partial y} \\ \dfrac{\partial Q}{\partial x} = \dfrac{\partial^2 u}{\partial x \partial y} \end{cases}$$

$$\therefore \frac{\partial P}{\partial y} = \frac{\partial Q}{\partial x} \quad \cdots\cdots (1.18)$$

일반해를 구하기 위하여 먼저 $\partial u / \partial x = P$로부터

$$u = \int P dx + f(y) \quad \cdots\cdots (1.19)$$

이 식을 $\partial u / \partial y = Q$에 대입하면

$$\frac{\partial}{\partial y} \left[\int P dx + f(y) \right] = Q$$

$$\frac{\partial}{\partial y} \int P dx + f'(y) = Q$$

$$\int \left[\frac{\partial}{\partial y} \int P dx + f'(y) \right] dy = \int Q dy$$

$$f(y) = \int\left[Q - \frac{\partial}{\partial y}\int P dx\right]dy \qquad \cdots\cdots (1.20)$$

식(1.20)를 식(1.19)에 대입하여 정리하면 일반해는 식(1.15)와 같다. ■

예제 1-9

다음과 같은 미분방정식의 일반해를 풀어라.

$$(x^3+2xy+y)\,dx + (y^3+x^2+x)\,dy = 0 \qquad \cdots\cdots (a)$$

☞ 이 방정식에 대하여

$$\frac{\partial P}{\partial y} = 2x+1$$

$$\frac{\partial Q}{\partial x} = 2x+1$$

따라서 식(a)는 완전 미분방정식이다. 이 방정식의 일반해를 풀기 위하여 식(1.15)를 적용하면

$$\begin{aligned} u &= \int(x^3+2xy+y)dx + \int\left[(y^3+x^2+x) - \frac{\partial}{\partial y}\int(x^3+2xy+y)dx\right]dy \\ &= \frac{x^4}{4}+x^2y+xy+\int\left[(y^3+x^2+x)-(x^2+x)\right]dy \\ &= \frac{1}{4}x^4+x^2y+xy+\frac{1}{4}y^4 = c \end{aligned} \qquad \cdots\cdots (b)$$

□

완전 미분방정식의 별해

완전 미분방정식의 일반해는 공식(1.15)를 이용하여 푸는 것보다 다음과 같은 방법으로 쉽게 구할 수 있다. 먼저, 주어진 방정식이 완전 미분방정식인가를 판정한 다음, 각 항에 대하여 직접 적분을 취한다. 예제 1-9에 대해서는

$$\int(x^3+2xy+y)dx = \frac{1}{4}x^4+x^2y+xy$$

$$\int(y^3+x^2+x)dy = \frac{1}{4}y^4+x^2y+xy$$

이 식들의 우변에 공통항은 하나만 취하여 더하면 일반해는 다음과 같다.

$$\frac{1}{4}x^4+x^2y+xy+\frac{1}{4}y^4 = c$$

결국, 이 식은 예제 1-9의 식(b)와 동일함을 알 수 있다.

예제 1-10

다음 미분방정식을 풀어라.

$$xy'+y+4=0 \qquad \cdots\cdots \text{(a)}$$

☞ 식(a)를 정돈하면

$$(y+4)dx+xdy=0 \qquad \cdots\cdots \text{(b)}$$

식(b)에 대하여

$$\frac{\partial P}{\partial y}=1, \quad \frac{\partial Q}{\partial x}=1$$

따라서 식(a)는 완전 미분방정식이다. 따라서,

$$\int(y+4)dx = xy+4x \qquad \cdots\cdots \text{(c)}$$

$$\int xdy = xy \qquad \cdots\cdots \text{(d)}$$

결국, 식(c)와 (d)의 공통항을 취하면 다음과 같은 일반해를 얻는다.

$$xy+4x=c \qquad \cdots\cdots \text{(e)}$$

□

연습문제 1.2

문 1. 다음과 같은 미분방정식의 일반해를 구하라.

(1) $dx-2dy=0$ (2) $y\frac{dy}{dx}+x=0$

(3) $x^2\frac{dy}{dx}+y=0$ (4) $\tan x\,dy=\cot y\,dx$

(5) $(1+x)y+(1-y)x\frac{dy}{dx}=0$

(6) $\sec^2\theta\tan\varphi\,d\theta+\sec^2\varphi\tan\theta\,d\varphi=0$

(7) $\frac{1+y^2}{1+x^2}+y'=0$ (8) $\sqrt{1+y}=\sqrt{1+x}\,\frac{dy}{dx}$

(9) $x\sqrt{1-y^2}\,dx+y\sqrt{1-x^2}\,dy=0$

(10) $2(1-y^2)xydx+(1+x^2)(1-y^2)dy=0$

$$f(y) = \int\left[Q - \frac{\partial}{\partial y}\int P dx\right] dy \qquad \cdots\cdots (1.20)$$

식(1.20)를 식(1.19)에 대입하여 정리하면 일반해는 식(1.15)와 같다. ■

예제 1-9

다음과 같은 미분방정식의 일반해를 풀어라.

$$(x^3 + 2xy + y)\, dx + (y^3 + x^2 + x)\, dy = 0 \qquad \cdots\cdots (a)$$

☞ 이 방정식에 대하여

$$\frac{\partial P}{\partial y} = 2x + 1$$

$$\frac{\partial Q}{\partial x} = 2x + 1$$

따라서 식(a)는 완전 미분방정식이다. 이 방정식의 일반해를 풀기 위하여 식(1.15)를 적용하면

$$\begin{aligned} u &= \int (x^3 + 2xy + y) dx + \int\left[(y^3 + x^2 + x) - \frac{\partial}{\partial y}\int (x^3 + 2xy + y) dx\right] dy \\ &= \frac{x^4}{4} + x^2 y + xy + \int\left[(y^3 + x^2 + x) - (x^2 + x)\right] dy \\ &= \frac{1}{4}x^4 + x^2 y + xy + \frac{1}{4}y^4 = c \qquad \cdots\cdots (b) \end{aligned}$$

□

완전 미분방정식의 별해

완전 미분방정식의 일반해는 공식(1.15)를 이용하여 푸는 것보다 다음과 같은 방법으로 쉽게 구할 수 있다. 먼저, 주어진 방정식이 완전 미분방정식인가를 판정한 다음, 각 항에 대하여 직접 적분을 취한다. 예제 1-9에 대해서는

$$\int (x^3 + 2xy + y) dx = \frac{1}{4}x^4 + x^2 y + xy$$

$$\int (y^3 + x^2 + x) dy = \frac{1}{4}y^4 + x^2 y + xy$$

이 식들의 우변에 공통항은 하나만 취하여 더하면 일반해는 다음과 같다.

$$\frac{1}{4}x^4 + x^2 y + xy + \frac{1}{4}y^4 = c$$

결국, 이 식은 예제 1-9의 식(b)와 동일함을 알 수 있다.

예제 1-10

다음 미분방정식을 풀어라.

$$xy' + y + 4 = 0 \quad \cdots\cdots \text{(a)}$$

☞ 식(a)를 정돈하면

$$(y+4)dx + xdy = 0 \quad \cdots\cdots \text{(b)}$$

식(b)에 대하여

$$\frac{\partial P}{\partial y} = 1, \quad \frac{\partial Q}{\partial x} = 1$$

따라서 식(a)는 완전 미분방정식이다. 따라서,

$$\int (y+4)dx = xy + 4x \quad \cdots\cdots \text{(c)}$$

$$\int xdy = xy \quad \cdots\cdots \text{(d)}$$

결국, 식(c)와 (d)의 공통항을 취하면 다음과 같은 일반해를 얻는다.

$$xy + 4x = c \quad \cdots\cdots \text{(e)}$$

□

연 습 문 제 1.2

문 1. 다음과 같은 미분방정식의 일반해를 구하라.

(1) $dx - 2dy = 0$

(2) $y\dfrac{dy}{dx} + x = 0$

(3) $x^2\dfrac{dy}{dx} + y = 0$

(4) $\tan x\, dy = \cot y\, dx$

(5) $(1+x)y + (1-y)x\dfrac{dy}{dx} = 0$

(6) $\sec^2\theta \tan\varphi\, d\theta + \sec^2\varphi \tan\theta\, d\varphi = 0$

(7) $\dfrac{1+y^2}{1+x^2} + y' = 0$

(8) $\sqrt{1+y} = \sqrt{1+x}\,\dfrac{dy}{dx}$

(9) $x\sqrt{1-y^2}\,dx + y\sqrt{1-x^2}\,dy = 0$

(10) $2(1-y^2)xy\,dx + (1+x^2)(1-y^2)dy = 0$

문 2. 그림 1.6과 같은 회로가 있다. 스위치를 a에 놓았다가 $t=0$인 순간에 b로 놓았다. 이 때, 이 회로에 흐르는 전류 $i(t)$를 구하라. 단, $i(0)=-V/R$이다. 또한, C의 단자전압 $v_C(t)$를 구하라.

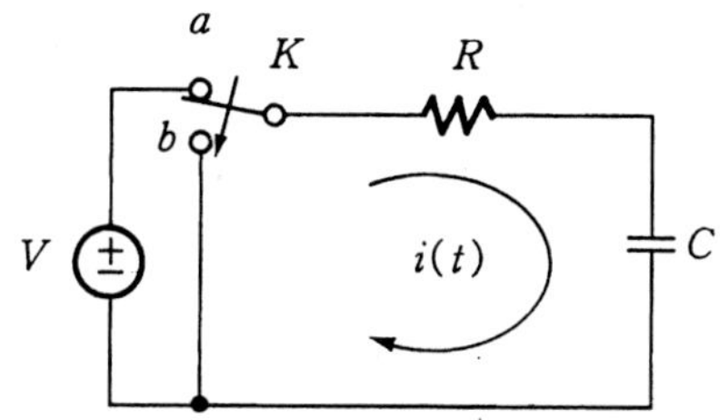

그림 1.6 RC 회로

문 3. 다음 미분방정식의 일반해를 구하라.

(1) $(x+y)+(x-y)\dfrac{dy}{dx}=0$

(2) $y^2+(x^2-xy)\dfrac{dy}{dx}=0$

(3) $(y^2+xy)dx-x^2dy=0$

(4) $(y+3x)dx+xdy=0$

(5) $x(x-2y)\dfrac{dy}{dx}+(x^2+2y^2)=0$

(6) $xy^2\dfrac{dy}{dx}=x^3+y^3$

(7) $x^3-2xy^2+3x^2y\dfrac{dy}{dx}=0$

(8) $x\cos\dfrac{y}{x}\dfrac{dy}{dx}=y\cos\dfrac{y}{x}-x$

(9) $(15x+11y)dx+(5y+9x)dy=0$

(10) $\dfrac{dy}{dx}=\dfrac{y+x}{y-x}$

문 4. 다음 미분방정식의 일반해를 구하라.

(1) $(1-y)dx+(1-x)dy=0$

(2) $(x^2-ay)dx+(y^2-ax)dy=0$

(3) $(5xy^4+x)dx-(2+3y^2-10x^2y^3)dy=0$

(4) $\dfrac{2x-y}{x^2+y^2}dx+\dfrac{2y+x}{x^2+y^2}dy=0$

(5) $(y^2+e^x\sin y)dx+(2xy+e^x\cos y)dy=0$

(6) $(\tan y+x)dx+(x\sec^2 y-3y)dy=0$

(7) $R\dfrac{di}{dt}+\dfrac{1}{C}i=0$

(8) $\sin 2x\cos 2y\,dx+\cos 2x\sin 2y\,dy=0$

(9) $(y^2 e^{xy^2} + 4x^3)dx + (2xye^{xy^2} - 3y^2)dy = 0$

(10) $x(x^2 + 3y^2)dx + y(y^2 + 3x^2)dy = 0$

1.3 1계 선형미분방정식

1.3.1 일반적인 형태

1계 선형미분방정식은 선형시스템과 같은 공학문제에서 흔히 볼 수 있는 미분방정식 형태로 다음과 같다.

$$\frac{dy}{dx} + P(x)y = Q(x) \qquad \cdots\cdots (1.21)$$

이 식(1.21)에서 $Q(x)$를 제차항(homogeneous term)이라 한다. 이 때, $Q(x) \neq 0$인 방정식을 비제차 미분방정식이라 하고 $Q(x) = 0$인 경우의 방정식을 제차 미분방정식이라 한다. 식(1.21)에 대한 일반해는 다음과 같다.

(1) 비제차 미분방정식($Q(x) \neq 0$)의 해

$$\begin{aligned} y &= e^{-\int P(x)dx}\left[\int Q(x)e^{\int P(x)dx}dx + K\right] \\ &= Ke^{-\int P(x)dx} + e^{-\int P(x)dx}\int Q(x)e^{\int P(x)dx}dx \\ &\equiv y_c + y_p \qquad \cdots\cdots (1.22) \end{aligned}$$

여기서 y_c를 선형미분방정식의 보조해(complementary solution)라 하고, y_p를 특수해(particular solution)라 한다.

(2) 제차 미분방정식($Q(x) = 0$)의 해

$$y \equiv y_c = Ke^{-\int P(x)dx} \qquad \cdots\cdots (1.23)$$

[증명] 식(1.21)의 일반해를 $y=uv$라 하면

$$\frac{dy}{dx}=v\frac{du}{dx}+u\frac{dv}{dx}$$

이 식을 주어진 방정식에 대입하면

$$u\frac{dv}{dx}+\left(\frac{du}{dx}+P(x)u\right)v=Q(x) \qquad \cdots\cdots (1.24)$$

이 식에서

$$\frac{du}{dx}+P(x)u=0 \qquad \cdots\cdots (1.25)$$

이라 하면 이 식은 변수분리형 미분방정식이므로 그 해는 다음과 같다.

$$u=e^{-\int P(x)\,dx} \qquad \cdots\cdots (1.26)$$

식(1.25), (1.26)를 식(1.24)에 적용하면

$$e^{-\int P(x)\,dx}\frac{dv}{dx}=Q(x)$$

$$\therefore\ v=\int Q(x)e^{\int P(x)\,dx}dx+K \qquad \cdots\cdots (1.27)$$

결국, $y=uv$이므로 식(1.26)과 (1.27)의 관계로부터 비제차 1계 선형 미분방정식의 일반해는 다음과 같이 주어진다.

$$\begin{aligned} y &= e^{-\int P(x)\,dx}\left[\int Q(x)e^{\int P(x)\,dx}dx+K\right] \\ &= Ke^{-\int P(x)\,dx}+e^{-\int P(x)\,dx}\int Q(x)e^{\int P(x)\,dx}dx \\ &\equiv y_c+y_p \qquad \cdots\cdots (1.28) \end{aligned}$$

한편, 제차 미분방정식의 일반해는 식(1.28)에 $Q(x)=0$을 대입하면 식(1.23)이 간단히 얻어진다. ■

식(1.28)에서 y_c는 보조해이고 y_p는 특수해이다. 일반적으로 보조해는 제차미분방정식의 해를 나타내며 특수해는 제차항 $Q(x)$에 의해 결정되는 해이다. 이 때 특수해는 일반해에 적분상수를 특정한 값으로 대입했을 때의 해와는 다른 의미로 사용됨을 주의해야 한다.

전형적으로 제차항은 물리시스템에서 입력에 해당되는 경우가 많다. 따라서, 이러한 선형 미분방정식의 해는 이 방정식이 나타나는 물리시스템의 종류에 따라 다음과 같은 용어들이 정의되기도 한다.

일반해 = 보조해 + 특수해 (일반수학) …… (1.29)

일반해 = 자유응답 + 강제응답 (기계, 물리학) …… (1.30)

일반해 = 영입력응답 + 영상태응답 (물리학, 자동제어) …… (1.31)

완전해 = 과도응답 + 정상상태응답 (회로망이론, 자동제어) …… (1.32)

식(1.29)~(1.31)의 우변항에 보조해, 자유응답(free response) 및 영입력응답(zero input response)과 두번째 항인 특수해, 강제응답(forced response) 및 영상태응답(zero state reponse)는 동일한 의미로 사용된다. 그렇지만, 식(1.32)의 과도응답(transient response)와 정상상태응답(steady state response)은 유사 개념이 아님을 주목해야 한다.

예제 1-11

다음과 같은 미분방정식의 일반해를 구하라.

$$\frac{dy}{dx}+y\cos x = e^{-\sin x} \qquad \cdots\cdots (a)$$

☞ 식(1.22)에 적용하면

$$y = e^{-\int \cos x dx}\left[\int e^{-\sin x} e^{\int \cos x dx} dx + K\right]$$

$$= e^{-\sin x}\left[\int e^{-\sin x} e^{\sin x} dx + K\right]$$

$$= e^{-\sin x}(x+K)$$

$$\therefore\ e^{\sin x} y = x+K \qquad \cdots\cdots (b)$$

□

1.3.2 상수계수 1계 선형미분방정식

일반적으로 식(1.21)에 있어서 다음과 같이 $P(x)=P$(상수)인 경우를 상수계수(constant coefficient) 1계 선형미분방정식이라 한다.

$$\frac{dy}{dx}+Py=Q(x) \qquad \cdots\cdots (1.33)$$

이 경우의 해는 식(1.22)에 의하여 다음과 같이 주어진다.

$$\begin{aligned} y &\equiv y_c+y_p \\ &= Ke^{-Px}+e^{-Px}\int Q(x)e^{Px}dx \end{aligned} \qquad \cdots\cdots (1.34)$$

또한, $Q(x)=Q$(상수)인 경우에는

$$\begin{aligned} y &\equiv y_c+y_p \\ &= Ke^{-Px}+\frac{Q}{P} \end{aligned} \qquad \cdots\cdots (1.35)$$

이고, 특히, $Q=0$인 경우에는

$$y\equiv y_c=Ke^{-Px} \qquad \cdots\cdots (1.36)$$

이다.

상수계수를 갖거나 제차항이 상수인 미분방정식의 일반해를 구하는 방법은 잘 기억하는 것이 좋다. 왜냐하면, 선형회로망이나 선형제어시스템에서는 미분방정식의 계수가 상수로 주어지는 경우가 많고 특히, 입력으로 직류신호를 사용하는 경우나 직류와 같은 성질을 가진 신호(예컨데, 일정위치, 온도 등)가 사용되는 시스템의 동특성은 제차항이 상수로 주어지기 때문이다.

한편, 일반적인 공학문제에서는 독립변수 x 대신 시간변수 t를 주로 사용한다. 따라서, 방정식의 계수가 $P(t)$인 경우를 시변(time varying) 미분방정식이라 하고, 계수 P가 상수인 방정식을 시불변(time-invariant) 미분방정식이라 한다. 이 경우, 시변 미분방정식으로 표현되는 시스템을 시변시스템(time varying system)이라 하고 시불변 미분방정식으로 기술되는 시스템을 시불변시스템(time-invariant system)이라 한다.

예제 1-12

다음과 같은 미분방정식의 일반해를 구하라.

$$\frac{dy}{dx}+2y=3e^{-4x} \qquad \cdots\cdots \text{(a)}$$

☞ 이 식은 상수계수 미분방정식으로 공식을 이용하여 일반해를 구하면

$$\begin{aligned} y &= e^{-2x}\left[\int 3e^{-4x}e^{2x}dx+K\right] \\ &= e^{-2x}\left[-\frac{3}{2}e^{-2x}+K\right] \\ &= Ke^{-2x}-\frac{3}{2}e^{-4x} \end{aligned} \qquad \cdots\cdots \text{(b)}$$

□

예제 1-13

다음 미분방정식의 완전해를 구하라.

$$y'+2y=10, \quad y(0)=0 \qquad \cdots\cdots \text{(a)}$$

☞ 예제 1-12에서 보조해는

$$y_c=Ke^{-2x} \qquad \cdots\cdots \text{(b)}$$

이고 특수해는 제차항이 상수이므로

$$y_p=\frac{10}{2}=5 \qquad \cdots\cdots \text{(c)}$$

결국 일반해는 보조해와 특수해의 합이므로 다음과 같이 간단히 구해진다.

$$y=Ke^{-2x}+5 \qquad \cdots\cdots \text{(d)}$$

이 식에 초기조건을 사용하면

$$y=Ke^{-2x}+5\Big|_{x=0} \rightarrow K+5\equiv 0 \rightarrow K=-5 \qquad \cdots\cdots \text{(e)}$$

따라서 완전해는 다음과 같다.

$$y=5(1-e^{-2x}) \qquad \cdots\cdots \text{(f)}$$

□

예제 1-14

그림 1.7과 같은 RL 회로가 있다. $t=0$일 때 스위치 K를 닫았다. 전류를 구하는 회로방정식을 구하고 완전해를 구하라. 단, $i(0)=0$이고, $L=2[\mathrm{H}]$, $R=10[\Omega]$, $V=20[\mathrm{V}]$이다.

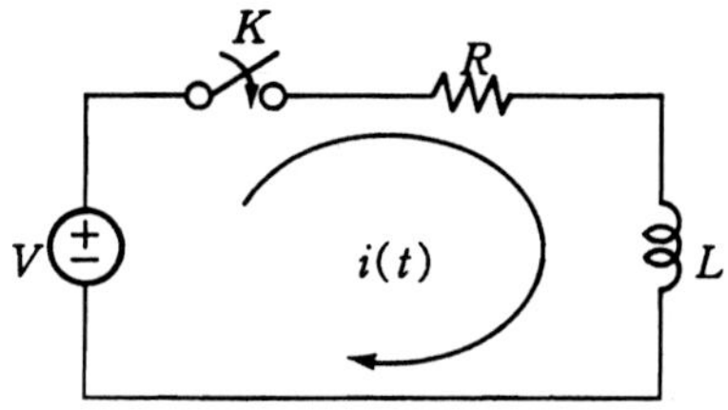

그림 1.7 RL 회로

☞ 키르히호프 전압법칙에 의하여

$$v_L(t)+v_R(t)=V \quad (t\geq 0)$$

$$L\frac{di}{dt}+Ri(t)=V$$

$$2\frac{di}{dt}+10i=20$$

$$\frac{di}{dt}+5i=10 \qquad \cdots\cdots \text{(a)}$$

이 식은 상수계수 선형미방이므로 공식(1.35)를 적용하면 일반해는

$$i(t)=Ke^{-5t}+\frac{10}{5}$$
$$=Ke^{-5t}+2 \qquad \cdots\cdots \text{(b)}$$

이 식에 초기조건을 대입하면

$$i(t)|_{t=0}=Ke^{-5t}+2|_{t=0}$$

$$i(0)=K+2\equiv 0\rightarrow K=-2$$

따라서 완전해는 다음과 같이 구해진다.

$$i(t)=2(1-e^{-5t}) \quad (t\geq 0) \qquad \cdots\cdots \text{(c)}$$

□

연 습 문 제 1.3

문 1. 다음과 같은 미분방정식을 풀어라.

(1) $\frac{dy}{dx}+y=x^3$

(2) $\frac{dy}{dx}+\frac{1}{x}y=1-x^2$

(3) $\frac{dy}{dx}-2y=xe^{3x}$

(4) $\frac{dy}{dx}+y\cos x=e^{-\sin x}$

(5) $x(1-x^2)\frac{dy}{dx}+(x^2-1)y=x^3$

(6) $\frac{dy}{dx}+\frac{1}{x}y=\frac{1}{x}$

(7) $\frac{dy}{dx}+\frac{1}{x\ln x}y=\frac{1}{x}$

(8) $\frac{dy}{dx}-ay=\sin x$

(9) $\frac{dy}{dx}+\frac{y}{x}=x^2y^6$

(10) $\frac{d\theta}{dt}+2\theta\cos t=\sin 2t$

문 2. 다음과 같은 미분방정식의 완전해를 구하라.

(1) $y'+5y=0$ $\quad y(0)=3$

(2) $y'+5y=10$ $\quad y(0)=3$

(3) $y'+5y=4e^{-3t}$ $\quad y(0)=0$

(4) $L\frac{di}{dt}+Ri=0$ $\quad i(0)=\frac{V}{R}$

(5) $R\frac{dq}{dt}+\frac{1}{C}q=V$ $\quad q(0)=0$

문 3. 다음과 같은 회로에서 $t=0$일 때 스위치 K를 닫았다. 이 회로에 흐르는 전류를 구하라. 이 때 $R=10[\mathrm{k}\Omega]$, $C=20[\mu\mathrm{F}]$이고 $V=10[\mathrm{V}]$이다.

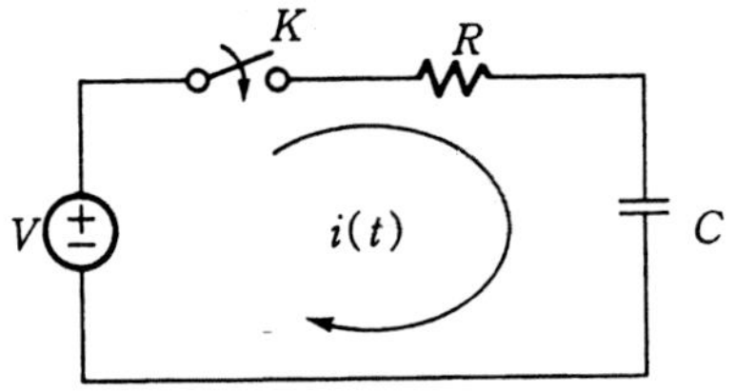

그림 1.8 선형회로 시스템

1.4 상수계수 고계 선형미분방정식

상수계수 n계 선형미분방정식의 형태는 다음과 같다.

$$y^{(n)}+a_{n-1}y^{(n-1)}+\cdots+a_2y^{(2)}+a_1y^{(1)}+a_0y=Q(x) \qquad \cdots\cdots (1.37)$$

여기서

$$y^{(n)}=\frac{d^ny}{dx^n}$$

을 나타낸다. 이 때 a_0, a_1, …… 는 상수이다.

선형 미분방정식의 해

상수계수 선형미분방정식은 선형회로망, 필터해석, 선형시스템 이론 등에서 자주 등장되는 형태이다. 1.3.2절에서 설명하였듯이, 1계 선형미분방정식뿐만 아니라 일반적으로 고계 선형미분방정식의 일반해도 다음과 같은 형태로 주어진다.

$$일반해(y) = 보조해(y_c) + 특수해(y_p) \qquad \cdots\cdots (1.38)$$

보조해는 제차항($Q(x)$)이 없는 경우에 초기치에 의해 나타나는 해이며, 특수해는 제차항에 의해 나오는 해다. 이러한 미분방정식을 푸는 방법으로 Laplace 변환(제2장), Fourier 변환(4장), 멱급수법(power series method) 등이 있다. 그러나 여기에서는 고전적인 방법을 간단히 소개한다. 상수계수를 가진 선형미분방정식의 특수해는 여러가지 방법으로 구할수 있으나 이 절에서는 가장 간편한 2가지 방법만을 다룬다. 일반적으로 고계 미분방정식의 해는 2계 미분방정식을 푸는 방법을 확장하면 되므로 우선 상수계수 2계선형미분방정식의 해석법을 고찰한다.

1.4.1 상수계수 2계 선형미분방정식의 보조해

상수계수 2계 선형미분방정식의 형태는 다음과 같다.

$$y'' + ay' + by = 0 \qquad \cdots\cdots \ (1.39)$$

일반적으로 상수계수 선형미분방정식의 보조해의 일반적인 형태는

$$y = e^{\lambda x}$$

를 가지므로 이 식을 식(1.39)에 적용하면

$$(\lambda^2 + a\lambda + b)e^{\lambda x} = 0$$

따라서, 다음 관계를 얻는다.

$$\lambda^2 + a\lambda + b = 0 \qquad \cdots\cdots \ (1.40)$$

이 식을 보조방정식(auxiliary equation) 또는 특성방정식(characteristic equation)이라 한다. 이 때, 식(1.40)의 근을 보조근(auxiliary roots) 또는 특성근(characteristic roots)이라 한다. 즉,

$$\lambda = \frac{-a \pm \sqrt{a^2 - 4b}}{2} \qquad \cdots\cdots \ (1.41)$$

이 근은 일반적으로 근호안의 부호에 따라

① 서로 다른 실근
② 중(복)근
③ 공액복소수근
④ 공액허수근

을 가질수 있다. 이와 같은 근들의 종류에 따라 미분방정식의 보조해의 특성이 다르게 나타난다. 다음은 이러한 특성근들을 가진 미분방정식의 보조해를 구하는 과정을 설명하는 예들이다.

예제 1-15

(서로 다른 실근의 경우) 다음과 같은 미분방정식의 해를 구하라.

$$y'' + 5y' + 6y = 0 \qquad \cdots\cdots \ (a)$$

☞ 식(a)에 대한 보조방정식은

$$\lambda^2+5\lambda+6=0$$

따라서, 보조근 또는 특성근은 다음과 같다.

$$\lambda = -2,\ -3 \qquad \cdots\cdots \text{(b)}$$

식(b)와 같은 근들에 대해 다음과 같은 기본해(foundamentary solution) 또는 기저(basis)를 갖는다.

$$y_1 = e^{-2x},\quad y_2 = e^{-3x} \qquad \cdots\cdots \text{(c)}$$

따라서 식(a)에 대한 보조해는 다음과 같이 주어진다.

$$y = K_1 e^{-2x} + K_2 e^{-3x} \qquad \cdots\cdots \text{(d)}$$

이 때, 식(a)는 제차 미분방정식이므로 보조해가 일반해와 동일하다. □

예제 1-16

(중복근인 경우) 다음과 같은 미분방정식의 해를 구하라.

$$y'' + 4y' + 4y = 0 \qquad \cdots\cdots \text{(a)}$$

☞ 이 방정식에 대한 보조방정식은

$$\lambda^2+4\lambda+4=0 \qquad \cdots\cdots \text{(b)}$$

따라서, 다음과 같은 중복근을 갖는다.

$$\lambda = -2,\ -2 \qquad \cdots\cdots \text{(c)}$$

이 경우에 중복근에 대한 기본해는

$$e^{-2x},\quad xe^{-2x} \qquad \cdots\cdots \text{(d)}$$

결국, 식(a)에 대한 보조해는 다음과 같이 구해진다.

$$y = (K_0 + K_1 x)e^{-2x} \qquad \cdots\cdots \text{(e)}$$

□

예제 1-17

(공액복소근의 경우) 다음과 같은 미분방정식의 해를 구하라.

$$y'' + 4y' + 13y = 0 \qquad \cdots\cdots \text{(a)}$$

☞ 보조방정식은

$$\lambda^2 + 4\lambda + 13 = 0$$

$$(\lambda + 2)^2 + 3^2 = 0$$

따라서 다음과 같은 공액복소수근을 갖는다.

$$\lambda = -2 + j3, \quad -2 - j3 \qquad \cdots\cdots \text{(b)}$$

이 경우에 보조해를 구하기 위해서 다음과 같은 방법을 사용한다.

방법 1) 직접법

식(b)에 대하여 예제 1-15와 같은 방법을 적용하면 기본해는

$$e^{(-2+j3)x}, \quad e^{(-2-j3)x} \qquad \cdots\cdots \text{(c)}$$

결국, 식(a)에 대한 보조해는

$$y = K_1 e^{(-2+j3)x} + K_2 e^{(-2-j3)x} \qquad \cdots\cdots \text{(d)}$$

이 해는 지수항에 허수분을 포함하고 있으므로 다음의 Euler 공식을 이용하여 변환하는 것이 일반적이다.

$$e^{\pm jx} = \cos x \pm j \sin x \qquad \cdots\cdots \text{(e)}$$

즉, 식(d)에 식(e)의 관계를 이용하면

$$\begin{aligned} y &= K_1 e^{-2x} e^{j3x} + K_2 e^{-2x} e^{-j3x} \\ &= e^{-2x}(K_1(\cos 3x + j\sin 3x) + K_2(\cos 3x - j\sin 3x)) \end{aligned}$$

따라서, 식(a)에 대한 해는 다음과 같이 구해진다.

$$y = e^{-2x}(c_1 \cos 3x + c_2 \sin 3x) \quad (c_1 = K_1 + K_2, \;\; c_2 = j(K_1 - K_2)) \qquad \cdots\cdots \text{(f)}$$

방법 2) 식(b)로부터 직접 식(f)를 구하는 방법

공액복소근이 나오는 경우는 앞서의 방법보다 이 방법을 사용하는 것이 편리하다.

$$\lambda = -2 \pm j3 \qquad \cdots\cdots \text{(g)}$$

에 대하여 보조해는 직접

$$y = e^{-2x}(c_1 \cos 3x + c_2 \sin 3x) \qquad \cdots\cdots \text{(h)}$$

결국, 식(f)와 식(h)을 유도하는데 있어서 방법 2)가 훨씬 간편함을 알 수 있다. □

예제 1-18

(공액허수근) 다음과 같은 미분방정식의 해를 구하라.

$$y'' + 9y = 0 \qquad \cdots\cdots \text{(a)}$$

☞ 이 식에 대한 보조방정식은

$$\lambda^2 + 9 = 0$$

따라서 특성근은 다음과 같이 공액허수근이 된다.

$$\lambda = \pm j3 \qquad \cdots\cdots \text{(b)}$$

결국, 이와 같은 근은 예제 1-17의 식(g)에서 실수부가 0인 경우와 같으므로 방법 2)를 적용하면 다음과 같은 보조해를 쉽게 얻는다.

$$y = K_1 \cos 3x + K_2 \sin 3x \qquad \cdots\cdots \text{(c)}$$

□

예제 1-19

(초기치문제) 다음과 같은 미분방정식의 완전해를 구하라.

$$y'' + 7y' + 12y = 0, \quad y(0) = 0, \quad y'(0) = -1 \qquad \cdots\cdots \text{(a)}$$

☞ 식(a)에 대한 보조방정식은

$$\lambda^2 + 7\lambda + 12 = 0$$

따라서 다음과 같은 서로 다른 실근의 특성근을 갖는다.

$$\lambda = -3, \ -4 \qquad \cdots\cdots \text{(b)}$$

결국, 일반해는

$$y = K_1 e^{-3x} + K_2 e^{-4x} \qquad \cdots\cdots \text{(c)}$$

적분상수를 구하기 위하여 식(c)와 이 식의 1계 도함수에 대하여 초기치를 사용하면

$$y = K_1 e^{-3x} + K_2 e^{-4x}\Big|_{x=0} \rightarrow K_1 + K_2 = 0$$

$$\frac{dy}{dx} = -3K_1 e^{-3x} - 4K_2 e^{-4x}\Big|_{x=0} \rightarrow -3K_1 - 4K_2 = -1$$

$$\therefore K_1 = -1, \ K_2 = 1 \qquad \cdots\cdots \text{(d)}$$

그러므로 식(d)를 식(c)에 대입하면 다음의 완전해가 구해진다.

$$y = -e^{-3x} + e^{-4x} \qquad \cdots\cdots \text{(e)}$$

□

예제 1-20

(회로) 다음과 같은 RLC 회로가 있다. $t = 0$일 때 스위치를 닫았다. 이 회로의 전류를 구하라. 단, $L = 1$[H], $R = 2$[Ω], $C = 1/11$[F], $V = 10$[V]이다. 이 회로에서 $i(0) = 0$, $di(0)/dt = 10$이다.

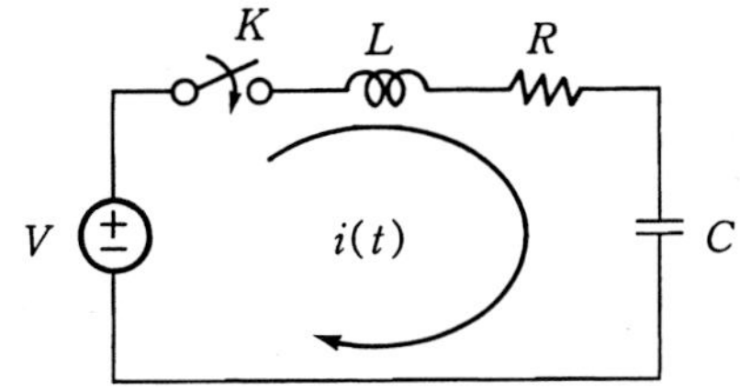

그림 1.9 RLC 회로 시스템

☞ 주어진 회로에 대하여 KVL을 적용하면

$$v_L(t) + v_R(t) + v_C(t) = V \ (t \geq 0)$$

$$L\frac{di}{dt} + Ri + \frac{1}{C}\int i dt = V$$

$$L\frac{d^2 i}{dt^2} + R\frac{di}{dt} + \frac{1}{C}i = 0$$

$$\frac{d^2 i}{dt^2} + 2\frac{di}{dt} + 11i = 0 \quad \cdots\cdots \text{(a)}$$

따라서 특성방정식은 다음과 같다.

$$\lambda^2 + 2\lambda + 11 = 0$$

이 경우에 특성근은

$$\lambda = -1 \pm j\sqrt{10} \quad \cdots\cdots \text{(b)}$$

결국, 일반해는 다음과 같이 구해진다.

$$i(t) = e^{-t}(K_1 \cos\sqrt{10}t + K_2 \sin\sqrt{10}t) \quad \cdots\cdots \text{(c)}$$

이 식에 초기치를 적용하면

$$i(t) = e^{-t}(K_1 \cos\sqrt{10}t + K_2 \sin\sqrt{10}t)\Big|_{t=0}$$

$$i(0) = K_1 \equiv 0$$

따라서,

$$i(t) = K_2 e^{-t} \sin\sqrt{10}t \quad \cdots\cdots \text{(d)}$$

이 식을 미분하여 초기치를 적용하면

$$\frac{di(t)}{dt} = \sqrt{10}K_2e^{-t}\cos\sqrt{10}\,t - K_2e^{-t}\sin\sqrt{10}\,t\Big|_{t=0}$$

$$\frac{di(0)}{dt} = \sqrt{10}K_2 \equiv 10$$

따라서 K_2는

$$K_2 = \sqrt{10} \qquad \cdots\cdots \text{(e)}$$

식(e)를 식(d)에 대입하면 전류 $i(t)$는 다음과 같다.

$$i(t) = \sqrt{10}e^{-t}\sin\sqrt{10}\,t \quad (t \geq 0) \qquad \cdots\cdots \text{(f)}$$

□

1.4.2 상수계수 고계 선형미분방정식의 보조해

1.4.1절에서 설명한 2계 미분방정식의 보조해를 구하는 방법은 고계 미분방정식(high order differential equation)의 보조해를 구하는데에도 쉽게 확장할 수 있다. 이제 n계 상수계수 선형미분방정식을 다음과 같이 표현해 보자.

$$y^{(n)} + a_{n-1}y^{(n-1)} + \cdots + a_2y^{(2)} + a_1y^{(1)} + a_0y = 0 \qquad \cdots\cdots (1.42)$$

여기서 미분연산자(differential operator)

$$\frac{d}{dx} = D, \quad \frac{d^2}{dx^2} = D^2, \quad \cdots, \frac{d^n}{dx^n} = D^n \qquad \cdots\cdots (1.43)$$

를 식(1.42)에 대하여 적용하면

$$(D^n + a_{n-1}D^{n-1} + \cdots + a_2D^2 + a_1D + a_0)\,y = 0$$

따라서 보조방정식 또는 특성방정식은 다음과 같다.

$$D^n + a_{n-1}D^{n-1} + \cdots + a_2D^2 + a_1D + a_0 = 0 \qquad \cdots\cdots (1.44)$$

식(1.44)에 대한 특성근은 여러 가지 형태로 주어지지만, 근본적으로 1.4.1절에서 설명하였던 4가지의 형태로 표현된다. 이제 몇가지 예들을 통하여 고계 미분방정식의 보조해를 구하는 방법을 알아 보자.

예제 1-21

다음 미분방정식의 일반해를 구하라.

$$\frac{d^3y}{dx^3}-2\frac{d^2y}{dx^2}-\frac{dy}{dx}+2y=0 \qquad \cdots\cdots \text{(a)}$$

☞ 미분연산자를 이용하여 특성방정식과 특성근을 구하면

$$D^3-2D^2-D+2=0$$

$$D=-1,\ 1,\ 2$$

특성근은 서로 다른 실근이므로 기본해는

$$e^{-x},\quad e^{x},\quad e^{2x} \qquad \cdots\cdots \text{(b)}$$

따라서 일반해는

$$y=K_1e^{-x}+K_2e^{x}+K_3e^{2x} \qquad \cdots\cdots \text{(c)}$$

□

예제 1-22

다음 미분방정식의 일반해를 구하라.

$$\frac{d^5y}{dx^5}-3\frac{d^4y}{dx^4}+3\frac{d^3y}{dx^3}-\frac{d^2y}{dx^2}=0 \qquad \cdots\cdots \text{(a)}$$

☞ 미분연산자를 이용하여 특성방정식과 특성근을 구하면

$$D^5-3D^4+3D^3-D^2=0$$

$$D=0,\ 0,\ 1,\ 1,\ 1$$

특성근은 0에서 2개의 중복근과 1에서의 3중근이 존재한다. 따라서 기본해는

$$1(=e^{0x}),\ x(=xe^{0x}),\ e^{x},\ xe^{x},\ x^2e^{x} \qquad \cdots\cdots \text{(b)}$$

결국, 일반해는

$$y=K_1+K_2x+(K_3+K_4x+K_5x^2)e^{x} \qquad \cdots\cdots \text{(c)}$$

□

예제 1-23

다음 미분방정식의 일반해를 구하라.

$$(D+1)(D+2)(D+3)(D^2+4D+13)y=0 \qquad \cdots\cdots \text{(a)}$$

☞ 식(a)의 특성근을 구하면

$$D = -1,\ -2,\ -3,\ -2 \pm j3$$

따라서 기본해는 특성근의 각각에 대하여

$$e^{-x},\ e^{-2x},\ e^{-3x},\ e^{-2x}\cos 3x,\ e^{-2x}\sin 3x \qquad \cdots\cdots \text{(b)}$$

결국, 일반해는 다음과 같다.

$$y = K_1 e^{-x} + K_2 e^{-2x} + K_3 e^{-3x} + e^{-2x}(K_4 \cos 3x + K_5 \sin 3x) \qquad \cdots\cdots \text{(c)}$$

□

1.4.3 특수해를 구하는 방법(1)

앞의 1.4.1절과 1.4.2절에서는 제차 선형미분방정식, 특히, 계수가 상수인 방정식에 대한 보조해를 구하는 방법을 설명하였다. 이 절에서는 제차항을 가진 미분방정식의 특수해를 구하는 방법에 대하여 기술한다. 일반적으로 상수계수 선형미분방정식의 특수해는 제차항과 유사한 특성을 갖는다. 다시 말해서, 특수해는 제차항의 형태로 추측 가능하다. 다음 예는 이 특성을 설명하기 위한 것이다.

예제 1-24

다음과 같은 미분방정식의 해를 구하라.

$$y'' + 5y' + 6y = 10x \qquad \cdots\cdots \text{(a)}$$

☞ 식(a)는 선형미분방정식이므로 일반해는 다음과 같은 형태로 주어진다.

$$y = y_c + y_p \qquad \cdots\cdots \text{(b)}$$

(1) y_c

보조해를 구하기 위하여 식(a)의 제차항을 0으로 놓고 미분연산자를 사용하면

$$(D^2 + 5D + 6)y_c = 0$$

$$(D+2)(D+3) = 0$$

$$D = -2,\ -3 \qquad \cdots\cdots \text{(c)}$$

따라서 보조해는 다음과 같이 구해진다.

$$y_c = K_1 e^{-2x} + K_2 e^{-3x} \qquad \cdots\cdots \text{(d)}$$

(2) y_p

제차항이 1차함수이므로 특수해는 이 함수와 유사한 성질을 갖는다. 따라서 제차항의 일반항을 다음과 같이 가정한다.

$$y_p \equiv Ax + B \qquad \cdots\cdots \text{(e)}$$

식(e)를 식(a)에 적용하기 위하여

$$y_p' = A, \quad y_p'' = 0 \qquad \cdots\cdots \text{(f)}$$

한편, 식(a)를 미분연산자를 사용하여 표현하면

$$(D^2 + 5D + 6)\,y_p = 10x \qquad \cdots\cdots \text{(g)}$$

식(g)에 식(e), (f)의 관계를 사용하여 미지수 A, B를 구하면

$$0 + 5A + 6(Ax + B) = 10x$$

$$A = \frac{10}{6}, \quad B = -\frac{50}{36} \qquad \cdots\cdots \text{(h)}$$

이 식을 식(e)에 대입하면 특수해는 다음과 같이 구해진다.

$$y_p = \frac{5}{3}\left(x - \frac{5}{6}\right) \qquad \cdots\cdots \text{(i)}$$

(3) $y = y_c + y_p$

결국, 식(d)와 (i)를 식(b)에 대입하면 일반해는 다음과 같다.

$$y = K_1 e^{-2x} + K_2 e^{-3x} + \frac{5}{3}\left(x - \frac{5}{6}\right) \qquad \cdots\cdots \text{(j)}$$

□

예제 1-24에서 알 수 있는 바와 같이, 선형미분방적식의 특수해는 제차항의 성질이 그대로 종속된다. 따라서 제차항이 상수이면 특수해는 상수로, 지수항이면 지수항으로 나타나게 된다. 이 성질을 이용하여 제차항의 형태를 일반화하므로써 특수해를 간단히 구할 수 있다. 다음 표 1.1은 제차항에 따른 특수해의 일반 형태를 나타낸다.

표 1.1 제차항과 특수해의 형태

	제차항의 예	특수해의 형태
1	상수(= C)	상수(= A)
2	1차함수	$Ax+B$
3	n차함수	$a_nx^n+\cdots+a_1x+a_0$
4	지수함수	Ae^{-2x}
5	$K\sin x$, $K\cos x$	$A\cos x+B\sin x$
6	ax^ne^{bx}	$(a_nx^n+\cdots a_1x+a_0)e^{bx}$
7	$ax^ne^{bx}\sin x$ $ax^ne^{bx}\cos x$	$(a_nx^n+\cdots a_1x+a_0)e^{bx}\cos x+$ $(b_nx^n+\cdots b_1x+b_0)e^{bx}\sin x$

예제 1-25

다음은 RL 직렬회로의 전류를 구하는 방정식이다. 이 미분방정식의 해를 구하라.

$$L\frac{di}{dt}+Ri=V \qquad \cdots\cdots \text{(a)}$$

☞ 식(a)를 정돈하면

$$\frac{di}{dt}+\frac{R}{L}i=\frac{V}{L} \qquad \cdots\cdots \text{(b)}$$

따라서 보조해는

$$\left(D+\frac{R}{L}\right)i_c=0$$

$$i_c=Ke^{-\frac{R}{L}t} \qquad \cdots\cdots \text{(c)}$$

식(b)의 제차항은 상수이므로 특수해는

$$i_p\equiv A \rightarrow i_p'=0 \qquad \cdots\cdots \text{(d)}$$

결국, 다음 과정으로

$$\left(D+\frac{R}{L}\right)i_p=\frac{V}{L}$$

$$0+\frac{R}{L}\times A=\frac{V}{L}\rightarrow A=\frac{V}{R}$$

$$\therefore\ i_p=\frac{V}{R} \qquad \cdots\cdots \text{(e)}$$

따라서, 식(a)에 대한 일반해는 다음과 같다.

$$i = i_c + i_p$$

$$= Ke^{-\frac{R}{L}t} + \frac{V}{R} \qquad \cdots\cdots \text{(f)}$$

□

예제 1-26

다음 미분방정식의 해를 구하라.

$$y'' + 4y' + 3y = 2\sin 3x \qquad \cdots\cdots \text{(a)}$$

☞ 이 방정식의 보조해는

$$D^2 + 4D + 3 = 0 \rightarrow D = -1,\ -3$$

$$\therefore\ y_c = K_1 e^{-x} + K_2 e^{-3x} \qquad \cdots\cdots \text{(b)}$$

한편, 특수해는 제차항이 정현파이므로 일반항은 다음과 같이 가정할 수 있다.

$$y_p \equiv A\cos 3x + B\sin 3x \qquad \cdots\cdots \text{(c)}$$

따라서,

$$y_p' = -3A\sin 3x + 3B\cos 3x$$

$$y_p'' = -9A\cos 3x - 9B\sin 3x$$

이 식들을 본 식(a)에 대입하면

$$(-9A\cos 3x - 9B\sin 3x) + 4(-3A\sin 3x + 3B\cos 3x) + 3(A\cos 3x + B\sin 3x) = 2\sin 3x$$

$$\begin{cases} -6A + 12B = 0 \\ -12A - 6B = 2 \end{cases}$$

$$A = -\frac{2}{15},\quad B = -\frac{1}{15} \qquad \cdots\cdots \text{(d)}$$

식(d)를 식(c)에 대입하면 특수해는

$$y_p = -\frac{1}{15}(2\cos 3x + \sin 3x) \qquad \cdots\cdots \text{(e)}$$

결국, 일반해는 식(b)와 (d)로부터

$$y = K_1 e^{-x} + K_2 e^{-3x} - \frac{1}{15}(2\cos 3x + \sin 3x) \qquad \cdots\cdots \text{(f)}$$

□

예제 1-27

다음과 같은 미분방정식의 해를 구하라.

$$y'' + 6y' + 8y = 2e^{-x} + 16 \qquad \cdots\cdots \text{(a)}$$

☞ 이 방정식의 보조해는

$$D^2 + 6D + 8 = 0$$

$$(D+2)(D+4) = 0 \rightarrow D = -2,\ -4$$

$$\therefore\ y_c = K_1 e^{-2x} + K_2 e^{-4x} \qquad \cdots\cdots \text{(b)}$$

한편, 특수해는

$$y_p = Ae^{-x} + B \qquad \cdots\cdots \text{(c)}$$

의 형태를 가지므로 특수해는 다음과 같다.

$$y_p{}' = -Ae^{-x},\quad y_p{}'' = Ae^{-x}$$

$$y_p{}'' + 6y_p{}' + 8y_p = 2e^{-x} + 16$$

$$Ae^{-x} - 6Ae^{-x} + 8(Ae^{-x} + B) = 2e^{-x} + 16$$

$$\therefore\ A = \frac{2}{3},\quad B = 2 \qquad \cdots\cdots \text{(d)}$$

따라서, 특수해는

$$y_p = \frac{2}{3}e^{-x} + 2 \qquad \cdots\cdots \text{(e)}$$

결국 일반해는 다음과 같다.

$$y = K_1 e^{-2x} + K_2 e^{-4x} + \frac{2}{3}e^{-x} + 2 \qquad \cdots\cdots \text{(f)}$$

□

예제 1-28

다음 미분방정식의 일반해를 구하라.

$$y' + 3y = 4e^{-3x} \qquad \cdots\cdots \text{(a)}$$

☞ 이 방정식의 보조해는

$$y_c = Ke^{-3x} \qquad \cdots\cdots \text{(b)}$$

한편, 제차항은 지수항으로 이 보조해와 같은 기저를 갖고 있으므로 이 경우에 특수해의 일반형은 다음과 같이 선택한다.(주의)

$$y_p = Axe^{-3x} \qquad \cdots\cdots \text{(c)}$$

따라서

$$y_p' = Ae^{-3x} - 3Axe^{-3x}$$
$$(Ae^{-3x} - 3Axe^{-3x}) + 3Axe^{-3x} = 4e^{-3x}$$
$$\therefore\ A = 4$$

결국, 특수해는

$$y_p = 4xe^{-3x} \qquad \cdots\cdots \text{(d)}$$

이 때 일반해는 식(b)와 (d)로부터

$$y = (K+4x)e^{-3x} \qquad \cdots\cdots \text{(e)}$$

□

1.4.4 특수해를 구하는 방법(2) - 미분연산자법

1.3절에서 기술한 특수해를 구하는 방법은 예제 1-26과 같이 제차항이 시뉴소이덜(sinusoidal) 함수로 주어지는 경우에 매우 지루한 연산과정을 거친다. 그렇지만, 미분연산자법를 사용하면 선형미분방정식의 특수해를 간단히 구할 수 있다. 그러나 주의해야 할점은 이러한 미분연산자를 사용하는 형식을 제차항의 종류에 따라 기억해야 한다는 것이다. 이러한 사실은 때로 1.4.3절의 방법에 비하여 잊기 쉬운 것이기도 하다. 그렇지만, 공식을 알고 있는 경우에는 앞절에서 보다 쉽게 특수해를 얻을 수 있다.

(1) 미분연산자의 연산법칙

미분연산자(differential operator)를 $D \equiv d/dx$라 정의할 경우에 이 연산자에 관한 기본성질을 요약하면 다음과 같다.

① $D^m D^n = D^{m+n}$

② $(D^m)^n = D^{m \times n}$

③ $\dfrac{dy}{dx} - ay = (D-a)\,y$

④ $(D-a_1)(D-a_2) = D^2 - (a_1+a_2)D + a_1 a_2$

⑤ $f_1(D)y + f_2(D)y = (f_1(D) + f_2(D))\,y$

⑥ $\frac{1}{D} = D^{-1}$

⑦ $f(D)y = Q(x) \rightarrow y = \frac{1}{f(D)} Q(x)$

(2) 미분연산자에 관한 정리

미분방정식의 특수해를 구하기 위하여 위의 (1)에서 기술한 연산법칙을 확장한 정리는 다음과 같다.

① $f(D)e^{ax} = f(a)\, e^{ax}$

② $\frac{1}{f(D)} e^{ax} = \frac{1}{f(a)} e^{ax}$

③ $f(D)[e^{ax}Q(x)] = e^{ax}f(D+a)Q(x) \quad (f(a) \neq 0)$

④ $\frac{1}{f(D)} [e^{ax}Q(x)] = e^{ax}\frac{1}{f(D+a)} Q(x)$

⑤ $f(D)Q(x) = e^{ax}f(D+a)e^{-ax}Q(x)$

⑥ $\frac{1}{f(D)} Q(x) = e^{ax}\frac{1}{f(D+a)} e^{-ax}Q(x)$

⑦ $f(D^2)\cos(ax+b) = f(-a^2)\cos(ax+b)$

⑧ $f(D^2)\sin(ax+b) = f(-a^2)\sin(ax+b)$

⑨ $\frac{1}{f(D^2)} \cos(ax+b) = \frac{1}{f(-a^2)} \cos(ax+b)$

⑩ $\frac{1}{f(D^2)} \sin(ax+b) = \frac{1}{f(-a^2)} \sin(ax+b)$

다음은 (1) 및 (2)의 결과들을 사용하여 특수해를 구하는 과정을 나타내는 예제들이다.

예제 1-29

다음 식의 특수해를 구하라.

$$(D^2-3D+2)y = e^{5x}$$

☞ (1) 먼저, 1.4.3절에서와 같은 방법을 적용해 보자. 제차항이 지수함수이므로 특수해의 일반항은 다음과 같다.

$$y_p = Ae^{5x} \qquad \cdots\cdots \text{(a)}$$

따라서,

$$y_p' = 5Ae^{5x}, \quad y_p'' = 25Ae^{5x} \qquad \cdots\cdots \text{(b)}$$

이 식을 본 식에 적용하면

$$(25A - 15A + 2A)e^{5x} = e^{5x} \quad \rightarrow \quad A = \frac{1}{12} \qquad \cdots\cdots \text{(c)}$$

결국, 식(c)를 식(a)에 대입하면 특수해는 다음과 같다.

$$y_p = \frac{1}{12}e^{5x} \qquad \cdots\cdots \text{(d)}$$

(2) 미분연산자 정리를 사용하기 위하여 연산자 정리 (2)의 결과 ②를 적용하면

$$\begin{aligned} y_p &= \frac{1}{D^2 - 3D + 2}e^{5x} \\ &= \frac{1}{5^2 - 3\times 5 + 2}e^{5x} \\ &= \frac{1}{12}e^{5x} \end{aligned} \qquad \cdots\cdots \text{(e)}$$

□

예제 1.30

다음 식의 해를 구하라.

$$(D^2 + 5D + 6)y = 10x$$

☞ 이 방정식의 보조해는

$$\begin{aligned} &(D+2)(D+3) = 0 \\ &D = -2, \ -3 \\ &\therefore \ y_c = K_1e^{-2x} + K_2e^{-3x} \end{aligned} \qquad \cdots\cdots \text{(a)}$$

또한 특수해는

$$\begin{aligned} y_p &= \frac{1}{(D+2)(D+3)}10x \\ &= \frac{1}{6(1+\frac{D}{2})(1+\frac{D}{3})}10x \end{aligned} \qquad \cdots\cdots \text{(b)}$$

식(b)의 분모다항식에 대하여 다음과 같은 Maclaurin 급수를 이용한다.

$$\frac{1}{1 \pm x} = 1 \mp x + x^2 \mp x^3 + \cdots \qquad \cdots\cdots \text{(c)}$$

따라서, 식(b)는

$$y_p = \frac{1}{6}\left[1-\frac{D}{2}+\left(\frac{D}{2}\right)^2+\cdots\right]\left[1-\frac{D}{3}+\left(\frac{D}{3}\right)^2+\cdots\right]10x$$

$$= \frac{1}{6}\left(1-\frac{5}{D}+\frac{1}{6}D^2+\cdots\right)10x \qquad \cdots\cdots \text{(d)}$$

식(d)에 대하여 미분연산자 성질을 이용하면

$$y_p = \frac{10}{6}\left(x-\frac{5}{6}\right) \qquad \cdots\cdots \text{(e)}$$

결국, 일반해는 다음과 같이 구해진다.

$$y = K_1e^{-2x}+K_2e^{-3x}+\frac{5}{3}\left(x-\frac{5}{6}\right) \qquad \cdots\cdots \text{(f)}$$

□

예제 1-31

다음 식의 일반해를 구하라.

$$(D^2+4D+3)y = 2\sin 3x$$

☞ 보조해는

$$(D+1)(D+3) = 0$$

$$D = -1,\ -3$$

$$\therefore\ y_c = K_1e^{-x}+K_2e^{-3x} \qquad \cdots\cdots \text{(a)}$$

미분연산자 법칙에 의해 특수해는

$$y_p = \frac{1}{(D+1)(D+3)}2\sin 3x$$

$$= \left(\frac{1}{D+1}-\frac{1}{D+3}\right)\sin 3x \quad \text{(부분분수 전개참조)}$$

이 식에 연산자 정리 (2)의 결과 ⑥을 사용하면

$$y_p = e^{-x}\int e^x\sin 3x\,dx - e^{-3x}\int e^{3x}\sin 3x\,dx$$

$$= e^{-x}\left(\frac{1}{10}e^x(\sin 3x-3\cos 3x)\right)-e^{-3x}\left(\frac{1}{6}e^{3x}(\cos 3x+\sin 3x)\right)$$

$$= -\frac{1}{15}(\sin 3x+2\cos 3x) \qquad \cdots\cdots \text{(b)}$$

따라서 일반해는 식(a)과 식(b)로 부터

$$y = K_1e^{-x}+K_2e^{-3x}-\frac{1}{15}(\sin 3x+2\cos 3x) \qquad \cdots\cdots \text{(c)}$$

□

이 예제 1-31은 예제 1-26과 동일한 것으로, 미분연산자법을 사용하면 특수해를 구하는 과정이 아주 간단하게 수행됨을 알 수 있다. 이 예제의 풀이과정에서 부분분수 전개법이 사용되는데 이에 대한 설명은 다음에서 다룬다.

(3) 부분분수 전개법(미정계수법)

예컨데 미분연산자를 사용하여 특수해를 풀거나 또는 Laplace 역변환(2장)을 수행하는 과정에서는 함수 $f(x)$의 분모인수에 대해 다음과 같이 부분분수로 전개해야 하는 과정이 요구되는 경우가 있다.

$$\begin{aligned} f(x) &= \frac{2x+8}{x(x+1)(x+2)} \\ &= \frac{A}{x} + \frac{B}{x+1} + \frac{C}{x+2} \end{aligned} \qquad \cdots\cdots (1.44)$$

이 경우에 A, B, C는 보통 유수(residue)라 한다. 일반적으로 이러한 유수는 미정계수법(undetermined coefficient method)으로 풀 수 있다. 즉, 식(1.44)의 우변을 통분하여 유수에 관한 방정식을 구성하면

$$\frac{2x+8}{x(x+1)(x+2)} = \frac{A(x+1)(x+2)+Bx(x+2)+Cx(x+1)}{x(x+1)(x+2)}$$

$$\begin{cases} A+B+C=0 \\ 3A+2B+C=2 \\ 2A=8 \end{cases}$$

따라서 위의 3식을 풀면

$$A=4,\ B=-6,\ C=2 \qquad \cdots\cdots (1.45)$$

이다.

(4) 부분분수 전개법(Heaviside의 전개정리)

앞의 미정계수법은 미정계수가 증가하면 할수록 이에 대한 방정식 수가 증가하므로 대수방정식의 해를 구하기가 점점 번잡하게 된다. 따라서 이러한 함수의 부분분수전개는 Heaviside의 전개정리(Heaviside's partial fraction expansion)를 이용하는 것이 편리하다(이 과정은 2장의 Laplace

변환에서 다시 자세히 설명할 것이다). 예컨데 식(1.44)에 대하여 양변에 x를 곱한 결과에 $x=0$을 대입하면

$$\begin{aligned} xf(x) &= \frac{2x+8}{(x+1)(x+2)} \\ &= A+\frac{Bx}{x+1}+\frac{Cx}{x+2}\bigg|_{x=0} \end{aligned}$$

$$A=\frac{2x+8}{(x+1)(x+2)}\bigg|_{x=0}=4 \qquad \cdots\cdots (1.46)$$

이와 동일한 방법으로

$$\begin{aligned} B &= (x+1)f(x)\big|_{x=-1} \\ &= \frac{2x+8}{x(x+2)}\bigg|_{x=-1}=-6 \end{aligned} \qquad \cdots\cdots (1.47)$$

$$\begin{aligned} C &= (x+2)f(x)\big|_{x=-2} \\ &= \frac{2x+8}{x(x+1)}\bigg|_{x=-2}=2 \end{aligned} \qquad \cdots\cdots (1.48)$$

유수를 정할 수 있다. 식(1.46)~(1.47)의 결과들은 식(1.45)와 동일하다.

예제 1-32

다음 함수를 부분분수로 전개하라.

$$F(D)=\frac{2}{(D+1)(D+3)} \qquad \cdots\cdots (a)$$

☞ 주어진 함수에 대하여

$$\frac{2}{(D+1)(D+3)}=\frac{A}{D+1}+\frac{B}{D+3}$$

$$\begin{cases} A=\dfrac{2}{D+3}\bigg|_{D=-1}=1 \\ B=\dfrac{2}{D+1}\bigg|_{D=-3}=-1 \end{cases}$$

따라서, 식(a)는 다음과 같이 부분분수로 전개된다.

$$F(D)=\frac{1}{D+1}-\frac{1}{D+3} \qquad \cdots\cdots (b)$$

□

예제 1-33

다음 방정식의 특수해를 구하라.

$$(D^2+4D+3)y=2\sin 3x$$

☞ 여기에서는 예제 1-31의 풀이과정과 다른 방법을 소개한다.

$$\begin{aligned} y_p &= \frac{1}{D^2+4D+3}2\sin 3x = \frac{1}{-3^2+4D+3}2\sin 3x \\ &= \frac{2}{4D-6}\sin 3x = \frac{2D+3}{(2D-3)(2D+3)}\sin 3x \\ &= \frac{2D+3}{4D^2-9}\sin 3x = \frac{2D+3}{-4\times 3^2-9}\sin 3x \\ &= -\frac{1}{45}(2D+3)\sin 3x \\ &= -\frac{1}{15}(\sin 3x+2\cos 3x) \end{aligned}$$

결국 예제 1-31과 같은 결과를 얻는다. 이 결과는 예제 1-26의 결과와 같다. □

예제 1-34

다음 방정식의 특수해를 구하라.

$$y''+6y'+8y=2e^{-x}+16$$

☞ 미분연산자를 사용하면

$$\begin{aligned} y_p &= \frac{2}{D^2+6D+8}e^{-x}+\frac{16}{D^2+6D+8}e^{-0} \\ &= \frac{2}{(-1)^2-6+8}e^{-x}+\frac{16}{8} \\ &= \frac{2}{3}e^{-x}+2 \end{aligned}$$

□

연 습 문 제 1.4

문 1. 다음과 같은 미분방정식을 풀어라.

(1) $y''-y'-2y=0$

(2) $y'' + 4y' + 5y = 0$

(3) $y'' + 4y = 0$

(4) $y'' + 8y' + 16y = 0$

(5) $\dfrac{d^2q}{dt^2} + 3\dfrac{dq}{dt} + 10q = 0$

(6) $y'' + 5y' + 4y = 0$ $\quad y(0) = 2,\ y'(0) = 0$

(7) $y'' + 0.5y' + 0.125y = 0$ $\quad y(0) = 0,\ y'(0) = -1$

(8) $y'' + 4y' + 4y = 0$ $\quad y(0) = -1,\ y'(0) = 1$

(9) $\dfrac{d^2i(t)}{dt^2} + 3\dfrac{di(t)}{dt} + 2i(t) = 0$ $\quad i(0) = 0,\ \dfrac{di(0)}{dt} = 1$

(10) $\tau_m\tau_e\dfrac{d^2x}{dt^2} + (\tau_m + \tau_e)\dfrac{dx}{dt} + x = 0$ $\quad \tau_m = 1,\ \tau_e = 0.01$

문 2. 다음 미분방정식을 풀어라.

(1) $\dfrac{d^3y}{dx^3} - \dfrac{dy}{dx} = 0$

(2) $\dfrac{d^4y}{dx^4} - 4y = 0$

(3) $\dfrac{d^4y}{dx^4} - 13\dfrac{d^2y}{dx^2} + 36y = 0$

(4) $\dfrac{d^3y}{dx^3} + 6\dfrac{d^2y}{dx^2} + 11\dfrac{dy}{dx} + 6y = 0$

(5) $\dfrac{d^4y}{dx^4} - 5\dfrac{d^2y}{dx^2} + 4y = 0$

(6) $(D-2)(D-4)^3(D+5)^2y = 0$

(7) $(4D^4 - 20D^3 + 33D^2 - 17D)y = 0$

(8) $(D^4 + 8D^2 + 16)y = 0$

(9) $(D^4 - 1)y = 0$

(10) $(D^3 + 6D^2 + 10D)y = 0$

문 3. 다음 미분방정식의 해를 구하라.

(1) $y'' + 3y' + 2y = 10$

(2) $y' + 2y = 4\sin 3x$

(3) $(D^3+6D^2+11D+6)y=2x^2-3x+10$

(4) $y''+4y=5e^{-3x}$

(5) $y''-y'-6y=2e^{-5x}\cos 6x$

문 4. 다음 미분방정식의 미분연산자를 이용하여 특수해를 구하라.

(1) $y''-y=3e^{2x}$

(2) $y''-y'-2y=-4x$

(3) $y''+y'-2y=14+2x-2x^2$

(4) $y''+y=-3\sin 2x$

(5) $y''+4y=-12\sin 2x$

(6) $(D^2+9)y=17e^{-5x}$

(7) $(D^2+3D-4)y=-6.8\sin x$

(8) $(D^2+3D-4)y=10e^{x}$

(9) $(D^2-4D+3)y=2e^{3x}$

(10) $(D^2-6D+9)y=2e^{3x}$

문 5. 다음과 같은 미분방정식의 해를 구하라.

(1) $y''-y'-2y=3e^{2x}$ $\qquad y(0)=0,\ y'(0)=-2$

(2) $y''+y'-2y=14+2x-2x^2$ $\qquad y(0)=0,\ y'(0)=0$

(3) $y''-4y'+3y=4e^{3x}$ $\qquad y(0)=-1,\ y'(0)=3$

(4) $y''+4y'+4y=4\cos x+3\sin x$ $\qquad y(0)=1,\ y'(0)=-1$

(5) $y''+y'-2y=-6\sin 2x$ $\qquad y(0)=2,\ y'(0)=2$

1.5 응용문제

일반적으로 상수계수 미분방정식은 공학문제에 여러가지 형태로 나타난다. 이 때 미분방정식은 시스템의 특성을 기술하는 척도로 사용되며, 수학에서와는 달리 시간특성을 나타내는 경우가 많다. 따라서, 시스템의 응답을 평가하는 여러가지 용어가 정의된다. 이 절에서는 전자, 전기, 통신 및 계측제어공학 분야에서 기본적으로 사용되는 회로시스템의 해석과정 중 나타나는 미분방정식의 예들과 그 용어들의 특성을 기술한다.

1.5.1 특성근과 시정수

우선, 몇가지 용어들을 정의하기에 앞서 간단한 미분방정식의 예를 통하여 그 해석과정과 그 과정에서 나타나는 용어 및 시간특성을 고찰해 보자.

예제 1-35

다음과 같은 미분방정식으로 기술되는 시스템이 있다. 특성근을 구하고 $a=1,\ 3$일 때 응답을 그려서 그 특성을 설명하라.

$$\frac{dy}{dt}+ay=0,\quad y(0)=5 \qquad \cdots\cdots \text{(a)}$$

☞ 이 방정식을 미분연산자를 이용하여 다시 쓰면

$$(D+a)y=0 \qquad \cdots\cdots \text{(b)}$$

따라서 특성방정식 및 특성근은 다음과 같다.

$$D+a=0 \qquad \cdots\cdots \text{(c)}$$

$$D=-a \qquad \cdots\cdots \text{(d)}$$

이 경우에 일반해는

$$y=Ke^{-at} \qquad \cdots\cdots \text{(e)}$$

이 식(e)에 초기조건을 적용하면

$$y=Ke^{-at}\Big|_{t=0}\equiv 5$$

$$y(0)=K\equiv 5$$

따라서 식(a)의 완전해는 다음과 같다.

$$y=5e^{-at} \qquad \cdots\cdots \text{(f)}$$

결국, 주어진 조건 $a=1,\ 3$에 대하여 시간응답은 그림 1.10과 같다. 이 특성에서 알 수 있듯이, 특성근이 $D=-3$인 경우가 $D=-1$인 경우보다 감쇠의 정도가 크다. 따라서 미분방정식의 특성근은 해의 특성을 나타내는 척도임을 알 수 있다.

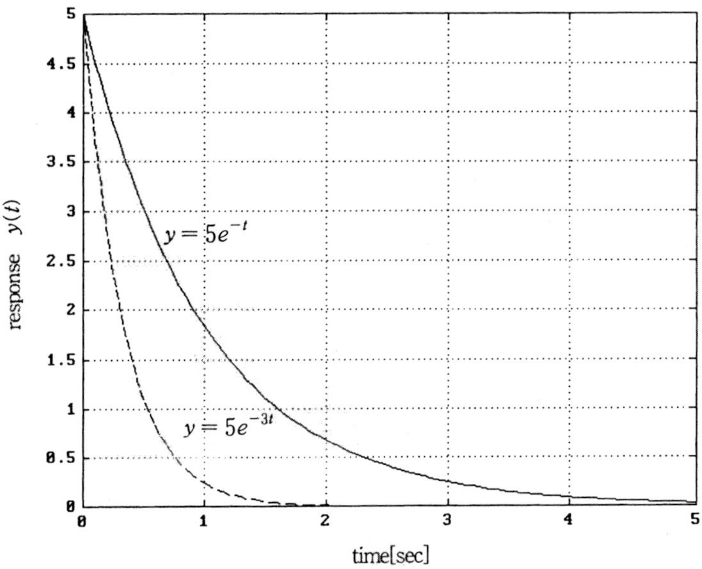

그림 1.10 식(f)의 시간특성

□

(1) 시정수(time constant)

수학에서 사용되는 미분방정식은 독립변수가 x인 경우가 많지만, 공학문제에서는 독립변수를 시간 t로 사용하는 것이 보통이다. 예제 1-35에서와 같이 특성근이 미분방정식의 해의 특성을 결정하는 것이므로 시간함수로 해가 주어지는 경우에는 특성근이 시간특성을 지배하게 된다. 일반적으로 공학문제에 나타나는 미분방정식을 다루는 경우에는 특성근보다 시정수라는 다른 용어를 사용하여 시간특성을 설명하기도 한다. 특성근이 $s = s_1,\ s_2,$ ……이라 할 때, 시정수의 정의는 다음과 같다.

$$\tau = \frac{1}{|s|}\,[\mathrm{sec}] \qquad \cdots\cdots\ (1.49)$$

이 시정수는 단위로 [sec]를 가지며 시정수의 갯수는 특성근의 갯수와 같다. 그러나, 이 용어는 전형적으로 1차 시스템(1st order system)의 특성을 기술하는데 주로 사용된다. 2차 시스템(2nd order system)의 시간특성을 나타내는 척도는 보통 제동비(damping ratio) 또는 고유주파수(natural frequency)를 사용한다. (1.5.2절 참조) 일반적으로 1차 시스템의 시간특성에서 시정수가 클수록 초기값에서 정상상태값으로 도달하는 시간이 길다.

예제 1-36

다음 미분방정식의 특성근과 시정수를 구하라

(1) $Ri+\frac{1}{C}\int_0^t i dt = V$ ...... (a)

(2) $y''+3y'+2y = 4\cos 3t$ ...... (b)

☞ (1) 식(a)는 RC 회로에 직류입력전압 V를 인가하였을 때, 전류를 구하는 방정식이다. 이 시스템은 1차 시스템으로 이 식을 미분하여 정리하면 다음과 같다.

$$\frac{di}{dt}+\frac{1}{RC}i = 0 \quad \text{...... (c)}$$

이 결과로부터 이 시스템은 상수계수 제차 1계 선형미분방정식 형태임을 알 수 있다. 이 때 특성근은

$$\left(D+\frac{1}{RC}\right)i = 0$$

$$\therefore\ D = -\frac{1}{RC} \quad \text{...... (d)}$$

따라서 시정수는 다음과 같다.

$$\tau = RC\,[\text{sec}] \quad \text{...... (e)}$$

(2) 식(b)는 2계 미분방정식으로 이와 같은 방정식으로 표현되는 시스템을 2차 시스템이라 한다. 이 식(b)의 특성근은

$$(D^2+3D+2)y = 4\cos 3t$$

$$\therefore\ D = -1,\ -2 \quad \text{...... (f)}$$

따라서 시정수는 다음과 같다.

$$\tau = 1,\ 0.5\,[\text{sec}] \quad \text{...... (g)}$$

□

시정수의 정의에 의하면 시정수의 갯수는 특성근의 갯수와 일치한다. 예제 1-36에서 알 수 있는 바와 같이 2계 미분방정식은 2개의 시정수를 갖는다. 그렇지만, 미분방정식이 2계 이상으로 표현되는 시스템의 시간특성은 2개 이상의 시정수로 부터 정확히 판단하기는 곤란하다. 따라서,

시정수는 전형적으로 1계 미분방정식으로 표현되는 1차 시스템의 시간 특성을 기술하는데 주로 이용한다.

(2) 1차 및 2차 시스템

회로시스템과 같은 공학문제에서는 가끔 1차 시스템(1st order system) 또는 2차시스템(2nd order system) 등의 용어가 사용된다. 이러한 용어는 시스템의 특성을 기술하는 미분방정식의 계수(階數)와 직접 관련된다. 예컨데,

① $L\frac{di}{dt}+Ri=V$: 1계미분방정식 : 1차시스템

② $y''+4y'+13y=5e^{-3t}$: 2계미분방정식 : 2차시스템

③ $(D^3+5)y=0$: 3계미분방정식 : 3차시스템

예제 1-37

(1차시스템에서의 시정수) 다음과 같은 미분방정식이 있다.(예제 1-35와 동일)

$$y'+ay = 0 \quad y(0)=5 \qquad \cdots\cdots \text{(a)}$$

이 방정식에서 $a=1, 3$일 때의 해와 이 시간응답으로부터 시간특성을 설명하라.

☞ 예제 1-35의 풀이과정을 참고하면 해는

$$y=5e^{-at} \qquad \cdots\cdots \text{(b)}$$

이 식(b)를 시간에 대하여 미분하고 $t=0$에서 미계수를 구하면

$$\frac{dy(t)}{dt} = -5ae^{-at}\Big|_{t=0}$$

$$y'(0) = -5a \qquad \cdots\cdots \text{(c)}$$

1계 도함수는 접선의 기울기를 나타내므로 이 식은 $t=0$에서의 접선의 기울기를 나타내는 것이다. 따라서 $a=1, 3$의 각각에 대하여

$$a=1:\ y'(0) = -5 \qquad \cdots\cdots \text{(d)}$$

$$a=3:\ y'(0) = -15 \qquad \cdots\cdots \text{(e)}$$

결국, $a=3$인 경우가 $a=1$인 경우보다 감쇠특성(기울기가 (-)임)이 큼을 알 수 있으며, 이러한 시간특성은 특성근과 시정수에 직접 비례함을 알 수 있다. □

(3) 선형 1차 시스템의 시정수 계산법

상수계수 선형 1차 시스템은 다음과 같은 1계 미분방정식으로 기술된다.

$$y' + Py = Q(t) \qquad \cdots\cdots (1.50)$$

여기서 $y(t)$는 출력(output) 또는 응답(response)로 주어진 미분방정식의 해이다. 한편, $Q(t)$는 제차항(homogeneous term)으로 물리시스템의 입력과는 정확히 일치하지 않으나 일반적으로 입력항을 포함하는 경우가 많다.

이와 같은 사실을 확인하기 위하여, 예컨데, 그림 1.11과 같은 RC 직렬회로에 $t=0$일 때 스위치 K를 닫았을 때, 콘덴서의 출력을 구하는 문제를 고려해 보자. 이 회로에 전압법칙을 사용하면

$$v_R(t) + v_o(t) = V \qquad (t \geq 0)$$

$$Ri(t) + v_o(t) = V \qquad \cdots\cdots (1.51)$$

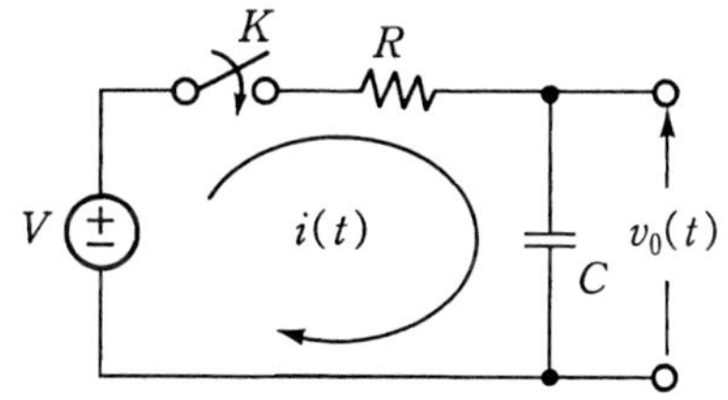

그림 1.11 RC 회로시스템

한편, C에서 전류는

$$i = C\frac{dv_o}{dt} \qquad \cdots\cdots (1.52)$$

식(1.52)을 식(1.51)에 대입하여 정리하면

$$\frac{dv_0}{dt} + \frac{1}{RC}v_0 = \frac{V}{RC} \qquad \cdots\cdots (1.53)$$

이 방정식의 제차항은 V/RC가 되어 입력전압 V를 포함한다.

만약, 동일한 회로에서 전류 $i(t)$를 구하는 경우에는

$$Ri(t) + \frac{1}{C}\int_0^t i(t)dt = V \qquad \cdots\cdots (1.54)$$

이 식을 미분하여 정리하면 다음과 같은 미분방정식이 얻어진다.

$$\frac{di}{dt}+\frac{1}{RC}i=0 \qquad \cdots\cdots (1.55)$$

따라서, 이 방정식의 제차항이 0이다. 그러나, 이 결과가 회로시스템의 입력이 0임을 나타내는 것은 아님을 주목해야 한다.

한편, 1차 시스템의 시간응답으로부터 시정수를 구하는 방법은 특수해가

$$3e^{-5t},\ 2\sin 3t\ \cdots$$

등과 같은 일반함수에 대해서는 동일하게 정의할 수 없지만, $Q(t)=Q$ (상수)인 경우에는 간단히 정의할 수 있다. 이 경우 1계 선형미분방정식은

$$y'+Py=Q \qquad \cdots\cdots (1.56)$$

의 해는 다음과 같다.

① $Q\neq 0$: $y=Ke^{-pt}+\dfrac{Q}{P}$ …… (1.57)

② $Q=0$: $y=Ke^{-Pt}$ …… (1.58)

결국 이와 같이 주어진 시간함수로부터 시정수는

$$\tau=\frac{1}{P}[\text{sec}] \qquad \cdots\cdots (1.59)$$

예제 1-38

그림 1.12와 같은 회로에 대하여 출력을 구하는 미분방정식을 유도하고 시정수를 구하라.

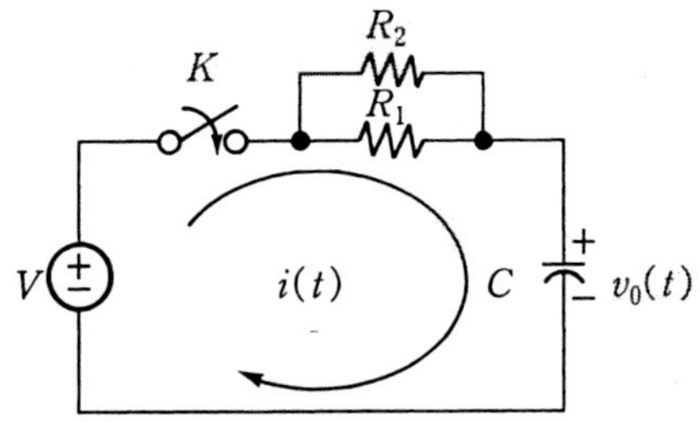

그림 1.12 회로시스템

☞ 병렬회로에 대한 합성저항을

$$R_0 = R_1 \| R_2 \equiv \frac{R_1 R_2}{R_1 + R_2} \quad \cdots\cdots \text{(a)}$$

이라 놓고 회로에 KVL을 적용하면

$$v_{R_0}(t) + v_0(t) = V \quad (t \geq 0)$$

$$R_0 i(t) + v_0(t) = V \quad (t \geq 0) \quad \cdots\cdots \text{(b)}$$

여기서 $i = C\frac{dv_0}{dt}$ 이므로 이 관계식을 사용하면

$$R_0 C \frac{dv_0}{dt} + v_0 = V$$

$$\therefore \frac{dv_0}{dt} + \frac{1}{R_0 C} v_0 = \frac{1}{R_0 C} V \quad \cdots\cdots \text{(c)}$$

이 식(c)가 출력을 구하기 위한 미분방정식이다. 따라서, 특성근은

$$D + \frac{1}{R_0 C} = 0 \rightarrow D = -\frac{1}{R_0 C} \quad \cdots\cdots \text{(d)}$$

결국 이 시스템의 시정수는 다음과 같다.

$$\tau = R_0 C = \frac{R_1 R_2}{R_1 + R_2} C \text{ [sec]} \quad \cdots\cdots \text{(e)}$$

□

(4) RC 및 RL 회로의 시정수

1차 회로시스템의 전형적인 예로서는 RC 및 RL 직렬회로가 있다. 이와 같은 회로들의 시정수는 다음과 같이 정의된다.

$$\text{RC 회로 : } \tau = RC \text{ [sec]} \quad \cdots\cdots (1.60)$$

$$\text{RL 회로 : } \tau = \frac{L}{R} \text{ [sec]} \quad \cdots\cdots (1.61)$$

1계 미분방정식으로 기술되는 시스템의 시정수는 식(1.59)로 정의되고, RL 및 RC 직렬회로의 시정수는 식(1.60) 및 (1.61)로 정의된다. 그러나, 경우에 따라 시정수는 정상값(steady state value or final value)의 63[%]에 이르는 시간, 또는 초기값(initial value)의 37[%]로 감소하는 시간으로 설명하기도 한다. 이 때, 정상값 및 초기값은

$$y(\infty) = \lim_{t\to\infty} y(t) \qquad \cdots\cdots (1.62)$$

$$y(0) = \lim_{t\to 0} y(t) \qquad \cdots\cdots (1.63)$$

로 정의된다. 특히, 이러한 시정수 정의는 정상값이 상수로 주어지는 경우에만 적용된다는 점을 유념해야 한다. 다음은 이에 대한 예제이다.

예제 1-39

미분방정식

$$y' + 3y = 15, \quad y(0) = 0 \qquad \cdots\cdots (a)$$

의 해는 다음과 같이 주어진다.

$$y(t) = 5(1 - e^{-3t}) \qquad \cdots\cdots (b)$$

식(a)과 (b)에 대하여 시정수를 구하라.

☞ 식(a)에 대한 특성근은

$$D+3=0 \rightarrow D=-3$$

따라서 식(a)의 시정수는

$$\tau_1 = \frac{1}{3}\,[\text{sec}] \qquad \cdots\cdots (c)$$

한편, 식(b)에 대한 정상값을 구하면

$$\lim_{t\to\infty} y(t) = y(\infty) = 5 \qquad \cdots\cdots (d)$$

따라서, 시정수는 정상값의 63[%]에 이르는 시간으로 정의되므로

$$5\times 0.63 = 5(1 - e^{-3\tau_2})$$

이 식으로부터

$$\tau_2 = \frac{1}{3}\,[\text{sec}] \qquad \cdots\cdots (e)$$

이 식(e)는 앞서 구한 시정수 식(c)와 동일하다. □

예제 1-40

다음 미분방정식

$$(D+3)y = \sin t, \quad y(0) = 0 \qquad \cdots\cdots (a)$$

의 해를 구하라. 이 해를 이용하여 시정수를 구할 수 있는가?

☞ 이 식(a)에 대한 보조해는

$$(D+3)y_c = 0 \rightarrow y_c = Ke^{-3t} \qquad \cdots\cdots (b)$$

특수해는 미분연산자법에 의하여

$$\begin{aligned} y_p &= \frac{1}{D+3}\sin t \\ &= \frac{D-3}{D^2-3^2}\sin t \\ &= -\frac{1}{10}(D-3)\sin t \\ &= -\frac{1}{10}(\cos t - 3\sin t) \qquad \cdots\cdots (c) \end{aligned}$$

따라서 미분방정식의 일반해는

$$\begin{aligned} y &= y_c + y_p \\ &= Ke^{-3t} - \frac{1}{10}(\cos t - 3\sin t) \qquad \cdots\cdots (d) \end{aligned}$$

이 식에 초기조건을 적용하면 완전해는

$$y(t) = Ke^{-3t} - \frac{1}{10}(\cos t - 3\sin t)\Big|_{t=0}$$

$$y(0) = K - \frac{1}{10} \equiv 0 \rightarrow K = \frac{1}{10}$$

$$\therefore\ y(t) = \frac{1}{10}(e^{-3t} - \cos t + 3\sin t) \qquad \cdots\cdots (e)$$

이 식의 정상값은 y_p로 주기함수이며 y_c는 과도응답으로 $t \rightarrow \infty$일 때 소멸되어 사라진다. 따라서, 특성근 및 시정수는 e^{-3t}에 의해 주어짐을 알 수 있다. 이 경우에 시정수는

$$\tau = \frac{1}{3}\,[\text{sec}] \qquad \cdots\cdots (f)$$

이다. 그렇지만, 식(e)의 시간응답에 대하여 정상값을 구하고 이 값에 대한 63[%] 또는 37[%]로써 예제 1-39와 같이 시정수를 결정할 수 없다. 물론, $y_p = Ae^{-at}$ 등도 시간응답으로부터 시정수를 구하는 전형적인 방법은 없다.

□

1.5.2 2차 시스템(제동비와 고유주파수)

2차 시스템의 시간특성을 나타내는 용어를 소개하기 전에 먼저, 다음과 같은 예제를 통하여 2차 시스템의 성질을 알아 보자.

예제 1-41

다음 미분방정식의 특성근, 시정수 및 완전해를 구하라. 모든 초기조건은 0이라 가정한다.

(1) $y''+4y'+3y=6$ ...... (a)

(2) $y''+4y'+13y=26$ ...... (b)

☞ (1) 이 식(a)에서 특성근과 시정수는

$$D^2+4D+3=0$$

$$D=-1,\ -3 \quad \cdots\cdots (c)$$

$$\tau=1,\ \frac{1}{3}\,[\text{sec}] \quad \cdots\cdots (d)$$

따라서 보조해는

$$y_c=K_1e^{-t}+K_2e^{-3t} \quad \cdots\cdots (e)$$

제차항이 상수이므로 특수해는 $y_p=\dfrac{6}{3}=2$이고 따라서 일반해는

$$y=K_1e^{-t}+K_2e^{-3t}+2 \quad \cdots\cdots (f)$$

이 식(f)에 초기조건을 적용하면

$$y(t)=K_1e^{-t}+K_2e^{-3t}+2\Big|_{t=0} \rightarrow K_1+K_2+2=0$$

$$y'(t)=-K_1e^{-t}-3K_2e^{-3t}\Big|_{t=0} \rightarrow -K_1-3K_2=0$$

$$\therefore K_1=-3,\quad K_2=1$$

결국, 이 식을 식(f)에 대입하면

$$y=-3e^{-t}+e^{-3t}+2 \quad \cdots\cdots (g)$$

(2) 식(b)에서 특성근과 시정수는

$$(D^2+4D+13)y_c=0$$

$$(D+2)^2+3^2=0$$

$$\therefore D=-2\pm j3 \quad \cdots\cdots (h)$$

$$\therefore \tau=\frac{1}{|-2\pm j3|}=\frac{1}{\sqrt{13}}\,[\text{sec}] \quad \cdots\cdots (i)$$

이 때 보조해는

$$y_c=e^{-2t}(K_1\cos 3t+K_2\sin 3t) \quad \cdots\cdots (j)$$

제차항이 상수이므로 $y_p = \frac{26}{13} = 2$이다.. 따라서 일반해는

$$y = e^{-2t}(K_1 \cos 3t + K_2 \sin 3t) + 2 \qquad \cdots\cdots \text{(k)}$$

이 식에 초기조건을 적용하면

$$y(t) = e^{-2t}(K_1 \cos 3t + K_2 \sin 3t) + 2\Big|_{t=0}$$

$$K_1 + 2 \equiv 0 \rightarrow K_1 = -2$$

$$\therefore\ y(t) = e^{-2t}(-2\cos 3t + K_2 \sin 3t) + 2 \qquad \cdots\cdots \text{(l)}$$

또한, 식(k)의 미분에 대하여

$$y'(t) = -2e^{-2t}(-2\cos 3t + K_2 \sin 3t) + e^{-2t}(6\sin 3t + 3K_2 \cos 3t)\Big|_{t=0}$$

$$4 + 3K_2 \equiv 0 \rightarrow K_2 = -\frac{4}{3} \qquad \cdots\cdots \text{(m)}$$

식(m)을 식(l)에 대입하면 일반해는

$$y = 2 - e^{-2t}(2\cos 3t + \frac{4}{3}\sin 3t) \qquad \cdots\cdots \text{(n)}$$

그림 1.13은 이 예제의 시간응답을 나타낸다.

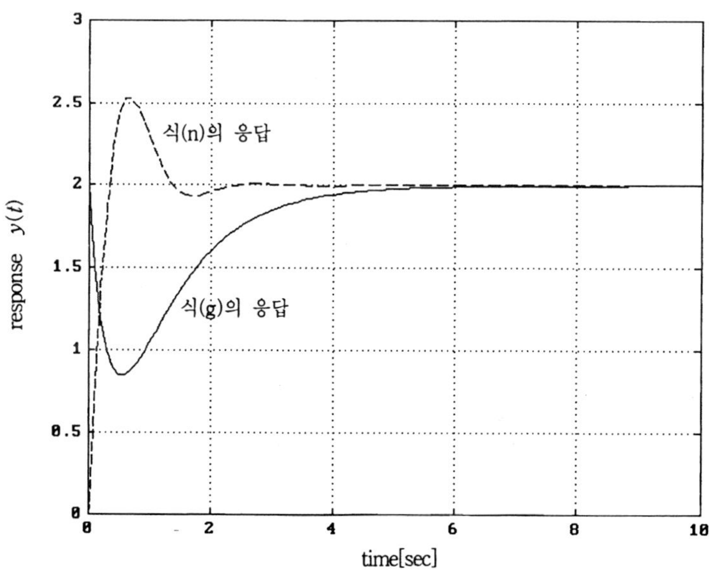

그림 1.13 예제 1-41의 시간응답 특성

□

(1) 2차 시스템의 특성

일반적으로 2차 시스템의 특성방정식은 다음과 같이 주어진다.

$$D^2 + aD + b = 0 \qquad \cdots\cdots (1.64)$$

이 식(1.64)에 대한 특성근은

$$D = \frac{-a \pm \sqrt{a^2 - 4b}}{2} \qquad \cdots\cdots (1.65)$$

결국 특성근은 식(1.65)의 근호안의 부호에 따라 몇가지 성질을 갖는다.

① $a^2 - 4b > 0$: 서로 다른 실근($-\alpha$, $-\beta$)
② $a^2 - 4b = 0$: 중(복)근 ($-\alpha$, $-\alpha$)
③ $a^2 - 4b < 0$: 공액복소수근 ($-\alpha \pm j\beta$)
④ $a = 0$, $b > 0$: 공액허수근 ($\pm j\beta$)

이러한 특성근에 의해 보조해의 형태와 시간특성도 달라진다. 즉,

① 서로 다른 실근 : $y_c = K_1 e^{-\alpha t} + K_2 e^{-\beta t}$: 지수적 감쇠, 증가
② 중복근 : $y_c = (K_0 + K_1 t)e^{-\alpha t}$: 지수적 감쇠, 증가
③ 공액복소수근 : $y_c = e^{-\alpha t}(K_1 \cos \beta t + K_2 \sin \beta t)$: 감쇠진동
④ 공액허수근 : $y_c = K_1 \cos \beta t + K_2 \sin \beta t$: 지속진동

(2) 안정도(stability)

전형적으로 물리시스템의 운동방정식은 미분방정식으로 표현된다. 이때 이 방정식은 그림 1.14에서와 같이 시스템을 구동시키는 에너지원인 입력(input)과 초기조건(initial condition)에 의한 출력(output)의 관계를 나타낸다. 시스템공학에 수학적 해석법의 도입은 주어진 시스템의 특성을 고찰하기 위한 것이다.

그림 1.14 선형시스템

시스템의 해석과 설계에서 가장 기본적인 문제는 시스템의 출력 또는 응답(response)이 유한(bounded)하게 하는 것이다. 이러한 성질을 규명하는 척도가 안정도 해석(stability analysis)이다. 따라서, 공학문제를 처리하는 경우에는 안정도 해석이 가장 중요하며 그 적용하는 수학이 어렵다. 미분방정식의 해(공학에서는 출력 또는 시간응답)가 안정하다는 가정하에 시간응답의 성질을 정의할 수 있다. 안정도를 평가하는 방법은 여러가지가 있으나 가장 단순하고 쉬운 방법은 시스템의 특성근의 위치로서 판정하는 방법이다. 유한한 입력 및 초기값에 대하여

① 안정(stable) : 모든 특성근이 복소평면상 2, 3상한에 존재하는 경우.
② 임계안정(critical stable) : 근 중 일부가 허수축 또는 원점에 1개 있는 경우.
③ 불안정(unstable) : 근 중 일부가 1, 4상한에 존재하는 경우.

일반적으로 특성근의 위치에 의한 안정도 평가를 절대안정도(absolutely stability)라 하고 안정한 정도를 나타내는 것을 상대안정도(relatively stability)라 한다. 이와 같이 특성근의 위치를 도시하는 평면을 s평면(s plane : 여기서 s는 Laplace 연산자임)이라 한다. 2, 3상한을 좌반면(left half plane : LHP)라 하고 1, 4상한을 우반면(right half plane : RHP)라 한다. 구체적인 사항은 회로망 해석, 필터설계, 신호처리, 제어시스템 해석 등에서 학습할 것이므로 여기에서는 그 개념만 설명하였다.

예제 1-42

시스템의 동특성이 다음 미분방정식으로 표현된다. 안정, 불안정을 판정하라. 이 경우 제차항과 초기값은 유한하다고 가정한다.

(1) $y'' + 3y' + 2y = 10$ …… (a)

(2) $(D-1)(D+2)y = 2\sin 3t$ …… (b)

(3) $(D+1)^3 y = 2e^{-3t} + 5$ …… (c)

(4) $(D^3 + 2D + 0.5)y = 0$ …… (d)

☞ (1) 식(a)에서 특성근은

$$D^2 + 3D + 2 = 0$$

$$(D+1)(D+2) = 0$$

$$\therefore\ D = -1,\ -2 \qquad \cdots\cdots\ (e)$$

따라서, 특성근이 LHP에 존재하므로 이 시스템은 안정하고 출력은 유한하다.

<참고>

이 시스템의 해는

$$\begin{aligned} y &= y_c + y_p \\ &= K_1 e^{-t} + K_2 e^{-2t} + 5 \end{aligned} \qquad \cdots\cdots\ (f)$$

유한 K_1, K_2에 대하여

$$\begin{aligned} \lim_{t\to\infty} y(t) &= y(\infty) \\ &= \lim_{t\to\infty} (K_1 e^{-t} + K_2 e^{-2t} + 5) = 5 \end{aligned} \qquad \cdots\cdots\ (g)$$

결국 보조해 y_c는 소멸되고 정상상태에서 $y(\infty) = 5$(유한값)이다. 이 때 이 시스템을 안정하다고 한다. 이러한 판정은 완전해나 보조해를 풀지 않더라도 풀이(1)에서와 같이 특성근의 위치로 간단하게 판정할 수 있다.

(2) 식(b)에 대한 특성근은

$$D = 1,\ -2 \qquad \cdots\cdots\ (h)$$

이므로 이 시스템은 RHP에 1개의 근이 존재하므로 불안정하다. 이를 확인하기 위하여 보조해를 구하면

$$y_c = K_1 e^{t} + K_2 e^{-2t} \qquad \cdots\cdots\ (i)$$

이 식에서 인수 e^t는 $t \to \infty$에 따라 발산하게 된다.

(3) 식(c)에 대한 특성근은

$$D = -1,\ -1,\ -1 \qquad \cdots\cdots\ (j)$$

이므로 특성근은 LHP에 존재하고 따라서 이 시스템은 안정하다.

(4) 식(d)의 시스템에 대한 특성방정식은

$$D^3 + 2D + 0.5 = 0 \qquad \cdots\cdots\ (k)$$

그러나 이 식은 간단히 인수분해할 수 없으므로 안정여부를 판정하기 쉽지 않다. 이 경우에는 계산기 등을 이용하여 대수방정식의 해인 특성근을 구하거나 또다른 방법을 선택하여야 한다. 이와 같이 특성근을 구하기 곤란한 특성방정식의 근의 위치를 판정하는 방법에는 전형적으로 Routh-Huwritz 판별법이 쓰인다.(이 방법은 회로망 해석, 필터설계, 제어공학 등에서 자세하게 다루어질 것이다.)

사실상, 이 특성방정식은 D^2항이 없으므로 RHP에 1개 이상의 근이 존재하게 되고 따라서 불안정하다.

□

(3) 2차 시스템에서의 시정수

안정한 1차시스템에 있어서 시정수가 크면 응답특성이 정상상태로 이르는 시간이 길어진다. 다시 말해서, 시정수가 크면 감쇠 또는 증가율이 작아지는 것이다. 그러나 2차 이상의 시스템에서는 시정수가 정의에 의해 2개 이상 존재하므로 이와 같이 시간특성에 대한 감쇠나 증가특성을 단편적으로 설명할 수 없다. 즉, 이 경우의 시정수들은 시간응답을 기술하는 객관적인 척도로 직접 이용할 수 없다.

예를 들어, 예제 1-41에서의 시정수를 다시 쓰면

$$\tau_1 = 1,\ \frac{1}{3}\ [\text{sec}] \quad \cdots\cdots (1.66)$$

$$\tau_2 = \frac{1}{\sqrt{13}}\ [\text{sec}] \quad \cdots\cdots (1.67)$$

이 값들은 응답특성(예제 1-41을 참조)을 비교하면 어떤 시정수나 그들의 관계로 부터 감쇠, 또는 증가현상을 단적으로 설명할 수 없음을 알게 된다. 일반적으로 2차시스템 이상은 근사시정수(approximately time constant)를 쓰기도 하지만 특성를 기술하는데에는 적합하지 못하다. 이 경우 근사시정수는

$$\tau = \frac{1}{\zeta\,\omega_n}\ [\text{sec}] \quad \cdots\cdots (1.68)$$

여기서 ζ는 제동비(damping ratio),이고 ω_n은 고유주파수(natural frequency)이다. 이 용어는 2차 시스템의 시간응답을 기술하는데 사용하는 전형적인 용어들이다.

(4) 제동비(damping ratio)와 고유주파수(natural frequency)

2차 시스템의 특성방정식은 다음과 같이 표현가능하다.

$$D^2 + 2\zeta\omega_n D + \omega_n^2 = 0 \quad \cdots\cdots (1.69)$$

여기서 ζ는 제동비 또는 제동상수(damping constant)라 하고 ω_n을 고유주파수라 정의한다. 일반적으로 제동비는 시간응답의 감쇠나 제동의 정도를 나타내는 양으로 제동비가 크면 감쇠의 비율이 증가한다. 한편, 고유주파수는 미분방정식의 해 또는 시스템의 출력에 고유하게 나타나는 주파수 성분이다. 식(1.69)의 근은

$$D = -\zeta\omega_n \pm \omega_n\sqrt{\zeta^2 - 1} \qquad \cdots\cdots (1.70)$$

로 주어지며 근호안의 부호에 따라 다음과 같은 성질은 갖는다.

① $\zeta > 1$: 서로 다른 실근 : 과제동(over damping)
② $\zeta = 1$: 중복근 : 임계제동(critically damping)
③ $0 < \zeta < 1$: 공액복소수근 : 부족제동(under damping)
④ $\zeta = 0$: 공액허수근 : 무(비)제동(undamping)

그림 1.15에 나타난 특성은 다음 미분방정식

$$(D^2 + 2\zeta\omega_n D + \omega_n^2)y = \omega_n^2 x \qquad \cdots\cdots (1.71)$$

에 대하여 $x(t) = u(t)$, $\omega_n = 1$로 놓고, $\zeta = 0.1, 0.3, 0.7, 1.0, 2.0$에 대한 응답이다. 여기서 $u(t)$는 단위계단함수(unit step function)이다. 이 결과에서 알 수 있듯이, 제동비가 커지면 특성이 정상상태에 이르는 시간이 늦어진다.

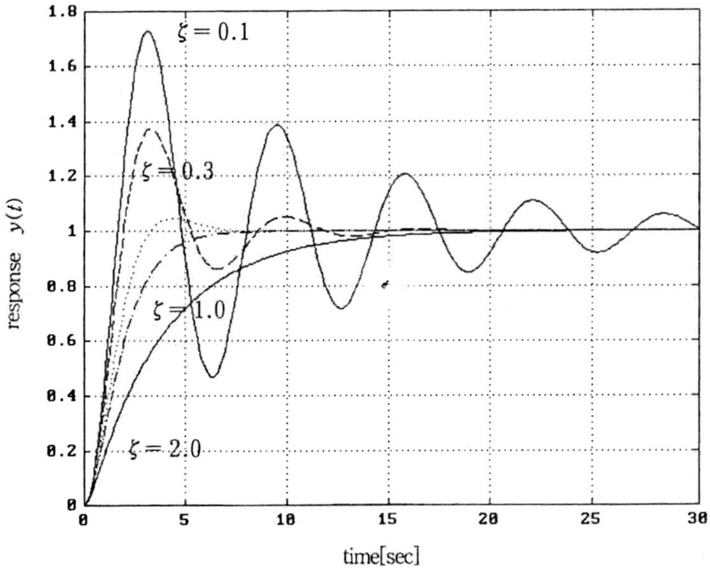

그림 1.15 전형적인 2차 시스템의 시간응답

식(1.69)와 2계 미분방정식의 특성방정식

$$D^2 + aD + b = 0 \qquad \cdots\cdots (1.72)$$

를 비교하면 제동비 및 고유주파수는

$$\zeta = \frac{a}{2\sqrt{b}}, \quad \omega_n = \sqrt{b} \qquad \cdots\cdots (1.73)$$

다음은 제동비와 고유주파수를 계산하는 예이다.

예제 1-43

다음 미분방정식이 있다. (1) 특성근, (2) 제동비 및 (3) 완전해를 구하라.

$$y'' + 4y' + 13y = 13, \quad y(0) = y'(0) = 0 \qquad \cdots\cdots (a)$$

☞ (1) 식(a)의 특성근은

$$D^2 + 4D + 13 = 0$$
$$(D+2)^2 + 3^2 = 0$$
$$\therefore D = -2 \pm j3 \qquad \cdots\cdots (b)$$

(2) 제동비와 고유주파수는

$$\omega_n^{\ 2} = 13 \rightarrow \omega_n = \sqrt{13} \qquad \cdots\cdots (c)$$
$$2\zeta\omega_n = 4 \rightarrow \zeta = \frac{2}{\sqrt{13}} \ (< 1) \qquad \cdots\cdots (d)$$

따라서, 제동비는 1보다 작으므로 부족제동으로 감쇠진동 특성을 갖는다.

(3) 이 방정식의 보조해는 특성근이 식(b)로 주어지므로

$$y_c = e^{-2t}(K_1 \cos 3t + K_2 \sin 3t) \qquad \cdots\cdots (e)$$

한편, 특수해는 제차항이 상수이므로

$$y_p = \frac{13}{13} = 1 \qquad \cdots\cdots (f)$$

결국 일반해는

$$y = e^{-2t}(K_1 \cos 3t + K_2 \sin 3t) + 1 \qquad \cdots\cdots (g)$$

이 식에 초기조건을 적용하여 완전해를 구하면 다음과 같다.

$$y = 1 - \frac{1}{3}(3\cos 3t + 2\sin 3t) \qquad \cdots\cdots (h)$$

□

(5) 2차 회로시스템

2차시스템의 성질은 회로시스템의 특성을 설명하는데 자주 이용된다. 전형적인 회로는 그림 1.16과 같다.

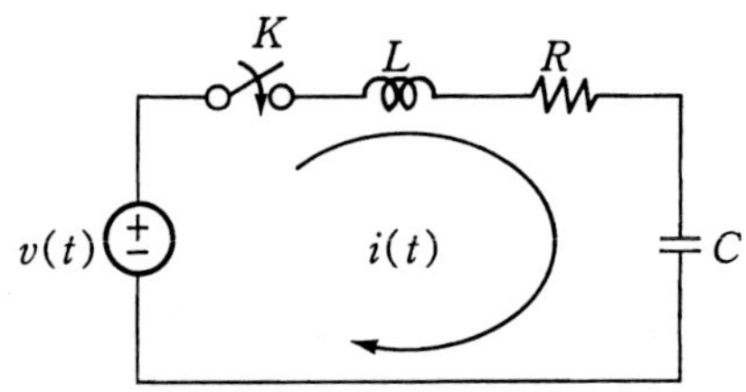

그림 1.16 RLC 회로시스템

이 회로에서 $v(t)$가 주어지고 C의 단자전압 $v_0(t)$를 구하는 문제를 생각해 보자. 회로법칙에 의하여

$$v_L(t)+v_R(t)+v_0(t)=v(t)$$

$$L\frac{di(t)}{dt}+Ri(t)+v_0(t)=v(t)$$

여기서

$$i=C\frac{dv_0}{dt},\quad \frac{di}{dt}=C\frac{d^2v_0}{dt^2}$$

이므로 이 관계를 사용하면

$$LC\frac{d^2v_0}{dt^2}+RC\frac{dv_0}{dt}+v_0=v$$

$$\therefore\ \frac{d^2v_0}{dt^2}+\frac{R}{L}\frac{dv_0}{dt}+\frac{1}{LC}v_0=\frac{1}{LC}v \qquad \cdots\cdots (1.74)$$

따라서 특성방정식은

$$s^2+\frac{R}{L}s+\frac{1}{LC}=0 \qquad \cdots\cdots (1.75)$$

여기서 $s(=D)$는 Laplace 연산자이다. 식(1.75)에 대한 근은

$$s=-\frac{R}{2L}\pm\sqrt{\left(\frac{R}{2L}\right)^2-\frac{1}{LC}} \qquad \cdots\cdots (1.76)$$

식(1.76)에서

$$\frac{R_{cr}}{2L}=\frac{1}{\sqrt{LC}}\ \rightarrow\ R_{cr}=2\sqrt{\frac{L}{C}} \qquad \cdots\cdots (1.77)$$

이 저항을 임계저항(critically resistance)라 한다. 이 경우에 제동비는 다음과 같이 정의된다.

$$\zeta \equiv \frac{R}{R_{cr}} = \frac{R}{2}\sqrt{\frac{C}{L}} \qquad \cdots\cdots (1.78)$$

여기서 고유주파수는

$$\omega_n = \frac{1}{\sqrt{LC}} \qquad \cdots\cdots (1.79)$$

식(1.78)과 (1.79)을 식(1.75)에 대입하면

$$s^2 + 2\zeta\omega_n s + \omega_n{}^2 = 0 \qquad \cdots\cdots (1.80)$$

만약, 코일의 품질계수(quality factor) Q를

$$Q \equiv \frac{\omega_n L}{R} \qquad \cdots\cdots (1.81)$$

이라 정의하면 식(1.80)는 이 관계식을 이용하여

$$s^2 + \frac{\omega_n}{Q}s + \omega_n{}^2 = 0 \qquad \cdots\cdots (1.82)$$

이 경우 제동비와 Q의 관계는 다음과 같이 주어진다.

$$\zeta = \frac{1}{2Q}, \quad Q = \frac{1}{2\zeta} \qquad \cdots\cdots (1.83)$$

따라서, 각 제동비에 따라 앞에서 얻은 결과들을 요약하면 다음과 같다.

① $\zeta > 1$	: $0 < Q < 0.5$	: 과제동
② $\zeta = 1$	: $Q = 0.5$	: 임계제동
③ $0 < \zeta < 1$	: $0.5 < Q < \infty$	: 부족제동
④ $\zeta = 0$	: $Q = \infty$	: 비제동

연습문제 1.5

문 1. 회로시스템이나 물리시스템에서 시정수는 초기치의 37[%] 또는 최종치(정상값)의 63[%]에 이르는 시간으로 정의하기도 한다. 이에 대한 예를 들고 이와 같은 시정수 정의를 사용하는 이유를 밝혀라. 또한, 이 정의가 일반 시스템을 기술하는데 제한성이 있음을 설명하라.

문 2. 다음 미분방정식의 특성근과 시정수를 구하라.

(1) $y' - 5y = 0$

(2) $y'' + 5y' + 6y = te^{-t}$

(3) $y'' + 4y' + 13y = 0$

문 3. 1차 시스템의 응답이 다음과 같이 주어진 경우, 시정수를 구하라.

(1) $y(t) = 5e^{-4t}$

(2) $i(t) = \frac{V}{R}(1 - e^{-\frac{R}{L}t})$

(3) $v(t) = Ve^{-\frac{1}{RC}t}$

문 4. 그림 1.17과 같은 회로가 있다.

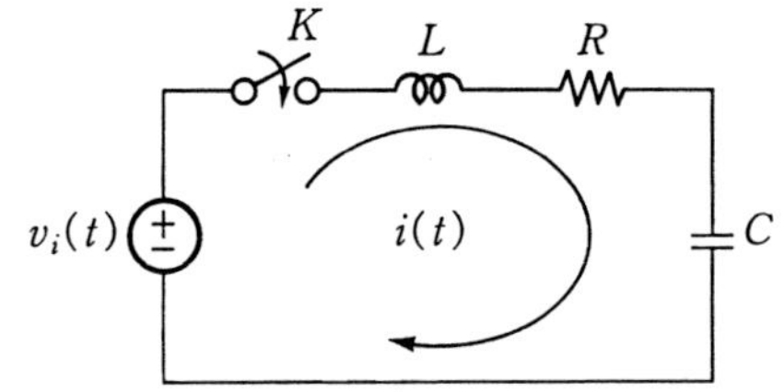

그림 1.17 RLC 회로시스템

이 회로에 대하여 $t = 0$일 때 스위치 K를 닫았다. 입력전압이 $v_i(t) = 10$[V]인 경우에 RLC가 다음과 같이 주어진다.

(1) $L = 1$[H], $R = 5$[Ω], $C = \frac{1}{6}$[F]

(2) $L = 2$[H], $R = 8$[Ω], $C = \frac{1}{8}$[F]

(3) $L = 1$[H], $R = 2$[Ω], $C = \frac{1}{2}$[F]

(4) $L = 1$[H], $R = 0$[Ω], $C = \frac{1}{3}$[F]

각 경우에 대하여

(a) 전류 $i(t)$를 구하라. 단, $i(0) = 0$, $\frac{di(0)}{dt} = \frac{V}{L}$이다.

(b) 특성근, 제동비, 고유주파수 및 Q를 구하라.

(c) 시간특성을 그래프로 그려라.

제 2 장

Laplace 변환

Laplace 변환은 19세기 말, 전기자기 현상을 기술하는 미분방정식의 해를 구하는 한 연산방법으로 Oliver Heaviside에 의해 고안되었다. 그 후, 이 변환법은 상수계수 선형미분방정식이 자주 나타나는 물리학, 공학분야 등에 강력한 해석수단으로 이용되어 왔다. 특히, 전자, 전기, 통신 및 계측제어 공학에서는 회로망이론, 필터회로 해석 및 설계, 시스템공학 및 신호처리 등에 기본적인 수학적 기법으로 사용된다.

미분방정식의 해를 구하는데 있어서 Laplace 변환법은 고전적인 미분방정식 해법에 비하여 변환된 함수를 대수적 연산법으로 해를 구할 수 있으며, 초기조건이 자동적으로 변환과정에 적용되어 한번의 연산으로 완전해를 구할 수 있는 장점이 있다. 그 밖에도 Laplace 변환은

(1) 미분방정식을 복소영역의 대수방정식으로 변환하므로써, 시스템의 안정도에 관한 성질을 쉽게 해석할 수 있다.

(2) 시스템의 특성을 전달함수와 같은 간단한 수단으로서 표현가능하며, 극-영점 개념을 사용할 수 있다.

(3) 시간응답 및 주파수응답 특성을 해석하기 쉽다.

(4) 블럭선도, 신호흐름선도, 그래프이론과 Bode 선도 등의 도식적 해석도구를 마련하기 용이하다.

이 장에서는 기본적인 Laplace 변환과 그 역변환 방법 및 응용문제가 설명된다. Gamma 함수와 단위계단함수 등의 특수함수 표현 및 Laplace 변환이 다루어지고 부분분수 전개법이 소개된다.

2.1 Laplace 변환의 기초

Laplace 변환(Laplace transform)은 미분방정식의 해를 푸는 방법으로 도입되어 신호처리 및 분석에 여러가지 편리한 수단을 제공한다. 일반적으로 공학문제에 나타나는 미분방정식의 해는 시간응답으로 시간영역(time domain)에서 해석되나 변환된 Laplace 함수는 s-영역(s-domain), 또는 복소변수영역(complex variable domain), 주파수영역(frequency domain)에서 해석된다.

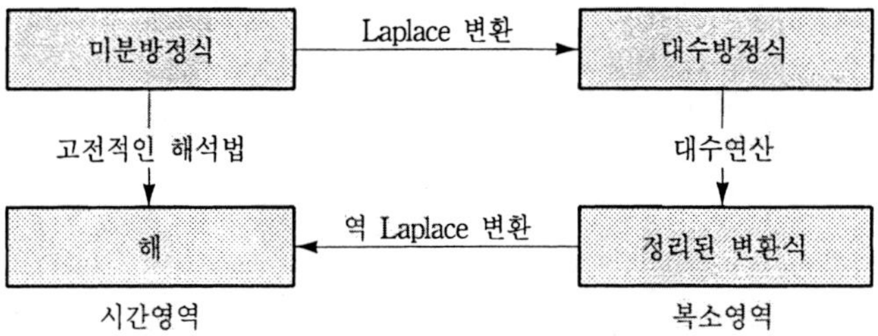

그림 2.1 미분방정식과 Laplace 변환

그림 2.1에서 보인 바와 같이, 미분방정식은 특수하게 정의된 적분에 의해 대수방정식으로 변환하고, 변환된 방정식의 해를 간단한 대수연산으로 구한다. 이 해는 복소함수로 역변환 기법에 의해 시간함수로 변환한다. 이와 같은 과정을 사용하는 이유 중 하나는 변환된 식이 대수방정식으로 주어지기 때문에, 1장에서 설명한 미분방정식 해를 구하는 과정에 비하여 해석이 단순해진다는 점이다. 또다른 중요한 사실은 변환된 방정식으로 부터 특성근, 극과 영점, 전달함수 및 안정도 해석과 같은 응용분야로 쉽게 확장할 수 있다는 것이다. 또한, 이 방법은 여러가지 도식적 해석수단을 제공해 주기도 한다.

2.1.1 기본함수의 Laplace 변환

먼저, 이 절에서는 시간함수 $f(t)$를 복소함수 $F(s)$로 변환하는 방법을 기술한다. 함수 $f(t)$가 $t > 0$에서 정의된 시간함수라 할 때, 이 함수의 Laplace 변환은 다음과 같이 정의된다.

$$\mathcal{L}[f(t)] \equiv F(s) = \int_0^\infty f(t)e^{-st}dt \quad (s > 0) \cdots\cdots (2.1)$$

여기서 s는 Laplace 연산자(Laplace operator)로 복소변수(complex variable)

$$s = \sigma + j\omega \qquad \cdots\cdots (2.2)$$

이다.

식(2.1)은 단방성(unilateral or one-sided) Laplace 변환이라 하고 공학에서는 주로 이 정의식을 사용한다. 물론, 수학적인 측면에서 적분구간을 (-∞, ∞)로 하는 쌍방성(bilateral or two-sided) Laplace 변환이 정의되기도 하지만, 여기에서는 다루지 않는다. 왜냐하면, 공학문제에 있어서는 $t<0$에서의 $f(t)$값은 초기치 $f(0)$으로 대치되어 $t>0$ 이후의 불특정 시각 t의 시간응답을 예측하는 것이 대부분이기 때문이다. 또한, $f(0_+)$나 $f(0_-)$의 개념이나 이들에 의해 나타나는 해석적 변화도 기술하지 않는다. 식(2.1)의 적분이 정의되기 위해서는 $f(t)$가 정의된 구간에서 부분연속(piecewise continuous)해야 하고, 수렴영역이 존재해야 한다. 이 장에서 주어진 문제들은 특수한 경우를 제외하고는 모두 $F(s)$가 존재한다고 가정한다.

한편, Laplace 변환 식(2.1)에 대하여

$$f(t) \equiv \mathcal{L}^{-1}[F(s)] = \mathcal{L}^{-1}\left[\int_0^\infty f(t)e^{-st}dt\right] \cdots\cdots (2.3)$$

을 역 Laplace 변환(inverse Laplace transform)이라 한다. 따라서, 식(2.3)의 역변환의 정의식은

$$f(t) = \frac{1}{2\pi j}\int_{c-j\infty}^{c+j\infty} F(s)e^{st}ds \qquad \cdots\cdots (2.4)$$

로 주어진다. 그러나, 이 정의식에 의하여 역 Laplace 변환하는 것보다 부분분수 전개정리를 이용하는 것이 일반적인 방법이다.

결국, 식(2.1) 및 (2.3) 또는 식(2.4)로부터 Laplace 변환과 역변환 사이에는 쌍대성(duality)이 있다는 것을 알 수 있다. 따라서 다음과 같은 변환쌍(transform pair)으로 표현한다.

$$f(t) \quad \Leftrightarrow \quad F(s) \qquad \cdots\cdots (2.5)$$

그림 2.2는 이 관계를 나타낸다.

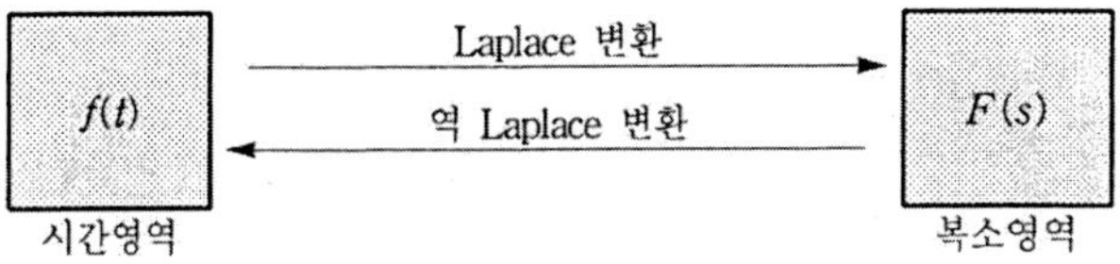

그림 2.2 Laplace 변환쌍

이제, 간단한 함수의 Laplace 변환을 알아 보자. 표 2.1은 기본함수의 Laplace 변환표이다.

표 2.1 기본함수의 Laplace 변환

	$f(t)$	$\mathcal{L}[f(t)] = F(s)$
1	1	$\frac{1}{s}$ $(s>0)$
2	t	$\frac{1}{s^2}$ $(s>0)$
3	t^n	$\frac{n!}{s^{n+1}}$ $(s>0,\ n=0,\ 1,\ \cdots)$
4	$e^{\pm at}$	$\frac{1}{s\mp a}$ $(s>a)$
5	$\sin\omega t$	$\frac{\omega}{s^2+\omega^2}$ $(s>0)$
6	$\cos\omega t$	$\frac{s}{s^2+\omega^2}$ $(s>0)$
7	$\sinh\omega t$	$\frac{\omega}{s^2-\omega^2}$ $(s>\lvert\omega\rvert)$
8	$\cosh\omega t$	$\frac{s}{s^2-\omega^2}$ $(s>\lvert\omega\rvert)$

(1) 상수의 Laplace 변환

상수 c에 대한 Laplace 변환쌍은 다음과 같다.

$$f(t) = c \quad \Leftrightarrow \quad F(s) = \frac{c}{s} \qquad \cdots\cdots (2.6)$$

〔증명〕

정의식에 의하여

$$\mathcal{L}[c] = \int_0^\infty ce^{-st}dt$$
$$= c\int_0^\infty e^{-st}dt$$
$$= -\frac{c}{s}e^{-st}\Big|_0^\infty$$
$$= \frac{c}{s}$$

■

예제 2-1

$f(t) = 10$의 Laplace 변환은?

☞ $$\mathcal{L}[10] = \frac{10}{s}$$

□

(2) $f(t) = t^n$ (n : 정수)의 Laplace 변환

$$f(t) = t^n \ (n : 정수) \ \Leftrightarrow \ F(s) = \frac{n!}{s^{n+1}} \quad \cdots\cdots (2.7)$$

〔증명〕

방법1) 식(2.7)의 결과를 귀납법으로 증명해 보자.

(1) $f(t) = t$

정의식에 의하여

$$\mathcal{L}[t] = \int_0^\infty te^{-st}dt$$

이 식을 부분적분법으로 $\int udv = uv - \int vdu$를 이용하면

$$\begin{cases} u = t & \rightarrow du = dt \\ dv = e^{-st}dt & \rightarrow v = -\frac{1}{s}e^{-st} \end{cases}$$

따라서,

$$\mathcal{L}[t] = -\frac{t}{s}e^{-st}\Big|_0^\infty + \frac{1}{s}\int_0^\infty e^{-st}dt$$
$$= \frac{1}{s}\frac{1}{s}$$

결국,

$$\mathcal{L}[t] = \frac{1}{s^2} \qquad \cdots\cdots (2.8)$$

(2) $f(t) = t^2$

정의식에 의하여

$$\mathcal{L}[t^2] = \int_0^\infty t^2 e^{-st}dt$$

$$\begin{cases} u = t^2 & \to du = 2tdt \\ dv = e^{-st}dt & \to v = -\frac{1}{s}e^{-st} \end{cases}$$

$$\mathcal{L}[t^2] = -\frac{t^2}{s}e^{-st}\Big|_0^\infty + \frac{2}{s}\int_0^\infty te^{-st}dt$$
$$= \frac{2}{s}\mathcal{L}[t]$$

따라서, 식(2.8)을 적용하면

$$\mathcal{L}[t^2] = \frac{2!}{s^3} \qquad \cdots\cdots (2.9)$$

(3) $f(t) = t^3$

$$\mathcal{L}[t^3] = \int_0^\infty t^3 e^{-st}dt$$

$$\begin{cases} u = t^3 & \to du = 3t^2dt \\ dv = e^{-st}dt & \to v = -\frac{1}{s}e^{-st} \end{cases}$$

$$\mathcal{L}[t^3] = -\frac{t^3}{s}e^{-st}\Big|_0^\infty + \frac{3}{s}\int_0^\infty t^2 e^{-st}dt$$
$$= \frac{3}{s}\mathcal{L}[t^2]$$

따라서, 식(2.9)를 이용하면

$$\mathcal{L}[t^3] = \frac{3!}{s^4} \qquad \cdots\cdots (2.10)$$

유사한 방법으로 계속 전개하여 가면 식(2.7)과 같은 결과를 얻는다.

방법2) 식(2.7)은 다음과 같은 과정으로 직접 증명할 수 있다.

정의식에 의하면

$$\mathcal{L}[t^n] = \int_0^\infty t^n e^{-st} dt$$

이 식에 대하여

$$\begin{cases} st = x \rightarrow sdt = dx \\ t = 0 \rightarrow x = 0 \\ t = \infty \rightarrow x = \infty \end{cases}$$

따라서,

$$\begin{aligned} \mathcal{L}[t^n] &= \int_0^\infty \left(\frac{x}{s}\right)^n e^{-x} \frac{1}{s} dx \\ &= \frac{1}{s^{n+1}} \int_0^\infty x^n e^{-x} dx \qquad \cdots\cdots (2.11) \end{aligned}$$

이 때, 이 식(2.11)에 대하여 Gamma 함수의 정의

$$\Gamma(n) = \int_0^\infty x^{n-1} e^{-x} dx \qquad \cdots\cdots (2.12)$$

를 사용하면

$$\begin{aligned} \mathcal{L}[t^n] &= \frac{1}{s^{n+1}} \Gamma(n+1) \\ &= \frac{n!}{s^{n+1}} \qquad (\because\ \Gamma(n+1) = n!) \end{aligned}$$

여기서 $\Gamma(n)$은 Gamma 함수로서 자세한 사항은 2.1.2절에서 기술한다. ■

예제 2-2

다음 함수의 Laplace 변환은?

$$f(t) = 3t^2$$

☞ 식(2.7)을 직접 사용하면

$$F(s) = 3\frac{2!}{s^{2+1}} = \frac{6}{s^3}$$

□

(3) 지수함수의 Laplace 변환

$$f(t) = e^{\pm at} \Leftrightarrow F(s) = \frac{1}{s \mp a} \qquad \cdots\cdots (2.13)$$

〔증명〕

먼저, e^{-at}의 Laplace 변환을 구해 보자. 정의식에 의하여

$$\begin{aligned} \mathcal{L}[e^{-at}] &= \int_0^\infty e^{-at}e^{-st}dt \\ &= \int_0^\infty e^{-(s+a)t}dt \\ &= -\frac{1}{s+a}e^{-(s+a)t}\Big|_0^\infty \\ &= \frac{1}{s+a} \end{aligned}$$

같은 방법으로

$$\mathcal{L}[e^{at}] = \frac{1}{s-a}$$

■

예제 2-3

다음 식의 Laplace 변환은?

$$f(t) = e^{-3t}$$

☞ 식(2.13)에 의하여

$$\mathcal{L}[e^{-3t}] = \frac{1}{s+3}$$

□

(4) 삼각함수의 Laplace 변환

$$f(t) = \sin at \;\Leftrightarrow\; F(s) = \frac{a}{s^2+a^2} \qquad \cdots\cdots (2.14)$$

$$f(t) = \cos at \;\Leftrightarrow\; F(s) = \frac{s}{s^2+a^2} \qquad \cdots\cdots (2.15)$$

〔증명〕

여기에서는 sine 함수의 Laplace 변환만 2가지 방법을 써서 증명해보자.

방법1) 부분적분법을 이용

정의식에 의하여

$$\mathcal{L}[\sin at] = \int_0^\infty \sin at\, e^{-st} dt$$

$$\begin{cases} u = \sin at \;\rightarrow\; du = a\cos at\, dt \\ dv = e^{-st}dt \;\rightarrow\; v = -\frac{1}{s}e^{-st} \end{cases}$$

따라서,

$$\begin{aligned} \mathcal{L}[\sin at] &= -\frac{1}{s}e^{-st}\sin at\Big|_0^\infty + \frac{a}{s}\int_0^\infty \cos at\, e^{-st}dt \\ &= \frac{a}{s}\int_0^\infty \cos at\, e^{-st}dt \end{aligned}$$

$$\begin{cases} u = \cos at \;\rightarrow\; du = -a\sin at\, dt \\ dv = e^{-st}dt \;\rightarrow\; v = -\frac{1}{s}e^{-st} \end{cases}$$

$$\begin{aligned} \mathcal{L}[\sin at] &= \frac{a}{s}\left[-\frac{1}{s}e^{-st}\cos at\Big|_0^\infty - \frac{a}{s}\int_0^\infty \sin at\, e^{-st}dt\right] \\ &= \frac{a}{s}\left[\frac{1}{s} - \frac{a}{s}\mathcal{L}[\sin at]\right] \\ &= \frac{a}{s^2} - \frac{a^2}{s^2}\mathcal{L}[\sin at] \end{aligned}$$

이 식을 정리하면 결국, 다음 식을 얻는다.

$$\mathcal{L}[\sin at] = \frac{\frac{a}{s^2}}{1+\frac{a^2}{s^2}} = \frac{a}{s^2+a^2}$$

방법2) 지수함수 표현의 이용

sine 및 cosine은 다음과 같이 지수함수로 표현할 수 있다.

$$\sin at = \frac{1}{2j}(e^{jat} - e^{-jat}) \qquad \cdots\cdots (2.16)$$

$$\cos at = \frac{1}{2}(e^{jat} + e^{-jat}) \qquad \cdots\cdots (2.17)$$

따라서 식(2.16)을 정의식에 적용하고 식(2.13)의 결과를 쓰면

$$\begin{aligned} \mathcal{L}[\sin at] &= \mathcal{L}\left[\frac{1}{2j}(e^{jat} - e^{-jat})\right] \\ &= \frac{1}{2j}(\mathcal{L}[e^{jat}] - \mathcal{L}[e^{-jat}]) \\ &= \frac{1}{2j}\left(\frac{1}{s-ja} - \frac{1}{s+ja}\right) \\ &= \frac{a}{s^2+a^2} \end{aligned}$$

■

(4) 쌍곡선 함수의 Laplace 변환

$$f(t) = \sinh at \;\Leftrightarrow\; F(s) = \frac{a}{s^2-a^2} \qquad \cdots\cdots (2.18)$$

$$f(t) = \cosh at \;\Leftrightarrow\; F(s) = \frac{s}{s^2-a^2} \qquad \cdots\cdots (2.19)$$

[증명]

쌍곡선 함수도 다음과 같이 지수함수로 표현할 수 있다.

$$\sinh at = \frac{1}{2}(e^{at} - e^{-at}) \qquad \cdots\cdots (2.20)$$

$$\cosh at = \frac{1}{2}(e^{at} + e^{-at}) \qquad \cdots\cdots (2.21)$$

여기서 식(2.13)의 관계를 사용하여 $\sinh at$의 Laplace 변환을 구하면

$$\begin{aligned} \mathcal{L}[\sinh at] &= \mathcal{L}\left[\frac{1}{2}(e^{at} - e^{-at})\right] \\ &= \frac{1}{2}(\mathcal{L}[e^{at}] - \mathcal{L}[e^{-at}]) \\ &= \frac{1}{2}\left(\frac{1}{s-a} - \frac{1}{s+a}\right) \\ &= \frac{a}{s^2-a^2} \end{aligned}$$

■

예제 2-4

다음 식의 Laplace 변환은?

$$f(t) = 2\sin 3t + 4\cosh 5t$$

☞

$$F(s) = \frac{6}{s^2+3^2} + \frac{4s}{s^2-5^2}$$

이 함수는 2개의 함수 합으로 구성되어 있다. 이와 같은 결과는 계속하여 연산하는 등 필요한 경우를 제외하고는 통분하여 정리하지 않는 것이 시간함수로 역변환하기 쉽다.

2.1.2 Gamma 함수

특수한 형태의 적분식인 Gamma 함수는 Laplace 변환이나 역변환하는 과정에서 기본적으로 사용되는 것은 아니다. 그러나, 2.1.1절에서와 같이, 식(2.11)과 같은 꼴의 적분을 수행하는데 이용된다. 따라서, 이 절과 2.1.3절의 내용은 학습자의 능력과 시간에 따라 참고가 될수 있도록 기술하였으므로 생략해도 무방하다.

Gamma 함수는 다음과 같은 적분으로 정의된다.

$$\Gamma(\alpha) \equiv \int_0^\infty x^{\alpha-1} e^{-x} dx \quad (\alpha > 0) \qquad \cdots\cdots (2.22)$$

이와 같이 정의된 Gamma 함수의 결과와 관련된 몇가지 예제들을 통하여 이 함수의 특성을 검토한다.

(1) Gamma 함수 성질 〔1〕

$$\Gamma(\alpha+1) = \alpha\Gamma(\alpha) \qquad \cdots\cdots (2.23)$$

〔증명〕

정의식(2.22)에 따르면

$$\Gamma(\alpha+1) = \int_0^\infty x^{\alpha} e^{-x} dx$$

$$\begin{cases} u = x^{\alpha} & \rightarrow du = \alpha x^{\alpha-1} dx \\ dv = e^{-x} dx & \rightarrow v = -e^{-x} \end{cases}$$

$$\Gamma(\alpha+1) = -x^{\alpha}e^{-x}\Big|_0^{\infty} + \alpha\int_0^{\infty} x^{\alpha-1}e^{-x}dx$$
$$= \alpha\,\Gamma(\alpha)$$
■

예제 2-5

다음을 구하라.

(1) $\Gamma(1)$ (2) $\Gamma(2)$ (3) $\Gamma(3)$

☞ (1) $\Gamma(1)$

정의식 식(2.22)에 의하여

$$\Gamma(1) = \int_0^{\infty} e^{-x}dx$$
$$= -e^{-x}\Big|_0^{\infty}$$
$$= 1 \qquad \cdots\cdots \text{(a)}$$

(2) $\Gamma(2)$

식(2.23)과 식(a)를 이용하면

$$\Gamma(2) = 1\Gamma(1)$$
$$= 1 \qquad \cdots\cdots \text{(b)}$$

(3) $\Gamma(3)$

$$\Gamma(3) = 2\Gamma(2)$$
$$= 2\times 1 = 2! \qquad \cdots\cdots \text{(c)}$$
□

(2) Gamma 함수 성질 〔2〕

$$\Gamma(n+1) = n! \quad (n : \text{정수}) \qquad \cdots\cdots (2.24)$$

〔증명〕

이 결과는 예제 2-5의 풀이과정에서 쉽게 유추할 수 있다. ■

(3) Gamma 함수의 다른 표현

$$\Gamma(n) = 2\int_0^{\infty} x^{2n-1}e^{-x^2}dt \qquad \cdots\cdots (2.25)$$

〔증명〕

식(2.25)의 형태는 식(2.22)로부터 유도할 수 있다. 식(2.22)로부터

$$\Gamma(n) = \int_0^\infty t^{n-1} e^{-t} dt$$

$$\begin{cases} t = x^2 \rightarrow dt = 2x\,dx \\ t = 0 \rightarrow x = 0 \\ t = \infty \rightarrow x = \infty \end{cases}$$

따라서, 다음과 같이 식(2.25)를 얻는다.

$$\begin{aligned}\Gamma(n) &= \int_0^\infty x^{2n-2} e^{-x^2} 2x\,dx \\ &= 2\int_0^\infty x^{2n-1} e^{-x^2} dx\end{aligned}$$ ■

만약, $n = 1$이면 식(2.25)로부터 다음과 같은 적분식을 얻을 수 있다.

$$\int_0^\infty x e^{-x^2} dx = \frac{1}{2}\Gamma(1) = \frac{1}{2} \qquad \cdots\cdots (2.26)$$

(4) 특수적분식

$$\int_0^\infty e^{-u^2} du = \frac{\sqrt{\pi}}{2} \qquad \cdots\cdots (2.27)$$

〔증명〕

식(2.27)을 증명하기 위하여 다음식을 가정한다.

$$I \equiv \int_0^\infty e^{-x^2} dx = \int_0^\infty e^{-y^2} dy$$

따라서, 이 식에 대하여

$$\begin{aligned}I^2 &= \left(\int_0^\infty e^{-x^2} dx\right)\left(\int_0^\infty e^{-y^2} dy\right) \\ &= \int_0^\infty \int_0^\infty e^{-(x^2+y^2)} dx\,dy\end{aligned}$$

이 식에 대하여 직각좌표를 구좌표로 변환하면

$$I^2 = \int_0^{\pi/2}\int_0^{\infty} e^{-r^2} r dr d\theta$$
$$= \frac{\pi}{2}\int_0^{\infty} re^{-r^2} dr$$

여기서 식(2.26)을 적용하면

$$I^2 = \frac{\pi}{2} \times \frac{1}{2}$$
$$\therefore\ I = \frac{\sqrt{\pi}}{2}$$

■

(5) 직각좌표의 구좌표 변환

평면좌표계는 직각좌표계나 구좌표계를 사용한다. 그러나, 경우에 따라 직각좌표를 구좌표로 표현하거나 또는 구좌표를 직각좌표로 변환할 필요가 있다. 그림 2.3과 같은 좌표계에서 P점의 좌표를 $(x,\ y)$라 하자. 이 때, 이 점에 대한 극좌표는 다음과 같은 관계로 기술된다.

$$x = r\cos\theta \quad \cdots\cdots (2.28)$$
$$y = r\sin\theta \quad \cdots\cdots (2.29)$$
$$x^2 + y^2 = r^2 \quad \cdots\cdots (2.30)$$

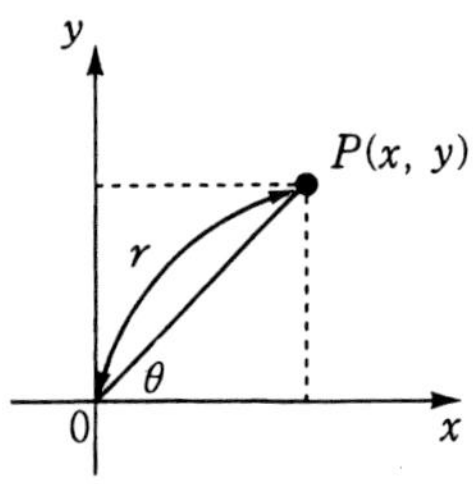

그림 2.3 직각좌표 및 구좌표

한편, 이들 식으로부터

$$dxdy = \left| J\left(\frac{x,\ y}{r,\ \theta}\right)\right| drd\theta \quad : \quad \text{Jaccobian}$$
$$= \begin{bmatrix} \frac{\partial x}{\partial r} & \frac{\partial y}{\partial r} \\ \frac{\partial x}{\partial \theta} & \frac{\partial y}{\partial \theta} \end{bmatrix} drd\theta$$

$$= \begin{bmatrix} \cos\theta & \sin\theta \\ -r\sin\theta & r\cos\theta \end{bmatrix} drd\theta$$

$$= rdrd\theta$$

결국, 다음과 같은 결과를 얻는다.

$$dxdy = rdrd\theta \qquad \cdots\cdots (2.31)$$

예제 2-6

다음 식을 증명하라.

$$\Gamma\left(\frac{1}{2}\right) = \sqrt{\pi} \qquad \cdots\cdots (2.32)$$

☞ 정의식에 의하여

$$\Gamma\left(\frac{1}{2}\right) = \int_0^{\infty} x^{\frac{1}{2}-1} e^{-x} dx = \int_0^{\infty} x^{-\frac{1}{2}} e^{-x} dx$$

$$x = u^2 \rightarrow \begin{cases} dx = 2udu \\ x^{-1/2} = u^{-1} \end{cases}$$

따라서,

$$\Gamma\left(\frac{1}{2}\right) = 2\int_0^{\infty} u^{-1} e^{-u^2} udu$$

$$= 2\int_0^{\infty} e^{-u^2} du \qquad \cdots\cdots (a)$$

식(a)에 식(2.27)을 적용하면

$$\Gamma\left(\frac{1}{2}\right) = 2 \times \frac{\sqrt{\pi}}{2}$$

$$= \sqrt{\pi} \qquad \cdots\cdots (b)$$

□

(6) Gamma 함수의 성질 [3]

① $\Gamma(p)\Gamma(1-p) = \dfrac{\pi}{\sin p\pi} \quad (0 < p < 1) \qquad \cdots\cdots (2.33)$

② $\Gamma(n) = \dfrac{\Gamma(n+1)}{n} \quad (n < 0) \qquad \cdots\cdots (2.34)$

예제 2-7

다음을 증명하라.

(1) $\Gamma\left(-\frac{1}{2}\right) = -2\sqrt{\pi}$ (2) $\Gamma\left(-\frac{3}{2}\right) = \frac{4}{3}\sqrt{\pi}$

(3) $\Gamma\left(-\frac{5}{2}\right) = -\frac{8}{15}\sqrt{\pi}$

☞ 이 식들은 식(2.34)

$$\Gamma(n) = \frac{1}{n}\Gamma(n+1) \quad (n < 0) \qquad \cdots\cdots \text{(a)}$$

을 이용하면 쉽게 유도된다.

(1) 식(a)에 $n = -\frac{1}{2}$ 을 대입하면

$$\Gamma\left(-\frac{1}{2}\right) = -2\Gamma\left(-\frac{1}{2}+1\right) = -2\Gamma\left(\frac{1}{2}\right)$$

여기서 식(2.32)에 의하여 $\Gamma\left(\frac{1}{2}\right) = \sqrt{\pi}$이므로

$$\Gamma\left(-\frac{1}{2}\right) = -2\sqrt{\pi} \qquad \cdots\cdots \text{(b)}$$

(2) 식(a)에 $n = -\frac{3}{2}$ 를 대입하면

$$\Gamma\left(-\frac{3}{2}\right) = -\frac{2}{3}\Gamma\left(-\frac{3}{2}+1\right) = -\frac{2}{3}\Gamma\left(-\frac{1}{2}\right) = -\frac{2}{3}(-2\sqrt{\pi})$$

$$\Gamma\left(-\frac{3}{2}\right) = \frac{4}{3}\sqrt{\pi} \qquad \cdots\cdots \text{(c)}$$

(3) 식(a)에 $n = -\frac{5}{2}$ 를 대입하면

$$\Gamma\left(-\frac{5}{2}\right) = -\frac{2}{5}\Gamma\left(-\frac{5}{2}+1\right) = -\frac{2}{5}\Gamma\left(-\frac{3}{2}\right) = -\frac{2}{5}\left(\frac{4}{3}\sqrt{\pi}\right)$$

$$\Gamma\left(-\frac{5}{2}\right) = -\frac{8}{15}\sqrt{\pi} \qquad \cdots\cdots \text{(d)}$$

□

예제 2-8

다음 식을 증명하라.

$$\Gamma(-n) = 0 \quad (n = 0,\ 1,\ 2,\ \cdots) \qquad \cdots\cdots (2.35)$$

☞ 이 식을 귀납법에 의하여 증명해 보자. 식(2-34)에서 $n = 0$이면

$$\Gamma(0) = \lim_{\varepsilon \to 0} \frac{1}{\varepsilon} \Gamma(\varepsilon + 1)$$

$$\therefore \ \Gamma(0) = \infty \qquad \cdots\cdots \text{(a)}$$

또한, $n = -1$인 경우에는

$$\Gamma(-1) = -1\Gamma(-1+1) = -\Gamma(0) = \infty \qquad \cdots\cdots \text{(b)}$$

$n = -2$이면

$$\Gamma(-2) = -\frac{1}{2}\Gamma(-2+1) = -\frac{1}{2}\Gamma(-1) = \infty \qquad \cdots\cdots \text{(c)}$$

유사한 방법으로 확장해 가면 식(2.35)가 쉽게 얻어진다. □

예제 2-9

다음을 증명하라.

$$\text{(1)} \quad \Gamma\left(\frac{1}{2}\right) = \sqrt{\pi} \qquad \cdots\cdots \text{(a)}$$

$$\text{(2)} \quad \Gamma\left(\frac{3}{2}\right) = \frac{1}{2}\sqrt{\pi} \qquad \cdots\cdots \text{(b)}$$

$$\text{(3)} \quad \Gamma\left(\frac{5}{2}\right) = \frac{3}{4}\sqrt{\pi} \qquad \cdots\cdots \text{(c)}$$

☞ 모든 n에 대하여

$$\Gamma(n+1) = n\Gamma(n) \qquad \cdots\cdots \text{(d)}$$

가 만족되므로 이 식을 이용하면 쉽게 증명할 수 있다.

(1) 식(a)는 식(2.32)의 결과와 같다.

(2) $n = \frac{1}{2}$이면 식(d)로부터

$$\Gamma\left(\frac{3}{2}\right) = \Gamma\left(\frac{1}{2}+1\right) = \frac{1}{2}\Gamma\left(\frac{1}{2}\right) = \frac{1}{2}\sqrt{\pi}$$

(3) $n = \frac{3}{2}$이면 식(d)에 의하여

$$\Gamma\left(\frac{5}{2}\right) = \Gamma\left(\frac{3}{2}+1\right) = \frac{3}{2}\Gamma\left(\frac{3}{2}\right) = \frac{3}{2}\frac{1}{2}\sqrt{\pi} = \frac{3}{4}\sqrt{\pi}$$

□

2.1.3 Gamma 함수를 이용한 Laplace 변환

(1) $t^a\,(a > -1)$의 Laplace 변환

$$f(t) = t^a \Leftrightarrow F(s) = \frac{\Gamma(a+1)}{s^{a+1}} \quad (a > -1) \cdots\cdots (2.36)$$

〔증명〕

Laplace 정의식에 의하여

$$\mathcal{L}[t^a] = \int_0^\infty t^a e^{-st} dt$$

$$u = st \rightarrow \begin{cases} t = \dfrac{u}{s} \\ dt = \dfrac{1}{s} du \end{cases}$$

따라서,

$$\begin{aligned} \mathcal{L}[t^a] &= \int_0^\infty \left(\frac{u}{s}\right)^a e^{-u} \frac{1}{s} du \\ &= \frac{1}{s^{a+1}} \int_0^\infty u^a e^{-u} du \end{aligned}$$

이 식의 우변 중 적분항은 Gamma 함수의 정의식이므로 결국, 다음과 같은 결과를 얻는다.

$$\mathcal{L}[t^a] = \frac{\Gamma(a+1)}{s^{a+1}} \quad \cdots\cdots (2.37)$$ ■

(2) n이 정수($n=0$, 1, 2, ……)이면

$$\begin{aligned} f(t) &= t^n \Leftrightarrow F(s) = \frac{\Gamma(n+1)}{s^{n+1}} \\ &= \frac{n!}{s^{n+1}} \quad (n = 0,\ 1,\ 2,\ \cdots) \quad \cdots\cdots (2.38) \end{aligned}$$

〔증명〕

식(2.37)에 대하여 n이 정수이면 식(2.24)에 의하여

$$\Gamma(n+1) = n!$$

이다. 따라서, 식(2.38)이 쉽게 증명된다. ■

예제 2-10

다음 식의 Laplace 변환 $F(s)$를 구하라.

$$f(t) = t^{1.5}$$

☞ 식(2.36)을 직접 이용하면

$$\mathcal{L}[t^{1.5}] = \frac{\Gamma(2.5)}{s^{2.5}} \qquad \cdots\cdots \text{(a)}$$

$\Gamma(n+1) = n\Gamma(n)$이므로 이 관계식을 이용하면 식(a)에서

$$\Gamma(1.5) = 1.5\Gamma(1.5)$$

$$= 1.5\times 1\times \Gamma\left(\frac{1}{2}\right) \qquad \cdots\cdots \text{(b)}$$

따라서, 식(b)를 식(a)에 대입하면

$$\mathcal{L}[t^{3/2}] = \frac{3}{2}\frac{\sqrt{\pi}}{s^{5/2}} \qquad \cdots\cdots \text{(c)}$$

□

(2)

$$\mathcal{L}[t^{1/2}] = \frac{1}{2s}\sqrt{\frac{\pi}{s}} \qquad \cdots\cdots \text{(2.39)}$$

$$\mathcal{L}[t^{-1/2}] = \sqrt{\frac{\pi}{s}} \qquad \cdots\cdots \text{(2.40)}$$

〔증명〕

(1) $f(t) = t^{1/2}$에 대해서는 식(2.36)을 사용하여

$$\mathcal{L}[t^{1/2}] = \frac{\Gamma\left(\frac{1}{2+1}\right)}{s^{\frac{1}{2}+1}}$$

여기서 $\Gamma\left(\frac{3}{2}\right) = \frac{\sqrt{\pi}}{2}$ (예제 2-9의 식(b))이므로

$$\mathcal{L}[t^{1/2}] = \frac{\sqrt{\pi}}{2}\frac{1}{s\sqrt{s}} = \frac{1}{2s}\sqrt{\frac{\pi}{s}}$$

(2) $f(t) = t^{-1/2}$는 식(2.36)에 의하여

$$\mathcal{L}[t^{-1/2}] = \frac{\Gamma\left(-\frac{1}{2}+1\right)}{s^{-\frac{1}{2}+1}}$$

여기서 $\Gamma\left(\frac{1}{2}\right) = \sqrt{\pi}$이므로 결국,

$$\mathcal{L}[t^{-1/2}] = \frac{\Gamma\left(\frac{1}{2}\right)}{\sqrt{s}} = \sqrt{\frac{\pi}{s}}$$

■

연 습 문 제 2.1

문 1. 다음과 같이 주어지는 함수가 있다. 정의식을 사용하여 Laplace 변환하라.

(1) $f(t)=2e^{-4t}$ (2) $g(t)=5t-3$

(3) $f(t)=3\cos 2t$ (4) $g(t)=(at+b)^2$

(5) $f(t)=3\sin(\omega t+\phi)$ (6) $g(t)=2\cos^2 3t$

(7) $y(t)=4e^{5t+6}$ (8) $x(t)=2f(t)-3y(t)+4$

문 2. 다음과 같은 함수를 표현하고 Laplace 변환을 구하라.

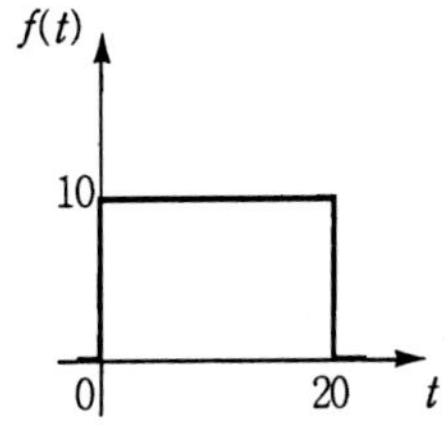

그림 2.4

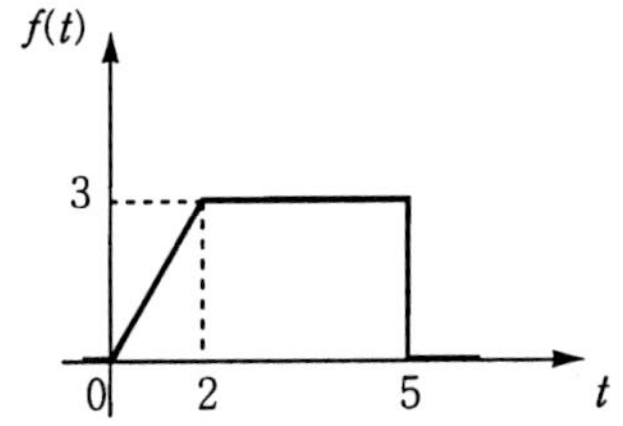

그림 2.5

문 3. 다음과 같은 함수의 Laplace 변환을 구하라.

(1) $f(t)=2-4e^{-3t}+5t^3$ (2) $g(t)=4\cos 3t+5\sinh 6t$

(3) $v(t)=Ve^{-2t}$ ($V=$ 상수) (4) $i(t)=\dfrac{V}{R}(1-e^{-\frac{R}{L}t})$

문 4. 다음과 같은 Gamma 함수값을 구하라.

(1) $\Gamma(5)$ (2) $\Gamma\left(\dfrac{5}{2}\right)$

(3) $\dfrac{\Gamma(3)\Gamma(4)}{\Gamma(7)}$ (4) $\dfrac{\Gamma\left(\frac{3}{2}\right)\Gamma(4)}{\Gamma\left(\frac{11}{2}\right)}$

문 5. 다음과 같은 함수의 Laplace 변환을 Gamma 함수를 이용하여 풀어라.

(1) $f(t)=t^{1/2}-t^{-1/2}$ (2) $f(t)=t^{5/2}$

(3) $f(t)=1+\sqrt{t}$ (4) $f(t)=(1+\sqrt{t})^2$

문 6. 다음을 증명하라.

(1) $\mathcal{L}[t^{3/2}] = \dfrac{3}{4s^2}\sqrt{\dfrac{\pi}{s}}$

(2) $\mathcal{L}[t^{5/2}] = \dfrac{15}{8s^3}\sqrt{\dfrac{\pi}{s}}$

■

2.2 몇 가지 Laplace 변환정리

공학문제에 나타나는 여러 가지 함수들을 Laplace 변환하기 위해서는 2.1절에서 설명한 기본함수의 변환 결과 이외에 간단한 몇 가지 변환정리를 알아 두면 편리하다. 물론, 이러한 정리들은 주어진 함수의 종류와 형태에 따라 다르게 주어지므로 초보자에게는 확실한 이해와 연습이 요구될 것이다.

2.2.1 Laplace 변환정리

Laplace 변환에 관한 정리를 소개하기 전에 우선, 이 장에서는 시간함수 $f(t)$, $g(t)$ $x(t)$, $y(t)$, $r(t)$ 및 $c(t)$ 등의 Laplace 변환함수는 각각 $F(s)$, $G(s)$, $X(s)$, $Y(s)$, $R(s)$ 및 $C(s)$ 등으로 별도의 정의없이 사용함을 밝혀둔다. 또한, a, b, c 등은 상수이다.

〔정리1〕 선형성(linearity) 정리

$$af(t) \pm bg(t) \;\Leftrightarrow\; aF(s) \pm bG(s) \qquad \cdots\cdots (2.41)$$

〔증명〕

정의식에 의하여

$$\begin{aligned}\mathcal{L}[af(t) \pm bg(t)] &= \int_0^{\infty} (af(t) \pm bg(t))e^{-st}dt \\ &= a\int_0^{\infty} f(t)e^{-st}dt \pm b\int_0^{\infty} g(t)e^{-st}dt \\ &= aF(s) \pm bG(s)\end{aligned}$$

■

예제 2-11

다음 함수의 Laplace 변환은?

$$f(t) = 10+3t^2+2e^{-4t}-5\cos 2t$$

☞ 표 2.1의 기본함수의 Laplace 변환표와 선형성 정리를 이용하면

$$F(s) = \frac{10}{s}+\frac{6}{s^3}+\frac{2}{s+4}-\frac{5s}{s^2+4}$$

□

공학문제에서는 가끔 2개의 함수가 곱의 형태로 표현되는 경우가 있다. 특히 함수 $f(t)$에 지수항 $e^{\pm at}$이 곱해진 경우에는 복소영역에서의 $F(s)$가 $F(s+a)$로 나타난다. 그림 2.6은 복소영역에서의 함수이동을 나타내는 것으로, 그림 2.6(b)는 $F(s)$가 a만큼 s축으로 이동된 것이다. 이때, 다음과 같은 정리가 성립된다.

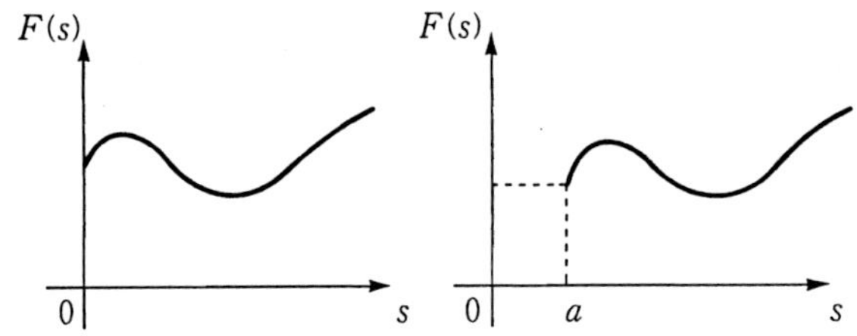

(a) $F(s)$ (b) $F(s-a)$

그림 2.6 $F(s)$의 이동

〔정리2〕 제 1 이동정리(1st shifting or translation theorem)

$$\mathcal{L}[f(t)] = F(s) \;\Leftrightarrow\; \mathcal{L}[e^{\pm at}f(t)] = F(s\mp a) \quad \cdots\cdots (2.42)$$

〔증명〕

정의식에 의하여

$$\mathcal{L}[e^{\pm at}f(t)] = \int_0^\infty e^{\pm at}f(t)e^{-st}dt$$

$$= \int_0^\infty f(t)e^{-(s\mp a)t}dt$$

이 식은 Laplace 변환 정의식(2.1)에서 s 대신 $s \mp a$를 치환한 것과 같으므로 다음과 같이 표현할 수 있다.

$$\mathcal{L}[e^{\pm at}f(t)] = F(s \mp a)$$ ■

예제 2-12

$\mathcal{L}[e^{-3t}\sin 2t]$는?

☞ $f(t) = \sin 2t$라 놓으면

$$F(s) = \frac{2}{s^2+4} \qquad \cdots\cdots \text{(a)}$$

따라서 이 식(a)의 s 대신에 $s+3$을 대입하면

$$\mathcal{L}[e^{-3t}\sin 2t] = \frac{2}{(s+3)^2+4} = \frac{2}{s^2+6s+13}$$ □

정리2는 복소영역에서의 함수 이동 형태를 나타내지만 실제 문제에 있어서는 그림 2.7과 같이 시간함수가 t축의 좌우로 이동되는 경우가 있다. 이와 같이 시간영역에서 함수의 축이동한 함수의 Laplace 변환에 대해서는 다음 정리가 성립된다.

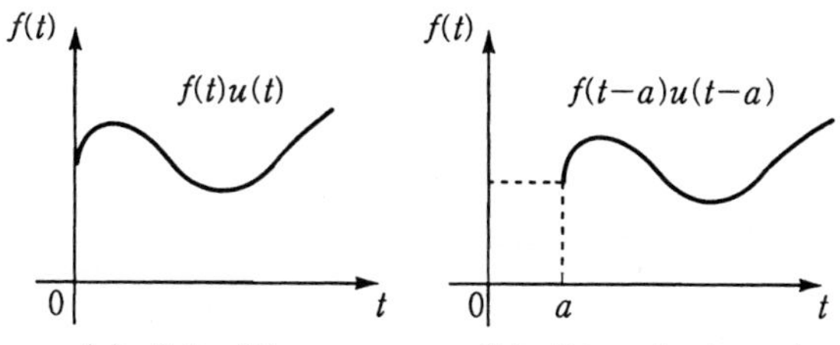

(a) $f(t)u(t)$ (b) $f(t-a)u(t-a)$

그림 2.7 $f(t)$의 이동

〔정리3〕 제 2 이동정리(2nd shifting or translation theorem)

$$\mathcal{L}[f(t)] = F(s) \Leftrightarrow \mathcal{L}[f(t-a)u(t-a)] = e^{-as}F(s) \qquad \cdots\cdots (2.43)$$

여기서 $u(t-a)$는 단위계단함수(unit step function)이다.(이에 대한 사항은 2.2.2절에서 자세히 기술한다)

〔증명〕

정의식에 의하여

$$\mathcal{L}[f(t-a)u(t-a)] = \int_0^\infty f(t-a)u(t-a)e^{-st}dt$$

$$\begin{cases} t-a=\tau & \rightarrow dt = d\tau \\ t=0 & \rightarrow \tau = -a \\ t=\infty & \rightarrow \tau = \infty \end{cases}$$

따라서,

$$\mathcal{L}[f(t-a)u(t-a)] = \mathcal{L}\int_{-a}^\infty f(\tau)u(\tau)e^{-s(a+\tau)}d\tau$$

$$= \int_{-a}^\infty f(\tau)u(\tau)e^{-as}e^{-s\tau}d\tau$$

여기서 $f(t)u(t)$는 $[0, \infty)$에서만 함수값이 존재하므로 이 식은

$$\mathcal{L}[f(t-a)u(t-a)] = \int_0^\infty f(\tau)\, e^{-as}e^{-s\tau}d\tau$$

$$= e^{-as}\int_0^\infty f(\tau)e^{-s\tau}d\tau$$

$$= e^{-as}F(s)$$ ■

정리2와 정리3 사이에는 유사한 성질이 있다.

예제 2-13

그림 2.8의 함수는 다음과 같이 표현된다.

$$f(t) = tu(t-2) = \begin{cases} t & t > 2 \\ 0 & t < 2 \end{cases} \qquad \cdots\cdots \text{(a)}$$

이 함수의 Laplace 변환을 구하라.

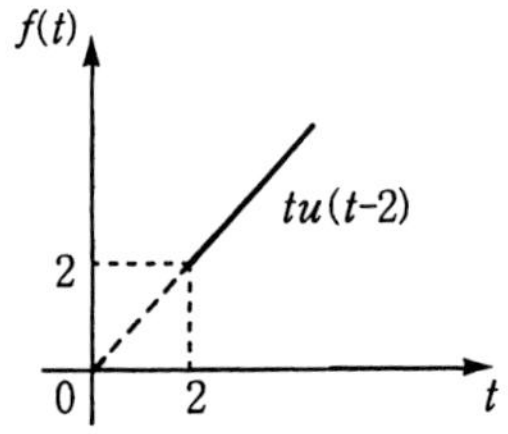

그림 2.8 $f(t) = tu(t-2)$

☞ 식(a)에 대하여

$$\mathcal{L}[tu(t-2)] = \mathcal{L}[(t-2)u(t-2)+2u(t-2)] \quad \cdots\cdots \text{(b)}$$

식(b)에 식(2.43)을 적용하면

$$F(s) = \left(\frac{1}{s^2} + \frac{2}{s}\right)e^{-2s}$$

□

〔정리4〕 시간 스케일링 정리(time scaling theorem)

$$f(at) \iff \frac{1}{a}F\left(\frac{s}{a}\right) \quad \cdots\cdots (2.44)$$

〔증명〕

정의식에 의하여

$$\mathcal{L}[f(at)] = \int_0^\infty f(at)e^{-st}dt$$

$$\begin{cases} \tau = at & \to d\tau = adt \\ t = 0 & \to \tau = 0 \\ t = \infty & \to \tau = \infty \end{cases}$$

따라서,

$$\begin{aligned}\mathcal{L}[f(at)] &= \int_0^\infty f(\tau)e^{-(\frac{s}{a})\tau}\frac{1}{a}d\tau \\ &= \frac{1}{a}\int_0^\infty f(\tau)e^{-(\frac{s}{a})\tau}d\tau \\ &= \frac{1}{a}F\left(\frac{s}{a}\right)\end{aligned}$$

■

예제 2-14

$\mathcal{L}[\sin t] = \frac{1}{s^2+1}$ 를 사용하여 $\mathcal{L}[\sin 3t]$를 구하라.

☞ t대신 $3t$를 치환했으므로 정리4를 이용하면

$$\begin{aligned}\mathcal{L}[\sin 3t] &= \frac{1}{3}\frac{1}{\left(\frac{s}{3}\right)^2+1} \\ &= \frac{3}{s^2+9}\end{aligned}$$

□

〔정리5〕 진폭 스케일링 정리(amplitude scaling theorem)

$$f\left(\frac{t}{a}\right) \Leftrightarrow aF(as) \qquad \cdots\cdots (2.45)$$

〔증명〕

정의식에 의하여

$$\mathcal{L}\left[f\left(\frac{t}{a}\right)\right] = \int_0^\infty f\left(\frac{t}{a}\right)e^{-st}dt$$

$$\begin{cases} \tau = \dfrac{t}{a} & \rightarrow d\tau = \dfrac{1}{a}dt \\ t=0 & \rightarrow \tau = 0 \\ t=\infty & \rightarrow \tau=\infty \end{cases}$$

따라서,

$$\begin{aligned} \mathcal{L}\left[f\left(\frac{t}{a}\right)\right] &= \int_0^\infty f(\tau)e^{-as\tau}a\,d\tau \\ &= a\int_0^\infty f(\tau)e^{-as\tau}d\tau \\ &= aF(as) \end{aligned}$$

■

예제 2-15

$\mathcal{L}\left[\sin\left(\frac{t}{2}\right)\right]$의 Laplace 변환을 구하라.

☞ $f(t) = \sin t$라 하면

$$F(s) = \frac{1}{s^2+1}$$

이므로, t 대신 $t/2$를 치환한 식에 대하여 정리5를 적용하면

$$\begin{aligned} \mathcal{L}\left[\sin\left(\frac{t}{2}\right)\right] &= 2F(2s) \\ &= 2\times\frac{1}{(2s)^2+1} \\ &= \frac{2}{4s^2+1} \end{aligned}$$

□

앞에서 설명한 바와 같이, Laplace 변환은 근본적으로 선형미분방정식의 해를 구하는데 사용된다. Laplace 변환을 이용하면 미분방정식의 해를 구하는 과정이 대수연산으로 이루어지므로 매우 간편하게 된다. 일반적으로 함수 $f(t)$의 미분은 변환함수 $F(s)$에 s를 곱한 것에 대응되고, 적분은 s로 나눈 것에 대응된다.

함수 $f(t)$의 n계 도함수가 존재하면 이 도함수에 대한 다음 결과가 성립된다.

〔정리6〕 도함수의 Laplace 변환

$$\mathcal{L}\left[\frac{d^n f}{dt^n}\right] = s^n F(s) - s^{n-1} f(0) - s^{n-2} f^{(1)}(0) - \cdots - f^{(n-1)}(0) \qquad \cdots\cdots (2.46)$$

여기서

$$f^{(k)}(0) = \frac{d^k f(0)}{dt^k} \qquad \cdots\cdots (2.47)$$

〔증명〕

식(2.46)을 귀납적인 방법으로 유도해 보자.

(1) 1계 도함수의 Laplace 변환

정의식에 의하여

$$\mathcal{L}\left[\frac{df}{dt}\right] = \int_0^\infty \frac{df}{dt} e^{-st} dt$$

$$\begin{cases} u = e^{-st} & \rightarrow du = -se^{-st}dt \\ dv = \dfrac{df}{dt}dt & \rightarrow v = f(t) \end{cases}$$

따라서,

$$\begin{aligned} \mathcal{L}\left[\frac{df}{dt}\right] &= e^{-st} f(t)\Big|_0^\infty + s\int_0^\infty f(t) e^{-st} dt \\ &= -f(0) + sF(s) \end{aligned}$$

결국, 1계 도함수의 Laplace 변환은

$$\mathcal{L}\left[\frac{df}{dt}\right] = sF(s) - f(0) \qquad \cdots\cdots (2.48)$$

여기서 $f(0)$는 $t=0$일 대 $f(t)$의 값, 즉, 초기치를 나타낸다.

(2) 2계 도함수의 Laplace 변환

정의식에 의하여

$$\mathcal{L}\left[\frac{d^2f}{dt^2}\right] = \int_0^{\infty} \frac{d^2f}{dt^2} e^{-st}dt$$

$$\begin{cases} u = e^{-st} & \rightarrow du = -se^{-st}dt \\ dv = \dfrac{d^2f}{dt^2}dt & \rightarrow v = \dfrac{df}{dt} \end{cases}$$

따라서,

$$\begin{aligned} \mathcal{L}\left[\frac{d^2f}{dt^2}\right] &= e^{-st}\frac{df(t)}{dt}\Bigg|_0^{\infty} + s\int_0^{\infty} \frac{df(t)}{dt} e^{-st}dt \\ &= -f'(0) + s\mathcal{L}\left[\frac{df}{dt}\right] \end{aligned}$$

이 식에 식(2.48)을 적용하면

$$\mathcal{L}\left[\frac{d^2f}{dt^2}\right] = -f'(0) + s[sF(s) - f(0)]$$

결국, 2계 도함수의 Laplace 변환은

$$\mathcal{L}\left[\frac{d^2f}{dt^2}\right] = s^2F(s) - sf(0) - f'(0) \qquad \cdots\cdots (2.49)$$

이와 같은 방법으로 n계 도함수까지 확장해 가면 일반적인 식(2.46)을 얻는다. ■

예제 2-16

다음 미분방정식을 Laplace 변환하여 $Y(s)$를 구하라.

$$y' + 3y = 6, \quad y(0) = 0 \qquad \cdots\cdots (a)$$

☞ 식(2.48)을 이용하여 식(a)을 Laplace 변환하면

$$[sY(s)-y(0)]+3Y(s)=\frac{6}{s}$$

이 식에 주어진 초기치를 대입하고 $Y(s)$에 대하여 정리하면 다음과 같다.

$$Y(s)=\frac{6}{s(s+3)} \qquad \cdots\cdots \text{(b)}$$

□

예제 2-17

다음 함수의 Laplace 변환 $F(s)$를 $f'(t)$를 이용하여 구하라.

$$f(t)=\sin^2 t \qquad \cdots\cdots \text{(a)}$$

☞ 식(a)에서 초기치와 1계 도함수는

$$f(0)=0 \qquad \cdots\cdots \text{(b)}$$

$$f'(t)=2\sin t\cos t=\sin 2t \qquad \cdots\cdots \text{(c)}$$

따라서,

$$\begin{aligned}\mathcal{L}\left[\frac{df}{dt}\right] &= sF(s)-f(0)\\ &= \mathcal{L}[\sin 2t]\\ &= \frac{2}{s^2+4} \qquad \cdots\cdots \text{(d)}\end{aligned}$$

결국, 식(d)로부터 $F(s)$를 구하면

$$F(s)=\frac{2}{s(s^2+4)} \qquad \cdots\cdots \text{(e)}$$

□

회로시스템이나 물리시스템의 특성을 기술하는 경우, 적분형태가 방정식에 나타나는 경우가 있다. 이 때, 미분방정식을 고전적인 방법으로 해를 구하기 위해서는 적분항이 없어질 때까지 미분하여 미분방정식을 구성해야 한다. 그러나, Laplace 변환에서는 주어진 방정식이 미적분방정식(differential and integral equation)이라도 직접 변환과정으로 도입하여 대수연산으로 해를 구할 수 있다. 다음은 적분에 대한 Laplace 변환정리이다.

〔정리7〕 적분의 Laplace 변환

$$\mathcal{L}\left[\int_0^t f(\tau)\,d\tau\right] = \frac{1}{s}F(s) \qquad \cdots\cdots (2.50)$$

$$\mathcal{L}\left[\int_0^t \int_0^t f(\tau)\,d\tau d\tau\right] = \frac{1}{s^2}F(s) \qquad \cdots\cdots (2.51)$$

〔증명〕

여기에서는 식(2.50)만 증명해 보기로 한다. 정의식에 의하여

$$\mathcal{L}\left[\int_0^t f(\tau)\,d\tau\right] = \int_0^\infty\left[\int_0^t f(\tau)\,d\tau\right]e^{-st}dt$$

$$\begin{cases} u = \int_0^t f(\tau)d\tau & \rightarrow du = f(t)dt \\ dv = e^{-st}dt & \rightarrow v = -\frac{1}{s}e^{-st} \end{cases}$$

따라서,

$$\begin{aligned}\mathcal{L}\left[\int_0^t f(\tau)d\tau\right] &= -\frac{1}{s}e^{-st}\int_0^t f(\tau)d\tau\Big|_0^\infty + \frac{1}{s}\int_0^\infty f(t)e^{-st}dt \\ &= \frac{1}{s}F(s)\end{aligned}$$

■

예제 2-18

다음 변환함수

$$F(s) = \frac{1}{s(s-a)} \qquad \cdots\cdots (a)$$

의 $f(t)$를 정리7을 이용하여 구하라.

☞

$$\begin{aligned}\mathcal{L}^{-1}\left[\frac{1}{s}\frac{1}{s-a}\right] &= \int_0^t \mathcal{L}^{-1}\left[\frac{1}{s-a}\right]dt \\ &= \int_0^t e^{at}dt \\ &= \frac{1}{a}e^{at}\Big|_0^t \\ &= \frac{1}{a}(e^{at}-1)\end{aligned}$$

□

공학문제에 있어서는 적분구간이 $0\sim t$ 구간에서 뿐만 아니라 $-\infty\sim t$ 구간으로 주어지는 경우가 종종 있다. 이 경우의 Laplace 변환은 다음과 같이 주어진다.

$$\mathcal{L}\left[\int_{-\infty}^{t} f(t)dt\right] = \frac{1}{s}F(s) + \frac{1}{s}f^{(-1)}(0) \quad \cdots\cdots (2.52)$$

여기서

$$f^{(-1)}(0) = \int_{-\infty}^{0} f(t)dt \bigg|_{t=0^+}$$

이다. 식(2.52)는 정리7의 증명과정으로 부터 쉽게 유도될 수 있다.

예제 2-19

회로시스템에서 커패시턴스에 전류 $i(t)$가 흐르면 이 소자의 단자전압은 다음과 같이 표현된다.

$$v_c(t) = \frac{1}{C}\int_{-\infty}^{t} i(t)dt \quad \cdots\cdots (a)$$

이 함수의 Laplace 변환은?

☞ 식(2.52)에 의하여

$$V_c(s) = \frac{1}{C}\left[\frac{I(s)}{s} + \frac{1}{s}\int_{-\infty}^{0} i(t)dt\right] \quad \cdots\cdots (b)$$

여기서 $\int_{-\infty}^{0} i(t)dt = q(0)$는 커패시턴스의 초기전하이다. 이 때, 초기전압 $V(0)$에 대하여 $q(0)/C = V(0)$이므로 식(b)는

$$\begin{aligned} V_c(s) &= \frac{1}{C}\left[\frac{I(s)}{s} + \frac{q(0)}{s}\right] \\ &= \frac{1}{Cs}I(s) + \frac{V(0)}{s} \quad \cdots\cdots (c) \end{aligned}$$

□

함수들 중에는 te^{-3t}, $t^2\sin\omega t$ 등과 같이 본 함수에 t의 멱승을 곱한 함수가 존재한다. 이러한 함수의 Laplace 변환은 변환함수의 미분으로 부터 유도된다.

〔정리8〕 Laplace 변환의 미분

$$t^n f(t) \ \Leftrightarrow \ (-1)^n \frac{d^n F(s)}{ds^n} \qquad \cdots\cdots (2.53)$$

〔증명〕

함수 $f(t)$의 Laplace 변환의 정의식은 다음과 같다.

$$F(s) = \int_0^\infty f(t) e^{-st} dt \qquad \cdots\cdots (2.54)$$

이 식을 s에 대해 미분하면

$$\begin{aligned} \frac{dF(s)}{ds} &= \frac{d}{ds} \int_0^\infty f(t) e^{-st} dt \\ &= \int_0^\infty f(t) \frac{d}{ds} e^{-st} dt \\ &= -\int_0^\infty [tf(t)] e^{-st} dt \\ &= -\mathcal{L}[tf(t)] \end{aligned}$$

따라서 다음 관계를 얻을 수 있다.

$$\mathcal{L}[tf(t)] = -\frac{dF(s)}{ds} \qquad \cdots\cdots (2.55)$$

또한, 식(2.54)를 s에 대해 2번 미분하면

$$\begin{aligned} \frac{d^2F(s)}{ds^2} &= \int_0^\infty f(t) \frac{d^2}{ds^2} e^{-st} dt \\ &= \int_0^\infty t^2 f(t) e^{-st} dt \\ &= \mathcal{L}[t^2 f(t)] \end{aligned}$$

따라서 다음 식을 얻는다.

$$\mathcal{L}[t^2 f(t)] = (-1)^2 \frac{d^2F(s)}{ds^2} \qquad \cdots\cdots (2.56)$$

한편, 식(2.54)를 s에 대해 3번 미분하면

$$\begin{aligned}\frac{d^3F(s)}{ds^3} &= \int_0^\infty f(t)\frac{d^3}{ds^3}e^{-st}dt \\ &= -\int_0^\infty t^3 f(t)e^{-st}dt \\ &= (-1)^3\mathcal{L}[t^3 f(t)]\end{aligned}$$

결국 다음 식을 얻는다.

$$\mathcal{L}[t^3 f(t)] = (-1)^3\frac{d^3F(s)}{ds^3} \quad \cdots\cdots (2.57)$$

이와 같은 방법으로 s에 대한 n계 도함수를 구하여 정리하면 식(2.53)을 얻게 된다. ■

예제 2-20

다음 함수의 Laplace 변환은?

$$f(t) = t\sin at$$

☞

$$\mathcal{L}[\sin at] = \frac{a}{s^2+a^2}$$

이므로 정리8을 이용하면

$$\begin{aligned}\mathcal{L}[t\sin at] &= -\frac{d}{ds}\left[\frac{a}{s^2+a^2}\right] \\ &= \frac{2as}{(s^2+a^2)^2}\end{aligned}$$

□

〔정리9〕 Laplace 변환의 적분

$$\frac{f(t)}{t} \Leftrightarrow \int_s^\infty F(s)ds \quad \cdots\cdots (2.58)$$

〔증명〕

Laplace 변환식

$$F(s) = \int_0^\infty f(t)e^{-st}dt$$

을 s~∞까지 적분하면

$$\begin{aligned}\int_s^\infty F(s)ds &= \int_s^\infty \left[\int_0^\infty f(t)e^{-st}dt\right]ds \\ &= \int_0^\infty f(t)\left[\int_s^\infty e^{-st}ds\right]dt \\ &= \int_0^\infty f(t)\left\{\left[-\frac{e^{-st}}{t}\right]_s^\infty\right\}dt \\ &= \int_0^\infty f(t)\frac{1}{t}e^{-st}dt\end{aligned}$$

따라서 다음 결과를 얻는다.

$$\mathcal{L}\left[\frac{f(t)}{t}\right] = \int_s^\infty F(s)ds$$

■

예제 2-21

다음 식의 역 Laplace 변환은?

$$F(s) = \ln\left(1+\frac{\omega^2}{s^2}\right) \qquad \cdots\cdots \text{(a)}$$

☞ 식(a)의 역 Laplace 변환은 $f(t)$이므로 식(2.55)에 의하여

$$\mathcal{L}[tf(t)] = -\frac{dF(s)}{ds} \qquad \cdots\cdots \text{(b)}$$

주어진 식(a)에 대하여

$$\begin{aligned}G(s) &= -\frac{d}{ds}F(s) \\ &= -\frac{d}{ds}\ln\left(1+\frac{\omega^2}{s^2}\right) \\ &= \frac{2\omega^2}{s(s^2+\omega^2)} \qquad \cdots\cdots \text{(c)}\end{aligned}$$

따라서 식(c)로 부터 $g(t)$는

$$\begin{aligned}g(t) &= \mathcal{L}^{-1}\left[\frac{2\omega^2}{s(s^2+\omega^2)}\right] \\ &= \mathcal{L}^{-1}\left[\frac{2}{s}-\frac{2s}{s^2+\omega^2}\right] \\ &= 2(1-\cos\omega t) \qquad \cdots\cdots \text{(d)}\end{aligned}$$

식(b)와 식(d)의 관계로 부터 $tf(t) = g(t)$이므로

$$f(t) = \mathcal{L}^{-1}\left[\ln\left(1+\frac{\omega^2}{s^2}\right)\right]$$
$$= \frac{2}{t}(1-\cos\omega t) \qquad \cdots\cdots \text{(e)}$$

참고로 이 예제의 풀이는 다음과 같은 과정을 직접 이용한 것이다.

$$-\frac{d}{ds}F(s) = \mathcal{L}[tf(t)]$$
$$\therefore\ \mathcal{L}^{-1}\left[-\frac{dF}{ds}\right] = tf(t)$$
$$\therefore\ f(t) = \frac{1}{t}\mathcal{L}^{-1}\left[-\frac{dF}{ds}\right]$$

□

변환함수를 직접 다루는 도중에는, 역변환함수를 구하지 않고서 응답의 초기값이나 최종치 또는 정상값을 구해야 하는 경우가 있다. 이 경우에는 정리10과 11이 유용하게 사용된다.

〔정리10〕 초기치 정리 (initial value theorem)

$$\lim_{t\to 0} f(t) = f(0) = \lim_{s\to\infty} sF(s) \qquad \cdots\cdots (2.59)$$

〔증명〕

$f(t)$의 1계 도함수에 대한 Laplace 변환

$$\mathcal{L}\left[\frac{df(t)}{dt}\right] = \int_0^\infty \frac{df(t)}{dt}e^{-st}dt$$
$$= sF(s) - f(0)$$

으로부터

$$\lim_{s\to\infty}\int_0^\infty \frac{df(t)}{dt}e^{-st}dt = \lim_{s\to\infty}[sF(s) - f(0)]$$
$$0 = \lim_{s\to\infty} sF(s) - f(0)$$

결국, 식(2.59)의 관계를 얻을 수 있다. ■

예제 2-22

$f(t) = 2(1-e^{-3t})$의 Laplace 변환은

$$F(s) = \frac{6}{s(s+3)} \quad \cdots\cdots \text{(a)}$$

이다. 이 변환함수를 이용하여 초기치 $f(0)$을 구하라.

☞ 식(a)에 식(2.59)의 관계를 직접 적용하면

$$\begin{aligned} f(0) &= \lim_{s \to \infty} sF(s) \\ &= \lim_{s \to \infty} s\left[\frac{6}{s(s+3)}\right] \\ &= 0 \end{aligned} \quad \cdots\cdots \text{(b)}$$

이 결과는 주어진 함수 $f(t)$에 대하여

$$\lim_{t \to 0} f(t) = 0 \quad \cdots\cdots \text{(c)}$$

과 일치한다. □

〔정리11〕 최종치 정리 (final value theorem)

$$\lim_{t \to \infty} f(t) = f(\infty) = \lim_{s \to 0} sF(s) \quad \cdots\cdots (2.60)$$

이 정리는 $sF(s)$에 대한 분모다항식의 근의 실수부가 모두 (-)인 경우에만 성립한다. 여기서 $sF(s)$에 대한 분모다항식의 근을 극(pole)라 하고 이에 대한 개념은 2.4절에서 다룬다.

〔증명〕

1계 도함수의 Laplace 변환식에 대하여

$$\lim_{s \to 0} \int_0^{\infty} \frac{df(t)}{dt} e^{-st} dt = \lim_{s \to 0} [sF(s) - f(0)]$$

$$\int_0^{\infty} \frac{df(t)}{dt} dt = \lim_{s \to 0} sF(s) - f(0)$$

$$f(t)\Big|_0^{\infty} = \lim_{s \to 0} sF(s) - f(0)$$

$$f(\infty) - f(0) = \lim_{s \to 0} sF(s) - f(0)$$

이 식으로부터 식(2.60)을 얻는다. ■

예제 2-23

예제 2-22의 Laplace 변환함수의 최종치를 구하라.

☞ 식(2.60)을 사용하면

$$
\begin{aligned}
f(\infty) &= \lim_{s\to 0} sF(s) \\
&= \lim_{s\to 0} s\left[\frac{6}{s(s+3)}\right] \\
&= 2
\end{aligned}
$$

□

Laplace 변환된 함수를 다루다 보면 예컨데, $H(s)=F(s)G(s)$와 같이 두 변환함수이 곱으로 표기된 함수를 자주 접하게 된다. 이 경우에, $F(s)$에 대한 $f(t)$와 $G(s)$에 대한 $g(t)$를 이용하여 $H(s)$의 역변환 $h(t)$를 구할 수 있다. 다음의 정리는 이 경우에 사용된다.

〔정리12〕 콘볼루션 적분정리 (convolution integral theorem)

$$
\left\{
\begin{aligned}
&\int_0^t f(\tau)g(t-\tau)d\tau \\
&= \int_0^t f(t-\tau)g(\tau)d\tau \Leftrightarrow H(s)=F(s)G(s) \quad \cdots\cdots \ (2.61) \\
&= f(t)*g(t)
\end{aligned}
\right.
$$

이 정리는 저자에 따라 대합(對合), 합성적분(合成積分) 또는 상승적분(上昇積分)이라 하기도 한다.

〔증명〕

$G(s)$에 대해 주파수이동을 시키면 $e^{-\tau s}G(s)$는

$$
\begin{aligned}
e^{-s\tau}G(s) &= \int_0^\infty g(t-\tau)u(t-\tau)e^{-st}dt \\
&= \int_\tau^\infty g(t-\tau)e^{-st}dt
\end{aligned}
$$

이 때 $F(s)$에 $G(s)$를 곱한 형태를 $F(s)$의 Laplace 변환식에 적용하면

$$
\begin{aligned}
F(s)G(s) &= \int_0^\infty f(\tau)G(s)\,e^{-s\tau}d\tau \\
&= \int_0^\infty f(\tau)\int_\tau^\infty g(t-\tau)\,e^{-s\tau}dtd\tau
\end{aligned}
$$

$$= \int_0^\infty e^{-st} \int_0^\infty f(\tau) g(t-\tau) d\tau dt$$

$$= \int_0^\infty e^{-st} h(t) dt$$

$$= \mathcal{L}[h(t)]$$

따라서 다음 관계가 성립한다.

$$h(t) = \mathcal{L}^{-1}[F(s)\, G(s)]$$ ■

예제 2-24

콘볼루션 적분을 이용하여 다음과 같은 함수를 역 Laplace 변환하라.

$$H(s) = \frac{1}{s^2(s-a)} \qquad \cdots\cdots \text{(a)}$$

☞ 식(a)에 대하여

$$\begin{cases} F(s) = \dfrac{1}{s^2} & \rightarrow \quad f(t) = t \\ G(s) = \dfrac{1}{s-a} & \rightarrow \quad g(t) = e^{at} \end{cases} \qquad \cdots\cdots \text{(b)}$$

이 식을 식(2.61)에 대입하면

$$\begin{aligned} h(t) &= f(t) * g(t) \\ &= \int_0^t \tau e^{a(t-\tau)} d\tau \\ &= e^{at} \int_0^t \tau e^{-a\tau} d\tau \end{aligned}$$

$$\begin{cases} u = \tau & \rightarrow du = d\tau \\ dv = e^{-a\tau} d\tau & \rightarrow v = -\dfrac{1}{a} e^{-a\tau} \end{cases}$$

결국, 다음과 같은 결과를 얻는다.

$$\begin{aligned} h(t) &= e^{at}\left[-\frac{\tau}{a} e^{-a\tau} \Big|_0^t + \frac{1}{a} \int_0^t e^{-a\tau} d\tau \right] \\ &= \frac{1}{a^2}[e^{at} - at - 1] \qquad \cdots\cdots \text{(c)} \end{aligned}$$

□

회로시스템과 같은 신호처리 분야에서는 주기파형을 자주 접하게 된다. 이러한 주기함수(periodic function)에 대한 Laplace 변환도 방정식을 푸는데 강력한 도구가 된다. 그림 2.9는 주기함수의 한 예이다.

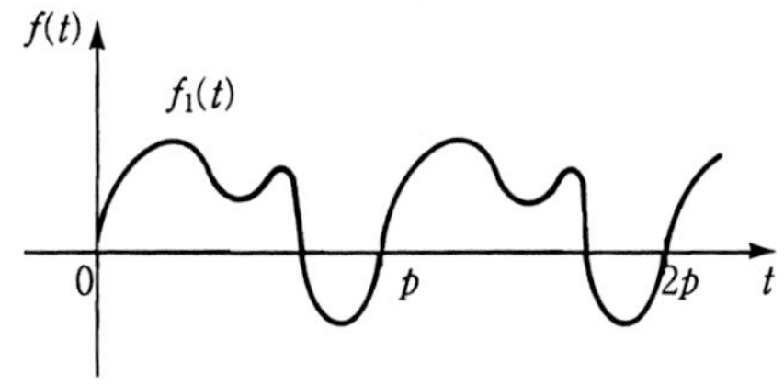

그림 2.9 주기함수

이 함수에 대하여 한 주기 함수를 $f_1(t)$라 하고 주기를 p라 할 때 다음과 같은 정리가 얻어진다.

〔정리13〕 주기함수(periodic function)

$$f(t+p) = f(t) \quad p: \text{주기} \qquad \cdots\cdots (2.62)$$

$$\mathcal{L}[f(t)] = \frac{1}{1-e^{-ps}} F_1(s) \qquad \cdots\cdots (2.63)$$

여기서 $F_1(s)$는 $f_1(t)$에 대한 Laplace 변환으로 다음과 같이 주어진다.

$$F_1(s) = \int_0^p f(t)\, e^{-st} dt \qquad \cdots\cdots (2.64)$$

〔증명〕

정의식에 의하여

$$\begin{aligned}
\mathcal{L}[f(t)] &= \int_0^p f(t)e^{-st}dt + \int_p^{2p} f(t)e^{-st}dt + \int_{2p}^{3p} f(t)e^{-st}dt + \cdots \\
&= \int_0^p f(\tau)e^{-s\tau}d\tau + \int_0^p f(\tau)e^{-s(\tau+p)}d\tau + \int_0^p f(\tau)e^{-s(\tau+2p)}d\tau + \cdots \\
&= [1+e^{-ps}+e^{-2ps}+e^{-3ps}+\cdots] \int_0^p f(\tau)e^{-s\tau}d\tau \\
&= \frac{1}{1-e^{-ps}} \int_0^p f(\tau)e^{-s\tau}d\tau
\end{aligned}$$

■

예제 2-25

그림 2.10과 같이 주어진 주기가 $2a$이고 진폭이 $\pm k$인 구형파 펄스의 Laplace 변환을 구하라.

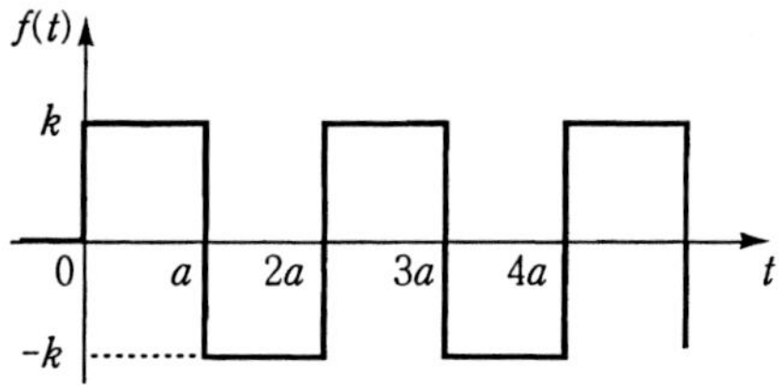

그림 2.10 펄스함수

☞ 계단함수를 사용하여 이 함수의 1주기를 표현하면

$$f_1(t) = k[u(t) - 2u(t-a) + u(t-2a)]$$

$$\therefore\ F_1(s) = \frac{k}{s}[1 - 2e^{-as} + e^{-2as}] \qquad \cdots\cdots \text{(a)}$$

계단함수의 개념은 2.2.2절에서 상세히 설명한다. 따라서, 식(2.63)을 사용하면

$$\begin{aligned} F(s) &= \frac{1}{1-e^{-2as}} F_1(s) \\ &= \frac{k(1-e^{-as})^2}{s(1-e^{-2as})} \\ &= \frac{k(1-e^{-as})(1-e^{-as})}{s(1+e^{-as})(1-e^{-as})} \\ &= \frac{k}{s} \frac{e^{as/2} - e^{-as/2}}{e^{as/2} + e^{-as/2}} \\ &= \frac{k}{s} \tanh\left(\frac{as}{2}\right) \end{aligned}$$

□

이제까지 우리는 Laplace 변환과정에 유용하게 이용되는 몇가지 정리들에 대하여 알아 보았다. 이 결과들을 요약하면 표 2.2와 같다.

표 2-2 Laplace 변환정리

정 리	$f(t)$	$F(s)$
(1) 선형성 정리	$af(t) \pm bg(t)$	$aF(s) \pm bG(s)$
(2) 제 1 이동정리	$e^{\pm at}f(t)$	$F(s \mp a)$
(3) 제 2 이동정리	$f(t-a)u(t-a)$	$e^{-as}F(s)$
(4) 시간스케일링	$f(at)$	$\frac{1}{s}F\left(\frac{s}{a}\right)$
(5) 주파수스케일링	$f\left(\frac{t}{a}\right)$	$aF(as)$
(6) 도함수의 변환	$\frac{d^n f(t)}{dt^n}$	$s^n F(s) - s^{n-1}f(0) - \cdots - f^{(n-1)}(0)$
(7) 적분의 변환	$\int_0^t f(t)dt$	$\frac{1}{s}F(s)$
(8) 변환의 미분	$t^n f(t)$	$(-1)^n \frac{d^n F(s)}{ds^n}$
(9) 변환의 적분	$\frac{1}{t}f(t)$	$\int_s^\infty F(s)ds$
(10) 초기치 정리	$f(0)$	$\lim_{s\to\infty} sF(s)$
(11) 최종치 정리	$f(\infty)$	$\lim_{s\to 0} sF(s)$
(12) 콘볼류션 정리	$\int_0^t f(\tau)g(t-\tau)d\tau$ $\int_0^t f(t-\tau)g(\tau)d\tau$	$F(s)G(s)$
(13) 주기함수	$f(t) = f(t+p)$	$F(s) = \frac{1}{1-e^{-ps}}F_1(s)$ $F_1(s) = \int_0^p f(t)e^{-st}dt$

2.2.2 특수함수의 표현과 Laplace 변환

앞 절에서는 $t \geq 0$에서 연속적으로 정의된 함수의 Laplace 변환과 변환정리들에 대한 성질을 알아 보았다. 공학문제에서는 경우에 따라 스위칭 동작에 의하여 불연속함수나 펄스형태의 함수가 주어지는 경우가 있다. 이와 같은 파형들은 기본함수와 단위계단함수와 같은 특수함수의 곱이나 합으로 표현할 수 있다. 이 표현법은 과도특성과 같은 공학문제를 처리하는데 매우 유용하게 이용될 수 있다. 이 절에서는 계단함수, 램프함수 및 임펄스함수를 정의하고 그 특성 및 용도와 Laplace 변환법에 대하여 기술한다.

(1) 계단함수

① 단위계단함수의 정의

단위계단함수(unit step function)는 그림 2.11과 같이 주어지며 다음 식으로 정의된다.

$$f(t) \equiv u(t) = \begin{cases} 0 & (t < 0) \\ 1 & (t \geq 0) \end{cases} \quad \cdots\cdots (2.65)$$

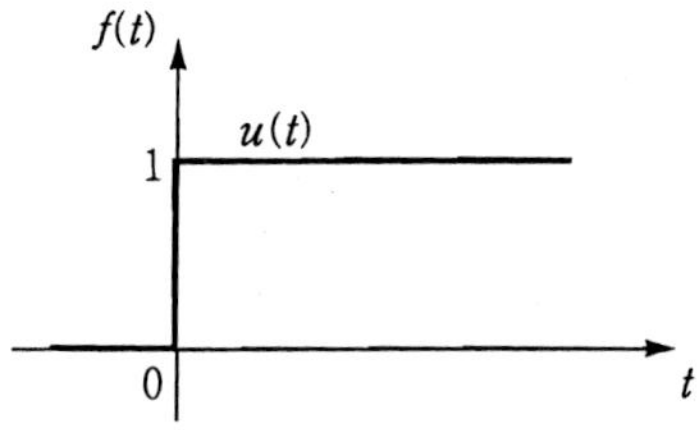

그림 2.11 단위계단함수

단위계단함수는 식(2.65)와 같은 형태 뿐만 아니라 크기가 1인 모든 계단함수를 의미한다. 크기가 1 이외의 구형파 형태의 함수를 일반적으로 계단함수라 한다.

② 계단함수의 용도

계단함수는 다음과 같은 용도로 사용된다.

ⓐ 스위칭 동작의 표현.

ⓑ 펄스나 디지털 신호 또는 불연속, 비주기성 신호의 표현.

ⓒ 일정신호 또는 에너지가 인가되는 시스템의 응답 해석.

③ 계단함수의 표현

계단함수는 단위계단함수의 여러가지 변형형태로 주어진다. 다음은 그 예이다.

예제 2-26

다음 그림 2.12와 같은 함수의 표현은?

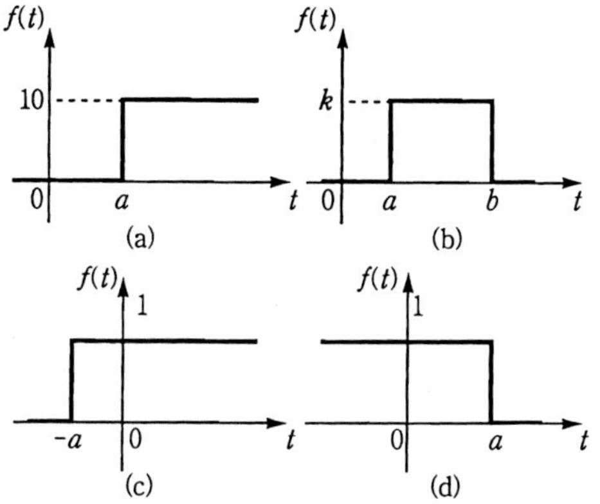

그림 2.12 계단함수의 형태

☞ (a) 이 함수는 단위계단함수에 10배를 하고 t축의 우측으로 a만큼 이동시킨 것이다. 따라서, 이 함수의 표현은

$$f(t) = 10u(t-a) \quad \cdots\cdots \text{(a)}$$

이 때 식(a)에 대한 세부적인 표현은 다음과 같다.

$$f(t) = \begin{cases} 0 & (t < a) \\ 10 & (t > a) \end{cases} \quad \cdots\cdots \text{(b)}$$

(b) 그림(b)에 대해서는 다음과 같은 3가지 표현이 가능하다.

$$\begin{aligned} f(t) &= k[u(t-a)-u(t-b)] \\ &= k[u(-t+b)-u(-t+a)] \quad \cdots\cdots \text{(c)} \\ &= ku(t-a)u(-t+b) \end{aligned}$$

식(c)에서 첫번째 수식은 일반적인 표현식이며, 2, 3번째 수식은 잘 사용하지 않는다.

(c) 그림(c)는 $u(t)$를 t의 좌측으로 a만큼 이동시킨 것이므로

$$f(t) = u(t+a) \quad \cdots\cdots \text{(d)}$$

(d) 그림(d)는 $u(-t)$에 대한 함수를 t의 우측으로 a만큼 이동한 것으로

$$f(t) = u(-t+a) \quad \cdots\cdots \text{(e)}$$

□

예제 2-27

다음 그림 2.13과 같은 그래프를 계단함수를 사용하여 표현하라.

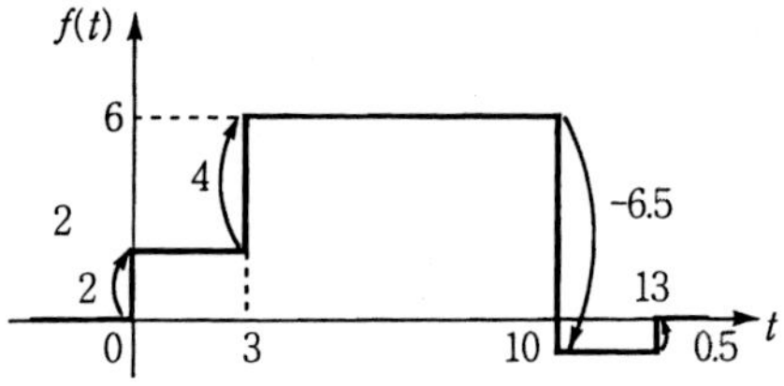

그림 2.13

☞ 이러한 종류의 다단계함수는 함수값이 불연소되는 점 $t=0$, 3, ,10, 13에 대하여 먼저, $u(t)$, $u(t\text{-}3)$, $u(t\text{-}10)$, $u(t\text{-}13)$을 가정한다. 이 때, 각 변화점의 변화량 +2, +4, -6.5 및 +0.5를 사용하여 다음과 같이 표현한다.

$$f(t) = 2u(t) + 4u(t-3) - 6.5u(t-10) + 0.5u(t-13)$$

□

예제 2-28

다음과 같은 회로에서 스위치를 5[sec]에 닫은 후, 10[sec]에 열었다. 전류를 구하기 위한 회로 방정식을 구하라.

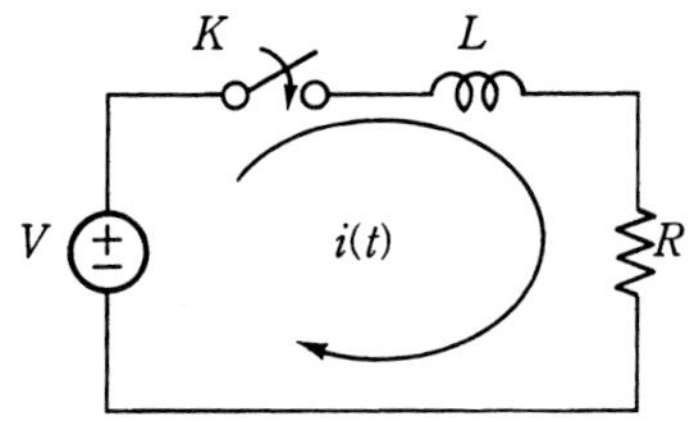

그림 2.14 RL회로

☞ 이 회로에 전압은

$$v(t) = V[u(t-5) - u(t-10)] \quad \cdots\cdots \text{(a)}$$

따라서 전류를 구하기 위한 회로 방정식은 KVL에 의하여

$$v_L(t) + v_R(t) = v(t)$$

$$L\frac{di}{dt} + Ri = V[u(t-5) - u(t-10)] \quad \cdots\cdots \text{(b)}$$

□

④ 계단함수의 Laplace 변환

그림 2.11로 주어진 단위계단함수 $u(t)$의 Laplace 변환은 다음과 같다.

$$u(t) \Leftrightarrow \frac{1}{s} \quad \cdots\cdots (2.66)$$

〔증명〕

정의식에 의하여

$$\begin{aligned}\mathcal{L}[u(t)] &= \int_0^\infty u(t)e^{-st}dt \\ &= \int_0^\infty e^{-st}dt \\ &= \frac{1}{s}\end{aligned}$$

■

여기서 주목해야 할 것은 $f(t)=1$과 $g(t)=u(t)$에 대하여 $f(t) \neq g(t)$임에도 불구하고 이들의 Laplace 변환이 동일하다는 점이다. 그 이유는 Laplace 변환이 적분구간 $[0, \infty)$에서 정의되고, 이 구간에서의 함수값이 같기 때문이다.

또한, $u(t)$를 t의 우측으로 a만큼 이동시킨 함수, $u(t-a)$의 Laplace 변환은 다음과 같이 주어진다.

$$u(t-a) \Leftrightarrow \frac{1}{s}e^{-as} \quad \cdots\cdots (2.67)$$

〔증명〕

정의식에 의하여

$$\begin{aligned}\mathcal{L}[u(t-a)] &= \int_0^\infty u(t-a)\,e^{-st}dt \\ &= \int_a^\infty e^{-st}dt \\ &= -\frac{1}{s}e^{-st}\Big|_a^\infty \\ &= \frac{1}{s}e^{-as}\end{aligned}$$

■

예제 2-29

다음과 같은 함수의 Laplace 변환을 구하라.

(1) $f(t) = 10[u(t-a) - u(t-b)]$ ······ (a)

(2) $f(t) = 2u(t) + 4u(t-3) - 6.5u(t-10) + 2.5u(t-13)$ ······ (b)

☞ 식(2.66)과 (2.67)을 직접 사용하면 식(a)과 (b)는

$$F(s) = \frac{10}{s}(e^{-as} - e^{-bs})$$

$$F(s) = \frac{1}{s}(2 + 4e^{-3s} - 6.5e^{-10s} + 2.5e^{-13s})$$

□

한편, 예제 2-26의 그림 2.12(c)의 계단함수에 대한 Laplace 변환을 생각해 보자. 정의식에 의하면 $a > 0$에 대하여

$$\mathcal{L}[u(t+a)] = \int_0^\infty u(t+a)e^{-st}dt \qquad \cdots\cdots (2.68)$$

적분구간이 [0, ∞)이므로 t축의 [$-a$, 0)의 계단함수는 식(2.68)에서 정의되지 않는다. 따라서,

$$\begin{aligned}\mathcal{L}[u(t+a)] &= \int_0^\infty u(t)e^{-st}dt \\ &= \mathcal{L}[u(t)] \qquad \cdots\cdots (2.69)\end{aligned}$$

결국, 단방성 Laplace 변환의 정의식을 사용하는 경우에 $t < 0$에서 주어진 함수의 변환은 구하지 않는다. 주의할 것은 식(2.69)의 등식이 성립한다고 해서 $u(t+a) = u(t)$임을 의미하지 않는다는 사실이다. 이러한 개념에 따르면 그림 2.12(d)에 대한 함수는

$$\mathcal{L}[u(-t+a)] = \mathcal{L}[u(t) - u(t-a)] \qquad \cdots\cdots (2.70)$$

임을 알 수 있다.

예제 2-30

다음과 같은 함수의 Laplace 변환은?

$$u(a-t) = \begin{cases} 1 & (t < a) \\ 0 & (t > a) \end{cases} \quad (a > 0) \qquad \cdots\cdots (a)$$

☞ 정의식에 의하여

$$\mathcal{L}[u(a-t)] = \int_0^{\infty} u(a-t)e^{-st}dt$$

$$\begin{cases} a-t=\tau & \rightarrow -dt=d\tau \\ t=0 & \rightarrow \tau=a \\ t=\infty & \rightarrow \tau=-\infty \end{cases}$$

따라서,

$$\begin{aligned}\mathcal{L}[u(a-t)] &= -\int_a^{-\infty} u(\tau)e^{-s(a-\tau)}d\tau \\ &= e^{-as}\int_{-\infty}^{a} u(\tau)\,e^{s\tau}d\tau \\ &= e^{-as}\int_0^{a} e^{s\tau}d\tau \quad (\because \text{ Laplace 변환구간 } [0,\infty)) \\ &= e^{-as}\left[\frac{1}{s}e^{s\tau}\right]_0^a \\ &= \frac{1}{s}(1-e^{-as})\end{aligned}$$

결국, 다음과 같은 결과를 얻는다.

$$\mathcal{L}[u(a-t)] = \frac{1}{s}(1-e^{-as}) \quad \cdots\cdots \text{(b)}$$

□

예제 2-31

다음 그림 2.15와 같은 함수의 Laplace 변환은?

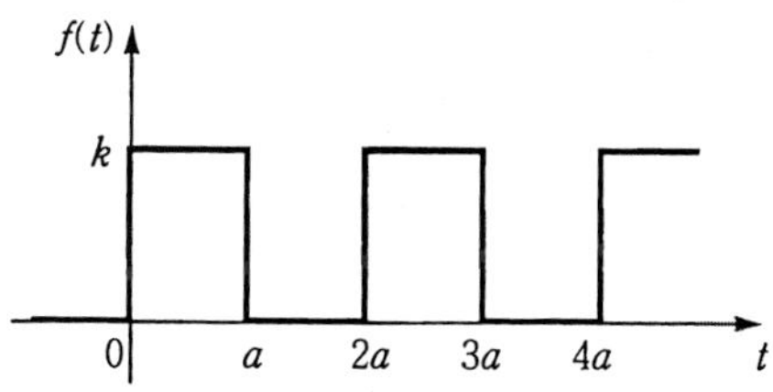

그림 2.15

☞ 그림 2.15의 파형을 계단함수를 이용하여 표현하면

$$f(t) = k[u(t)-u(t-a)+u(t-2a)-u(t-3a)+-\cdots] \quad \cdots\cdots \text{(a)}$$

따라서, 식(a)에 대한 Laplace 변환은

$$F(s) = \frac{k}{s}(1-e^{-as}+e^{-2as}-e^{-3as}+-\cdots)$$
$$= \frac{k}{s}\frac{1}{1+e^{-as}} \qquad \cdots\cdots \text{(b)}$$

식(b)는 2.2.1절의 정리13의 주기함수의 Laplace 변환공식 (2.63)을 직접 적용하여 구할 수 있다.

□

(2) 임펄스함수

① 단위임펄스 함수의 정의

단위임펄스함수(unit impulse function)은 그림 2.16과 같이 주어지며 다음과 같이 정의된다.

$$f(t) = \delta(t) = \lim_{a\to 0}\frac{1}{a}[u(t)-u(t-a)]$$
$$= \frac{du(t)}{dt} \qquad \cdots\cdots (2.71)$$

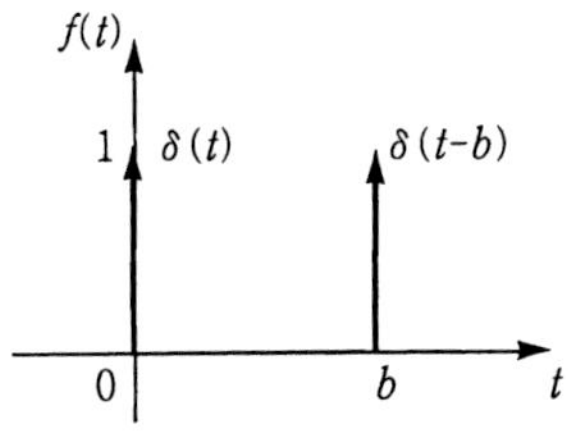

그림 2.16 단위임펄스 함수

한편, 그림 2.16에서 두번째 펄스는 다음과 같이 표현된다.

$$f(t) = \delta(t-b) = \lim_{a\to 0}\frac{1}{a}[u(t-b)-u(t-b-a)]$$
$$= \frac{du(t-b)}{dt} \qquad \cdots\cdots (2.72)$$

이 때, 임펄스함수에 대해서는

$$\int_{-\infty}^{\infty}\delta(t)dt = 1 \qquad \cdots\cdots (2.73)$$

이며, 임펄스의 크기는 식(2.73)의 적분값을 나타낸다.

② **임펄스함수의 용도**

임펄스함수는 다음과 같은 용도로 사용된다.

ⓐ 짧은 시간 동안에 발생하는 에너지 또는 신호의 표현
ⓑ 샘플치 및 스위칭 신호의 표현
ⓒ 스펙트럼(spectrum)의 표현
ⓓ 시스템공학에서의 전달함수 특성

③ **임펄스함수의 형태**

임펄스함수는 단위임펄스의 변형형태로 주어진다. 다음은 그 예이다.

예제 2-32

다음 그림 2.17과 같은 신호를 함수로 표현하라.

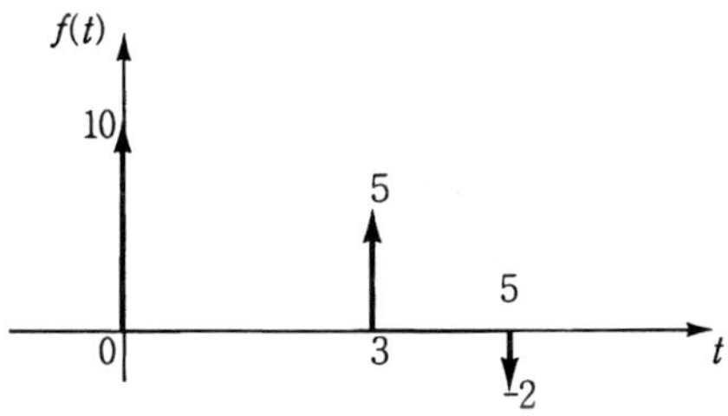

그림 2.17

☞ 주어진 임펄스함수는 다음과 같이 간단히 표현할 수 있다.

$$f(t) = 10\delta(t) + 5\delta(t-3) - 2\delta(t-5)$$

□

④ **임펄스함수의 Laplace 변환**

식(2.71)로 주어진 $\delta(t)$의 Laplace 변환은 다음과 같다.

$$\delta(t) \Leftrightarrow 1 \qquad \cdots\cdots (2.74)$$

〔증명〕

정의식으로부터

$$\begin{aligned}\mathcal{L}[\delta(t)] &= \lim_{a \to 0} \int_0^\infty \frac{1}{a}[u(t) - u(t-a)]e^{-st}dt \\ &= \lim_{a \to 0} \frac{1-e^{-as}}{as} = \lim_{a \to 0} \frac{se^{-as}}{s} \\ &= 1\end{aligned}$$

■

한편, 식(2.72)로 주어진 함수 $\delta(t-b)$의 Laplace 변환은 다음과 같다.

$$\delta(t-b) = e^{-bs} \qquad \cdots\cdots (2.75)$$

〔증명〕

$\delta(t-b)$는 $\delta(t)$를 t의 우측으로 b만큼 이동시킨 것이므로 제 2이동 정리(정리3)에 의해 쉽게 유도할 수 있다. ■

예제 2-33

(1) 다음과 같은 함수를 Laplace 변환하라.

$$f(t) = 10\delta(t) + 5\delta(t-3) - 2\delta(t-5) \qquad \cdots\cdots (a)$$

(2) 그림 2.18과 같은 함수를 Laplace 변환하라.

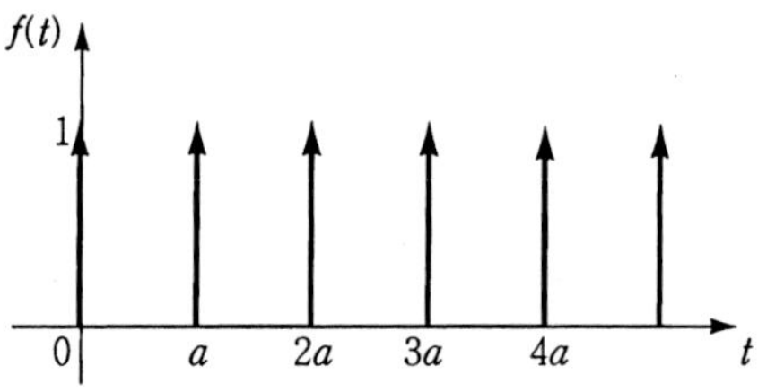

그림 2.18

☞ (1) 식(a)의 Laplace 변환은 식(2.75)에 의하여

$$F(s) = 10 + 5e^{-3s} - 2e^{-5s} \qquad \cdots\cdots (b)$$

(2) 그림 2.18의 함수표현은

$$f(t) = \delta(t) + \delta(t-a) + \delta(t-2a) + \delta(t-3a) + \cdots \qquad \cdots\cdots (c)$$

따라서,

$$F(s) = 1 + e^{-as} + e^{-2as} + e^{-3as} + \cdots$$

$$= \frac{1}{1-e^{-as}} \qquad \cdots\cdots (d)$$

식(d)는 2.2.1절의 정리13의 주기함수 Laplace 변환공식 식(2.63)을 사용하여 직접 구할 수 있다.

□

(3) 램프함수

① 단위램프함수의 정의

단위램프함수(unit ramp function : 단위경사함수라 하기도 함)는 그림 2.19와 같이 주어지며 다음 식으로 정의된다.

$$f(t) = tu(t) = \begin{cases} 0 & (t < 0) \\ t & (t > 0) \end{cases} \quad \cdots\cdots \ (2.76)$$

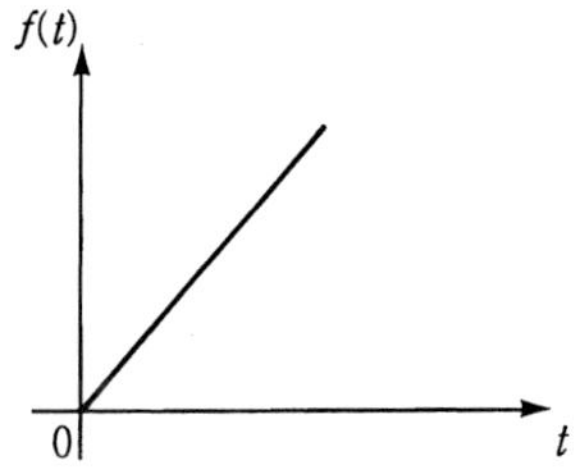

그림 2.19 단위램프함수

② 단위램프함수의 용도

ⓐ 삼각파 및 톱니파의 표현

ⓑ 적분기의 특성

③ 램프함수의 표현

램프함수도 여러가지 형태로 변환되지만 변환된 함수는 식(2.76)을 기본식으로 하여 쉽게 확장할 수 있다. 여기에서는 간단한 예를 살펴 본다.

예제 2-34

다음 그림 2.20과 같은 함수를 표현하라

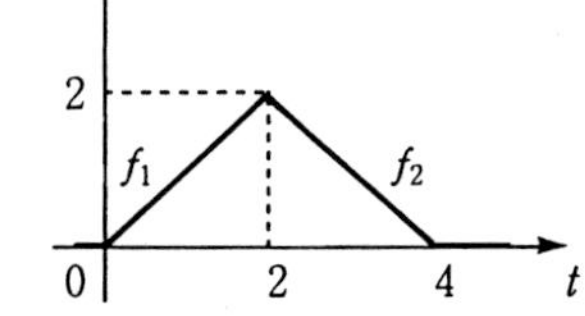

그림 2.20

☞ 그림 2.20의 함수는

$$f(t) = f_1(t) + f_2(t) \qquad \cdots\cdots \text{(a)}$$

여기서 각 함수는 다음과 같다.

$$f_1(t) = t[u(t) - u(t-2)] \qquad \cdots\cdots \text{(b)}$$

$$f_2(t) = (4-t)[u(t-2) - u(t-4)] \qquad \cdots\cdots \text{(c)}$$

따라서, 식(b)와 (c)를 식(a)에 대입하면

$$f(t) = t[u(t) - u(t-2)] - (t-4)[u(t-2) - u(t-4)] \qquad \cdots\cdots \text{(d)}$$

□

④ 램프함수의 Laplace 변환

식(2.76)으로 주어진 단위램프함수의 Laplace 변환는 다음과 같다.

$$tu(t) \Leftrightarrow \frac{1}{s^2} \qquad \cdots\cdots (2.77)$$

〔증명〕

정의식에 의하여

$$\begin{aligned} \mathcal{L}[tu(t)] &= \int_0^\infty tu(t)e^{-st}dt \\ &= \int_0^\infty te^{-st}dt \\ &= \mathcal{L}[t] \\ &= \frac{1}{s^2} \end{aligned}$$

■

한편, 램프함수가 $tu(t-a)$이 때, 이 식에 대한 Laplace 변환은

$$\mathcal{L}[tu(t-a)] = \left(\frac{1}{s^2} + \frac{a}{s}\right)e^{-as} \qquad \cdots\cdots (2.78)$$

〔증명〕

주어진 함수는

$$tu(t-a) = (t-a)u(t-a) + au(t-a)$$

이므로 이 식에 정리3의 식(2.43)과 식(2.67)을 사용하면

$$\mathcal{L}[tu(t-a)] = \mathcal{L}[(t-a)u(t-a)] + \mathcal{L}[au(t-a)]$$
$$= \left(\frac{1}{s^2} + \frac{a}{s}\right)e^{-as}$$

■

예제 2-35

그림 2.21과 같은 그래프를 Laplace 변환하라.

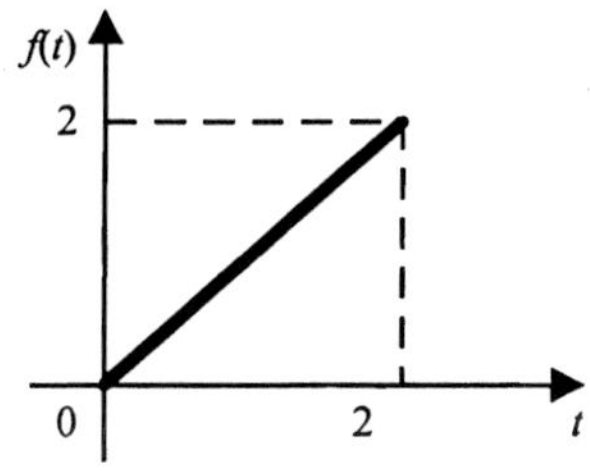

그림 2.21

☞ 이 함수는

$$f(t) = t[u(t) - u(t-2)]$$
$$= tu(t) - (t-2)u(t-2) - 2u(t-2)$$

따라서

$$F(s) = \frac{1}{s^2}(1 - e^{-2s}) - \frac{2}{s}e^{-2s}$$
$$= \frac{1}{s^2}(1 - e^{-2s} - 2se^{-2s})$$

□

예제 2-36

다음 그림 2.22와 같은 함수의 Laplace 변환은?

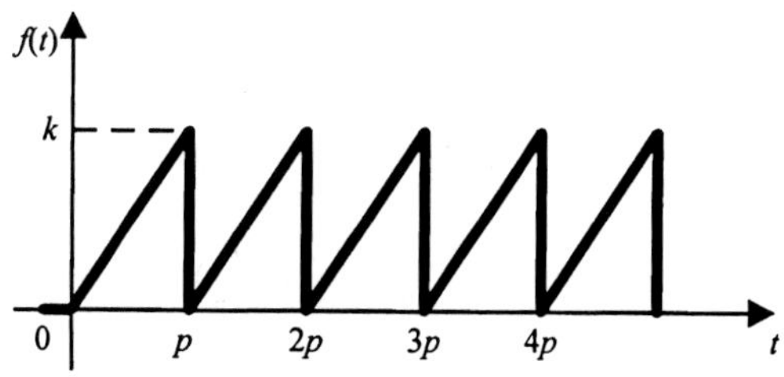

그림 2.22

☞ 주기가 p이므로 1주기의 함수를 표현하면

$$f_1(t) = \frac{kt}{p}\,[u(t)-u(t-p)]$$

따라서,

$$F_1(s) = \frac{k}{ps^2}\,[1-e^{-ps}-pse^{-ps}]$$

주기함수의 변환공식 식(2.63)을 이용하면 변환함수는 다음과 같다.

$$\begin{aligned} F(s) &= \frac{1}{1-e^{-ps}}F_1(s) \\ &= \frac{k}{ps^2} - \frac{ke^{-ps}}{s(1-e^{-ps})} \end{aligned}$$

□

표 2.3은 이 절에서 설명한 특수함수의 몇가지 Laplace 변환표이다.

표 2.3 특수함수의 Laplace 변환

함 수	$f(t)$	$F(s)$
(1) 계단함수	$u(t)$	$\frac{1}{s}$
	$u(t-a)\quad (a \geq 0)$	$\frac{1}{s}e^{-as}$
(2) 임펄스함수	$\delta(t)$	1
	$\delta(t-a)\quad (a \geq 0)$	e^{-as}
(3) 램프함수	$tu(t)$	$\frac{1}{s^2}$
	$(t-a)\,u(t-a)\quad (a \geq 0)$	$\frac{1}{s^2}e^{-as}$

연 습 문 제 2.2

문 1. 다음과 같은 함수의 Laplace 변환은?

(1) $f(t) = 10-4e^{-3t}+2t^3-2\sin 5t$

(2) $f(t) = 4e^{-2t}\cos 3t$

(3) $f(t) = (t+2)^2 e^t$

(4) $f(t) = 3e^{-4t}\sinh 2t$

(5) $f(t) = e^{-t}\sin^2 t$

(6) $f(t) = \begin{cases} (t-1)^2 & (t > 1) \\ 0 & (0 < t < 1) \end{cases}$

문 2. $f(t)$의 Laplace 변환이 $\dfrac{s^2-s+1}{(2s+1)^2(s-1)}$ 인 경우에

(1) $f(2t)$ (2) $f\left(\dfrac{t}{3}\right)$

의 Laplace 변환을 구하라.

문 3. $f(t)$의 Laplace 변환이 $\dfrac{1}{s}e^{-3s}$일 때

(1) $f(2t)$ (2) $f\left(\dfrac{t}{3}\right)$

의 Laplace 변환을 구하라.

문 4. $\mathcal{L}[f(2t)] = \dfrac{10}{s+3}$ 인 경우에 $\mathcal{L}[f(t)]$를 구하라.

문 5. 다음과 같은 미분방정식이 있다. Laplace 변환을 사용하여 $Y(s)$를 구하라.

(1) $y'' + 4y' + 3y = 0$ $y(0) = 1,\ y'(0) = 0$

(2) $y'' + 5y' + 6y = 12$ $y(0) = 0,\ y'(0) = 0$

(3) $y'' + 8y' + 16y = 0$ $y(0) = 1,\ y'(0) = -1$

(4) $y'' + 2y' + y = t$ $y(0) = 0,\ y'(0) = 1$

(5) $y'' + 4y' + 10y = 0$ $y(0) = 2,\ y'(0) = 0$

(6) $y'' + 5y' + 20y = 2e^{-3t}$ $y(0) = 0,\ y'(0) = 0$

(7) $y'' - 3y' + 2y = 4e^{2t}$ $y(0) = 1,\ y'(0) = 0$

문 6. 다음과 같은 함수의 Laplace 변환을 구하라.

(1) $f(t) = t\cos at$

(2) $f(t) = t^2\sin 3t$

(3) $f(t) = te^{-t}\sin t$

문 7. 다음과 같은 그림으로 주어지는 함수가 있다. $f(t)$를 표현하고 Laplace 변환을 구하라.

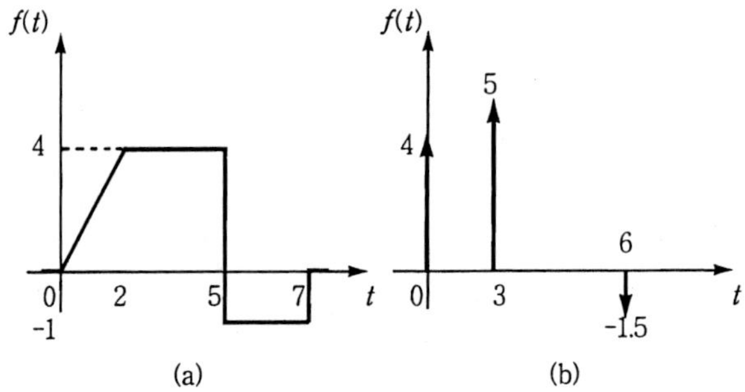

그림 2.23

문 8. 다음과 같은 주기함수의 Laplace 변환을 구하라.

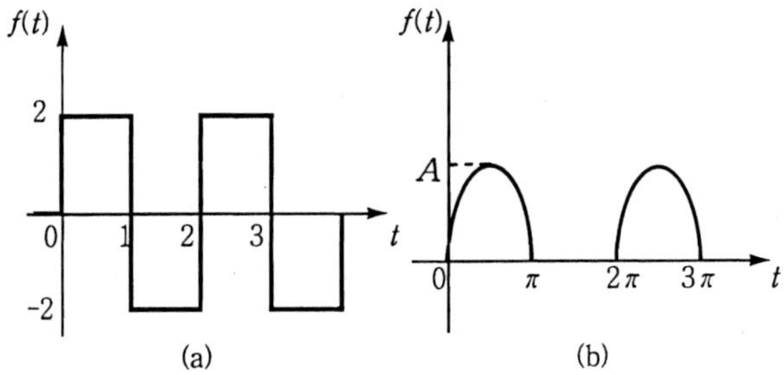

그림 2.24

문 9. 다음과 같이 주어지는 함수의 초기치와 최종치를 구하라.

(1) $F(s)=\dfrac{s+20}{s(s^2+3s+10)}$

(2) $F(s)=\dfrac{s^2+2s+10}{(s+1)(s^2+3s+15)}$

2.3 역 Laplace 변환과 부분분수 전개

어떤 함수 $f(t)$의 Laplace 변환을 $F(s)$라 하면, $f(t)$를 $F(s)$의 역 Laplace 변환이라 하고, 다음과 같이 표현한다.

$$f(t)=\mathcal{L}^{-1}[F(s)] \qquad \cdots\cdots (2.79)$$

이 절에서는 간단한 기본함수의 역변환 과정과 부분분수 전개정리를 이용하여 역 Laplace 변환하는 방법을 소개한다.

2.3.1 간단한 변환함수의 역 Laplace 변환

2.1.1절에서와 같이 기본함수의 Laplace 변환이 이해되면, 변환함수 $F(s)$에서 시간함수 $f(t)$를 구하는 것은 간단하다. 표 2.4는 기본함수에 대한 역 Laplace 변환표이다.

표 2.4 기본변환함수의 역 Laplace 변환

	$F(s)$	$f(t)$
1	$\frac{c}{s}$	c
2	$\frac{1}{s^n}$ $(n=1,\ 2,\ \cdots)$	$\frac{t^{n-1}}{(n-1)!}$
3	$\frac{1}{s\pm a}$	$e^{\mp at}$
4	$\frac{1}{s^2+\omega^2}$	$\frac{1}{\omega}\sin\omega t$
5	$\frac{s}{s^2+\omega^2}$	$\cos\omega t$
6	$\frac{1}{s^2-\omega^2}$	$\frac{1}{\omega}\sinh\omega t$
7	$\frac{s}{s^2-\omega^2}$	$\cosh\omega t$

다음의 예들은 표 2.4에 주어진 결과들을 이용하거나 2.2절의 정리들을 직접 적용가능한 함수들의 역 Laplace 변환에 대한 것들이다.

예제 2-37

다음 함수의 역 Laplace 변환은?

$$F(s)=\frac{10}{s}+\frac{6}{s^3}+\frac{2}{s+4}-\frac{5s}{s^2+4}$$

☞ 이 식은 기본함수로 구성되어 있으므로 표 2.4에 의해 간단히 그 역변환을 구할 수 있다.

$$f(t)=10+3t^2+2e^{-4t}-5\cos 2t$$

□

예제 2-38

다음 함수의 역 Laplace 변환은?

$$F(s) = F_1(s)+F_2(s)$$
$$= \frac{3}{(s+2)^3} + \frac{1}{s^2+4s+13} \quad \cdots\cdots \text{(a)}$$

☞ 2.2절의 정리2의 공식 $\mathcal{L}[e^{-at}f(t)] = F(s+a)$을 사용한다. $F_1(s)$에 대해서는

$$\mathcal{L}^{-1}\left[\frac{3}{(s+2)^3}\right] = \frac{3}{2}te^{-2t} \quad \cdots\cdots \text{(b)}$$

$F_2(s)$에 대해서는

$$\mathcal{L}^{-1}\left[\frac{1}{s^2+4s+13}\right] = \mathcal{L}^{-1}\left[\frac{\frac{1}{3}\times 3}{(s+2)^2+3^2}\right]$$
$$= \frac{1}{3}e^{-2t}\sin 3t \quad \cdots\cdots \text{(c)}$$

따라서 식(b)와 (c)에 의하여

$$f(t) = \frac{3}{2}te^{-2t} + \frac{1}{3}e^{-2t}\sin 3t \quad \cdots\cdots \text{(d)}$$

□

예제 2-39

다음 함수의 역 Laplace 변환을 구하라.

$$F(s) = \frac{1}{s^2+1}e^{-\pi s/3} \quad \cdots\cdots \text{(a)}$$

☞ 2.2절의 정리3에 의하여

$$\mathcal{L}^{-1}\left[\frac{1}{s^2+1}\right] = \sin t \quad \cdots\cdots \text{(b)}$$

이므로

$$f(t) = \begin{cases} \sin t & \left(t > \frac{\pi}{3}\right) \\ 0 & \left(t < \frac{\pi}{3}\right) \end{cases}$$
$$= \sin\left(t-\frac{\pi}{3}\right)u\left(t-\frac{\pi}{3}\right) \quad \cdots\cdots \text{(c)}$$

□

예제 2-40

$g(t) = \cos 4t$ 의 Laplace 변환을 사용하여 다음 함수의 역 Laplace 변환을 구하라.

$$F(s) = \frac{6s}{4s^2+16} \quad \cdots\cdots \text{(a)}$$

☞ $g(t)$의 Laplace 변환은

$$G(s) = \frac{s}{s^2+16} \quad \cdots\cdots \text{(b)}$$

따라서 2.2절의 정리5를 이용하면

$$\begin{aligned} f(t) &= \mathcal{L}^{-1}\left[\frac{3\times(2s)}{(2s)^2+16}\right] \\ &= \frac{3}{2}g\left(\frac{t}{2}\right) \\ &= \frac{3}{2}\cos 2t \quad \cdots\cdots \text{(c)} \end{aligned}$$

□

예제 2-41

다음과 같은 함수의 역 Laplace 변환을 구하라.

$$F(s) = \frac{d}{ds}\left[\frac{1}{s^2+1}\right] \quad \cdots\cdots \text{(a)}$$

☞ 식(a)에서

$$\begin{aligned} g(t) &= \mathcal{L}^{-1}\left[\frac{1}{s^2+1}\right] \\ &= \sin t \quad \cdots\cdots \text{(b)} \end{aligned}$$

2.2절의 정리8을 이용하면

$$\begin{aligned} f(t) &= -tg(t) \\ &= -t\sin t \quad \cdots\cdots \text{(c)} \end{aligned}$$

□

예제 2-42

$g(t) = 1 - e^{-t}$의 Laplace 변환

$$G(s) = \frac{1}{s} - \frac{1}{s+1} \quad \cdots\cdots \text{(a)}$$

을 이용하여 다음 함수의 역 Laplace 변환을 구하라.

$$F(s) = \ln\left(1+\frac{1}{s}\right) \qquad \cdots\cdots \text{(b)}$$

☞ 식(a)에 대하여

$$\int_s^{\infty}\left(\frac{1}{s} - \frac{1}{s+1}\right)ds = \ln\left(1+\frac{1}{s}\right) \qquad \cdots\cdots \text{(c)}$$

이므로 2.2절의 정리9를 이용하면

$$f(t) = \frac{1}{t}(1-e^{-t}) \qquad \cdots\cdots \text{(d)}$$

□

예제 2-43

$f(0) = 0$일 때 $\mathcal{L}^{-1}[sF(s)] = f'(t)$를 이용하여 다음의 Laplace 역변환을 구하라.

$$G(s) = \frac{s}{s^2+1} \qquad \cdots\cdots \text{(a)}$$

☞ 식(a)에서 $G(s) = sF(s)$라 표기하면

$$F(s) = \frac{1}{s^2+1} \qquad \cdots\cdots \text{(b)}$$

따라서

$$f(t) = \sin t \qquad \cdots\cdots \text{(c)}$$

결국, 식(a)의 역변환은

$$g(t) = \mathcal{L}^{-1}[sF(s)] = \frac{d}{dt}\sin t$$

$$= \cos t \qquad \cdots\cdots \text{(d)}$$

□

예제 2-44

$g(t) = \dfrac{1}{2}\sin 2t$ 의 Laplace 변환은

$$G(s) = \frac{1}{s^2+4} \qquad \cdots\cdots \text{(a)}$$

이다. 이 식을 이용하여

$$F(s) = \frac{1}{s(s^2+4)} \qquad \cdots\cdots \text{(b)}$$

의 역 Laplace 변환을 구하라.

☞ 식(b)의 $f(t)$는 식(a)의 $g(t)$와 적분관계임을 알 수 있다. 따라서,

$$\begin{aligned} f(t) &= \int_0^t g(t)dt \\ &= \frac{1}{2}\int_0^t \sin 2t dt \\ &= \frac{1}{4}(1-\cos 2t) \qquad \cdots\cdots \text{(c)} \end{aligned}$$

□

예제 2-45

다음과 같이 주어지는 함수가 있다.

$$\begin{aligned} H(s) &= F(s)G(s) \\ &= \frac{1}{(s-1)(s-2)} \qquad \cdots\cdots \text{(a)} \end{aligned}$$

이 함수의 역 Laplace 변환을 콘볼루션 적분정리를 이용하여 구하라.

☞ 식(a)에서 $f(t)=e^t$, $g(t)=e^{2t}$이므로 콘볼루션 정리에 의하여

$$\begin{aligned} h(t) &= \int_0^t e^{\tau}e^{2(t-\tau)}d\tau \\ &= e^{2t}-e^t \qquad \cdots\cdots \text{(b)} \end{aligned}$$

□

예제 2-46

다음 함수의 역변환은?

$$F(s) = \frac{10}{s}+\frac{5}{s}e^{-3s}-4$$

☞ 표 2.3의 결과들을 사용하면

$$f(t) = 10u(t)+5u(t-3)-4\delta(t)$$

□

2.3.2 부분분수 전개

2.3.1절에서는 2.2절에서 전개된 결과를 토대로 단순한 함수의 역 Laplace 변환 과정을 예를 통하여 살펴 보았다. 그러나, 변환함수가 이들보다 복잡한 경우에는 기본함수의 역변환 결과와 정리들을 사용하여 직접 역 Laplace 변환을 구하기가 곤란한 경우도 있다. 이제, 변환함수가 다음과 같이 주어지는 경우를 생각해 보자.

$$F(s) = \frac{Q(s)}{P(s)} = \frac{Q(s)}{(s+p_1)(s+p_2)\cdots(s+p_n)} \qquad \cdots\cdots (2.80)$$

이 때, 분자 다항식의 최고차수가 분모의 최고차수보다 작을 경우, 이 함수는 다음과 같이 부분분수(partial fraction)로 전개가능하다.

$$F(s) = \frac{K_1}{s+p_1} + \frac{K_2}{s+p_2} + \cdots + \frac{K_n}{s+p_n} \qquad \cdots\cdots (2.81)$$

여기서 K_1, K_2, ……는 유수(residue)라 한다. 이 때 이들 유수를 구하는 방법에는

ⓐ 미정계수법

ⓑ Heaviside의 부분분수 전개정리

가 사용된다.

식(2.81)의 부분분수 전개는 이 식의 분모다항식의 근의 종류에 따라 약간씩 다른 형태로 된다. 다음의 예들에서는 특성근의 형태에 따른 부분분수 전개방법을 소개한다.

(1) 서로 다른 실근의 경우

예제 2-47

다음 식(a)와 같이 특성근이 $s=0$, -1, -2로 서로 다른 실근이 나오는 경우에 역 Laplace 변환함수를 구하라.

$$F(s) = \frac{2s+12}{s(s+1)(s+2)} \qquad \cdots\cdots (a)$$

☞ 이 식(a)는 다음과 같이 표현할 수 있다.

$$
\begin{aligned}
F(s) &= \frac{2s+12}{s(s+1)(s+2)} \\
&= \frac{A}{s}+\frac{B}{s+1}+\frac{C}{s+2} \qquad \cdots\cdots \text{(b)}
\end{aligned}
$$

(1) 미정계수법

식(b)를 통분하여 정리하면

$$
\begin{aligned}
\frac{2s+12}{s(s+1)(s+2)} &= \frac{A(s+1)(s+2)+Bs(s+2)+Cs(s+1)}{s(s+1)(s+2)} \\
&= \frac{(A+B+C)s^2+(3A+2B+C)s+2A}{s(s+1)(s+2)}
\end{aligned}
$$

따라서 다음과 같은 대수 연립방정식을 얻는다.

$$
\begin{cases}
A+B+C=0 \\
3A+2B+C=2 \\
2A=12
\end{cases}
$$

이 때 이 식을 풀면

$$A=6,\quad B=-10,\quad C=4 \qquad \cdots\cdots \text{(c)}$$

식(c)를 식(b)에 대입하면

$$F(s)=\frac{6}{s}-\frac{10}{s+1}+\frac{4}{s+2} \qquad \cdots\cdots \text{(d)}$$

따라서, 식(d)의 각항들은 기본함수의 변환함수임을 알 수 있고 결국,

$$f(t)=6-10e^{-t}+4e^{-2t} \qquad \cdots\cdots \text{(e)}$$

(2) 부분분수 전개법

A를 구하기 위하여 식(b)의 양변에 A의 분모항 s를 곱하면

$$sF(s)=\frac{2s+12}{(s+1)(s+2)}$$

이 식에 곱한 항의 근을 대입하면

$$
\begin{aligned}
sF(s)\big|_{s=0} &= \frac{2s+12}{(s+1)(s+2)} \\
&= A+\frac{Bs}{s+1}+\frac{Cs}{s+2}\Big|_{s=0} \qquad \cdots\cdots \text{(f)}
\end{aligned}
$$

결국, 식(6)으로부터

$$A=\left.\frac{2s+12}{(s+1)(s+2)}\right|_{s=0}=6 \qquad \cdots\cdots \text{(g)}$$

동일한 방법으로 B와 C를 구하면

$$B=\left.\frac{2s+12}{s(s+2)}\right|_{s=-1}=-10 \qquad \cdots\cdots \text{(h)}$$

$$C=\left.\frac{2s+12}{s(s+1)}\right|_{s=-2}=4 \qquad \cdots\cdots \text{(i)}$$

식(g)~(i)는 식(c)와 같음을 알 수 있고 따라서 이 함수의 부분분수 전개는 식(d)의 형태로, Laplace 역변환은 식(e)로 주어진다.

□

이 예제에서 알 수 있듯이, 특성근이 서로 다른 실근의 경우에는 유수를 구할 때, 미정계수법에 비하여 부분분수 전개법이 간편하다. 한편, $Q(s)$의 차수가 $P(s)$의 차수보다 2차 이상 적고 $P(s)$의 근들이 서로 다른 실근인 경우는 모든 유수의 합이 0이다. 즉,

$$A+B+C+\cdots=0 \qquad \cdots\cdots (2.82)$$

이 관계는 부분분수 전개를 하는 경우, 때로 유용하게 사용될 수 있다. 예컨데,

$$\begin{aligned} F(s) &= \frac{10}{s(s+2)} \\ &= \frac{A}{s}+\frac{B}{s+2} \end{aligned}$$

따라서 유수는 다음과 같다.

$$A=\left.\frac{10}{s+2}\right|_{s=0}=5$$

$$\therefore\ B=-5$$

(2) 중복근의 경우

예제 2-48

다음 함수를 역변환하라.

$$F(s) = \frac{2s^3+6}{(s+2)^4} \qquad \cdots\cdots \text{(a)}$$

☞ 이 식은 다음과 같이 내림차순의 부분분수로 전개할 수 있다.

$$F(s) = \frac{A}{(s+2)^4} + \frac{B}{(s+2)^3} + \frac{C}{(s+2)^3} + \frac{D}{s+2} \qquad \cdots\cdots \text{(b)}$$

이러한 전개식에서의 유수는 A를 제외하고는 앞에서의 예제 2-47의 과정과 다른 방법으로 구한다.

먼저, A를 구하기 위하여 양변에 $(s+2)^4$을 곱하여 정리하면

$$A = 2s^3+6\Big|_{s=-2} = -10 \qquad \cdots\cdots \text{(c)}$$

또한, B는 식(c)의 마지막 다항식에 대하여 미분한 결과를 사용한다. 즉,

$$\begin{aligned} B &= \frac{1}{1!}\frac{d}{ds}(2s^3+6) \\ &= 6s^2\Big|_{s=-2} \\ &= 24 \end{aligned} \qquad \cdots\cdots \text{(d)}$$

C는 식(d)의 마지막 다항식을 다시 미분하고 계수의 팩토리얼(!)을 증가시켜간다. 즉,

$$\begin{aligned} C &= \frac{1}{2!}\frac{d}{ds}6s^2 \\ &= \frac{1}{2!}\times 12s\Big|_{s=-2} \\ &= -12 \end{aligned} \qquad \cdots\cdots \text{(e)}$$

또한, D도 유사한 방법으로

$$\begin{aligned} D &= \frac{1}{3!}\frac{d}{ds}12s \\ &= 2 \end{aligned} \qquad \cdots\cdots \text{(f)}$$

따라서, 식(c)~(f)를 식(b)에 대입하면

$$F(s) = -\frac{10}{(s+2)^4} + \frac{24}{(s+2)^3} - \frac{12}{(s+2)^2} + \frac{2}{s+2} \qquad \cdots\cdots \text{(g)}$$

이 식은 2.3.1절의 방법을 적용하여 역 Laplace 변환을 구하면 다음과 같다.

$$f(t) = \left(-\frac{5}{3}t^3+12t^2-12t+2\right)e^{-2t} \qquad \cdots\cdots \text{(h)}$$

□

예제 2-49

다음

$$F(s) = \frac{2s+3}{(s+1)(s+2)^2} \quad \cdots\cdots \text{(a)}$$

의 Laplace 역변환은?

☞ 이 식은 1개의 단순근과 2개의 중근이 존재한다. 따라서, 다음과 같은 부분분수로 전개할 수 있다.

$$F(s) = \frac{A}{s+1} + \frac{B}{(s+2)^2} + \frac{C}{s+2} \quad \cdots\cdots \text{(b)}$$

따라서 예제 2-48과 2-49와 유사한 방법으로 유수를 결정하면

$$A = \left.\frac{2s+3}{(s+2)^2}\right|_{s=-1} = 1$$

$$B = \left.\frac{2s+3}{s+1}\right|_{s=-2} = 1$$

$$C = \frac{d}{ds}\left(\frac{2s+3}{s+1}\right) = \left.-\frac{1}{(s+1)^2}\right|_{s=-2} = -1$$

따라서 식(b)는

$$F(s) = \frac{1}{s+1} + \frac{1}{(s+2)^2} - \frac{1}{s+2} \quad \cdots\cdots \text{(c)}$$

결국, 다음과 같은 역 Laplace 변환을 얻는다.

$$f(t) = e^{-t} + (t-1)e^{-2t} \quad \cdots\cdots \text{(d)}$$

□

(3) 공액복소수의 경우

예제 2-50

다음의 역 Laplace 변환은?

$$F(s) = \frac{2s-1}{s^2+4s+10} \quad \cdots\cdots \text{(a)}$$

☞ 식(a)의 특성근은 $s = -2 \pm j\sqrt{6}$이므로 이를 예제 2-47과 같은 과정을 사용할 수 있다. 그러나, 이 경우에는 특성근이 복소수이므로 역 Laplace 변환과정이 매우 복잡하게 된다. 이 경우는 분모다항식을 다음과 같은 완전제곱꼴로 변형한다. 즉,

$$F(s) = \frac{2(s+2)-\frac{5}{\sqrt{6}}\times\sqrt{6}}{(s+2)^2+(\sqrt{6})^2}$$

$$= 2\frac{(s+2)}{(s+2)^2+(\sqrt{6})^2} - \frac{5}{\sqrt{6}}\frac{\sqrt{6}}{(s+2)^2+(\sqrt{6})^2} \qquad \cdots\cdots \text{(b)}$$

식(b)에 2.2절의 정리2를 적용하면

$$f(t) = \left(2\cos\sqrt{6}t - \frac{5}{\sqrt{6}}\sin\sqrt{6}t\right)e^{-2t} \qquad \cdots\cdots \text{(c)}$$

□

예제 2-51

다음 함수의 역 Laplace 변환은?

$$F(s) = \frac{4s^2+9s+19}{(s+1)(s^2+4s+10)} \qquad \cdots\cdots \text{(a)}$$

☞ 식(a)는 단순근 1개와 공액복소수근이 존재한다. 이 경우에는 단순근에 대해서는 부분분수 전개정리를 이용하고, 일부는 미정계수법을 사용하는 것이 편리하다. 따라서, 식(a)는 다음과 같은 형태로 부분분수 전개한다.

$$F(s) = \frac{A}{s+1} + \frac{Bs+C}{s^2+4s+10} \qquad \cdots\cdots \text{(b)}$$

이 식(b)에서 A, B 및 C를 구하면 식(b)의 우변 첫번째 항은 기본함수이고, 2번째 항은 예제 2-50의 식(a)와 같은 형태이므로 각각에 대한 역 Laplace 변환은 쉽게 구해진다.

먼저, 단순근에 대한 유수 A는 부분분수 전개정리에 의하여

$$A = \left.\frac{4s^2+9s+9}{s^2+4s+10}\right|_{s=-1} = 2 \qquad \cdots\cdots \text{(c)}$$

식(c)를 식(b)에 대입하여 통분하면

$$\frac{4s^2+9s+19}{(s+1)(s^2+4s+10)} = \frac{2(s^2+4s+10)+(s+1)(Bs+C)}{(s+1)(s^2+4s+10)}$$

따라서,

$$B=2, \quad C=-1 \qquad \cdots\cdots \text{(d)}$$

식(c) 및 (d)를 식(b)에 대입하면

$$F(s) = \frac{2}{s+1} + \frac{2s-1}{s^2+4s+10} \qquad \cdots\cdots \text{(e)}$$

식(e)에서 우변 2번째 항은 예제 2-50의 식(a)와 동일하므로 그 결과를 인용하면

$$f(t) = 2e^{-t} + e^{-2t}\left(2\cos\sqrt{6}t - \frac{5}{\sqrt{6}}\sin\sqrt{6}t\right) \qquad \cdots\cdots \text{(f)}$$

□

연습문제 2.3

문 1. 다음과 같은 함수의 역 Laplace 변환을 구하라.

(1) $F(s) = \dfrac{10}{s} - \dfrac{4}{s+3} + \dfrac{12}{s^4} - \dfrac{10}{s^2+25}$

(2) $F(s) = \dfrac{4s+8}{s^2+4s+13}$

(3) $F(s) = \dfrac{4s^2-4s+2}{s^3-3s^2+3s-1}$

(4) $F(s) = \dfrac{6}{s^2+8s+12}$

(5) $F(s) = \dfrac{2}{s^3}e^{-s}$

문 2. 다음과 같은 함수의 역 Laplace 변환을 구하라.

(1) $F(s) = \dfrac{s+4}{s^2+4s+13}$

(2) $F(s) = \dfrac{12}{s(s^2+5s+6)}$

(3) $F(s) = \dfrac{s+7}{s^2+8s+16}$

(4) $F(s) = \dfrac{s^2+1}{s^2(s^2+2s+1)}$

(5) $F(s) = \dfrac{2s+8}{s^2+4s+10}$

(6) $F(s) = \dfrac{2}{(s+3)(s^2+5s+20)}$

(7) $F(s) = \dfrac{-3s^2+20s-24}{(s-1)(s-2)^2}$

(8) $F(s) = \dfrac{s^2+2s+3}{(s^2+2s+2)(s^2+2s+5)}$

문 3. 다음과 같은 함수를 부분분수로 전개하여 $f(t)$를 구하라.

(1) $F(s)=\dfrac{s+12}{s^2+4s}$

(2) $F(s)=\dfrac{s-3}{s^2-1}$

(3) $F(s)=\dfrac{3s}{s^2+2s-8}$

(4) $F(s)=\dfrac{s^2-6s+4}{s^3-3s^2+2s}$

(5) $F(s)=\dfrac{3s^2-2s-1}{(s-3)(s^2+1)}$

(6) $F(s)=\dfrac{s+1}{s^2+4s+13}$

(7) $F(s)=\dfrac{10-4s}{(s-2)^2}$

(8) $F(s)=\dfrac{s^4+3}{s^4(s+1)^3}$

2.4 Laplace 변환의 응용

공학문제에 있어서 Laplace 변환은 미분방정식의 해석 뿐만 아니라 회로망함수의 도입, 필터설계 및 제어시스템의 해석 등에 다양하게 이용된다. 이 절에서는 앞에서 설명하였던 Laplace 변환 및 그 역변환 결과들이 이러한 분야에 어떻게 응용되는가를 기술한다.

2.4.1 미분방정식의 해석

Laplace 변환을 이용하면 미분방정식의 해를 간단한 연산에 의해 풀 수 있다. 다음 예제 2-52는 선형미분방정식의 해를 푸는 과정으로 고전적인 해법의 하나와 Laplace 변환법의 이용예를 설명한다.

예제 2-52

다음과 같은 상수계수 선형미분방정식의 해를 구하라.

$$y'' + 4y' + 3y = 2\sin 3t, \quad y(0) = 0,\ y'(0) = 1 \cdots\cdots \text{(a)}$$

☞ (1) 고전적인 방법

식(a)는 선형미분방정식이므로 일반해는 다음과 같이 주어진다.

$$y = y_c + y_p \qquad \cdots\cdots \text{(b)}$$

먼저, 식(a)의 보조해를 구하기 위하여 보조다항식과 근을 구하면

$$D^2 + 4D + 3 = 0 \rightarrow D = -1,\ -3$$

따라서 보조해는 다음과 같다.

$$y_c = K_1 e^{-t} + K_2 e^{-3t} \qquad \cdots\cdots \text{(c)}$$

한편, 제차항이 정현파이므로 특수해는 다음과 같이 가정할 수 있다.

$$y_p \equiv A\cos 2t + B\sin 2t \qquad \cdots\cdots \text{(d)}$$

따라서, 이 식(d)를 식(a)에 적용하기 위하여

$$y_p{}' = -3A\sin 2t + 3B\cos 2t$$
$$y_p{}'' = -9A\cos 2t - 9B\sin 2t$$

식(d)와 이 식들을 식(a)에 대입하면

$$(-9A\cos 3t - 9B\sin 3t) + 4(-3A\sin 3t + 3B\cos 3t)$$
$$+3(A\cos 3t + B\sin 3t) = 2\sin 3t$$

$$\begin{cases} -A + 2B = 0 \\ 6A + 3B = -1 \end{cases} \rightarrow \begin{cases} A = -\dfrac{2}{15} \\ B = -\dfrac{1}{15} \end{cases} \qquad \cdots\cdots \text{(e)}$$

따라서 특수해는 식(e)를 식(d)에 대입하여

$$y_p = -\frac{1}{15}(2\cos 3t + \sin 3t) \qquad \cdots\cdots \text{(f)}$$

결국 일반해는 다음과 같다.

$$y = y_c + y_p$$
$$= K_1 e^{-t} + K_2 e^{-3t} - \frac{1}{15}(2\cos 3t + \sin 3t) \qquad \cdots\cdots \text{(g)}$$

이 식(g)에 초기조건을 적용하면

$$y = K_1 e^{-t} + K_2 e^{-3t} - \frac{1}{15}(2\cos 3t + \sin 3t)\Big|_{t=0}$$
$$y(0) = K_1 + K_2 - \frac{2}{15} \equiv 0 \qquad \cdots\cdots \text{(h)}$$

$$y' = -K_1e^{-t}-3K_2e^{-3t}-\frac{1}{15}(-6\sin 3t-3\cos 3t)\Big|_{t=0}$$

$$y'(0) = -K_1-3K_2+\frac{1}{5} \equiv 1 \qquad \cdots\cdots \text{(i)}$$

식(h)와 (i)를 연립하여 풀면

$$K_1 = \frac{12}{15}, \quad K_2 = -\frac{10}{15} \qquad \cdots\cdots \text{(j)}$$

이 식(j)를 식(g)에 대입하면 완전해는

$$y = \frac{1}{15}(12e^{-t}-10e^{-3t}-2\cos 3t-\sin 3t) \qquad \cdots\cdots \text{(k)}$$

(2) Laplace 변환의 이용

본 식(a)를 Laplace 변환하면

$$[s^2Y(s)-sy(0)-y'(0)]+4[sY(s)-y(0)]+3Y(s) = \frac{6}{s^2+9} \qquad \cdots\cdots \text{(l)}$$

식(l)에 주어진 초기조건을 대입하여 $Y(s)$에 대해 정리하면

$$\begin{aligned} Y(s) &= \frac{6}{(s^2+4s+3)(s^2+9)}+\frac{1}{s^2+4s+3} \\ &= \frac{s^2+15}{(s+1)(s+3)(s^2+9)} \end{aligned} \qquad \cdots\cdots \text{(m)}$$

이 식은 다음과 같이 부분분수로 전개할 수 있다.

$$Y(s) = \frac{A}{s+1}+\frac{B}{s+3}+\frac{Cs+D}{s^2+9} \qquad \cdots\cdots \text{(n)}$$

이 식(n)에 전개정리를 이용하면

$$A = \frac{s^2+15}{(s+3)(s^2+9)}\Big|_{s=-1} = \frac{4}{5}$$

$$B = \frac{s^2+15}{(s+1)(s^2+9)}\Big|_{s=-3} = -\frac{2}{3}$$

이 결과를 식(n)에 대입하여 통분하면

$$\frac{s^2+15}{(s+1)(s+3)(s^2+9)} = \frac{\frac{3}{5}(s+3)(s^2+9)-\frac{2}{3}(s+1)(s^2+9)+(Cs+D)(s+1)(s+3)}{(s+1)(s+3)(s^2+9)}$$

따라서,

$$C = -\frac{2}{15}, \quad D = -\frac{1}{5} \qquad \cdots\cdots \text{(o)}$$

구해진 유수들을 식(n)에 대입하면

$$Y(s) = \frac{\frac{4}{5}}{s+1} - \frac{\frac{2}{3}}{s+3} - \frac{\frac{2}{15}s+\frac{1}{5}}{s^2+9} \qquad \cdots\cdots \text{(p)}$$

결국, 식(p)에 대한 역 Laplace 변환은 다음과 같다.

$$y(t) = \frac{1}{15}(12e^{-t} - 10e^{-3t} - 2\cos 3t - \sin 3t) \qquad \cdots\cdots \text{(q)}$$

□

이 예제 2-52에서 알 수 있는 바와 같이, 미분방정식의 해는 고전적인 해석법에 의하여 구하는 것보다 Laplace 변환법에 의해 구하는 것이 수월하다. 이러한 판단은 미분방정식에 나타난 모든 함수들을 Laplace 변환할 수 있어야 하고 변환되어 정리된 함수를 역 Laplace 변환할 수 있는 능력이 있다는 전제로 이루어진다. 실제로 Laplace 변환이나 역변환 과정에 익숙하지 못한 학생은 이러한 장점을 이해하기 어렵다. 그러나, Laplace 변환법은 신호의 분해 및 합성 또는 시스템 이론 등에 자주 사용되는 수학적 기법으로 철저히 이해하는 것이 바람직하다.

예제 2-53

다음 그림 2.25와 같은 회로가 있다. 스위치를 $t=0$일 때 a에 두었다가 $t=10$[sec]일 때 b로 절환하였다. 이 회로의 콘덴서 전압을 구하라. 여기서 $V=20$[V], $R=2$[Ω], $C=1$[F]이다. 단, $v_C(0)=0$이다.

☞ 이 회로의 방정식을 작성하면

$$v_R(t) + v_C(t) = V[u(t) - u(t-10)]$$
$$Ri(t) + v_C(t) = V[u(t) - u(t-10)] \qquad \cdots\cdots \text{(a)}$$

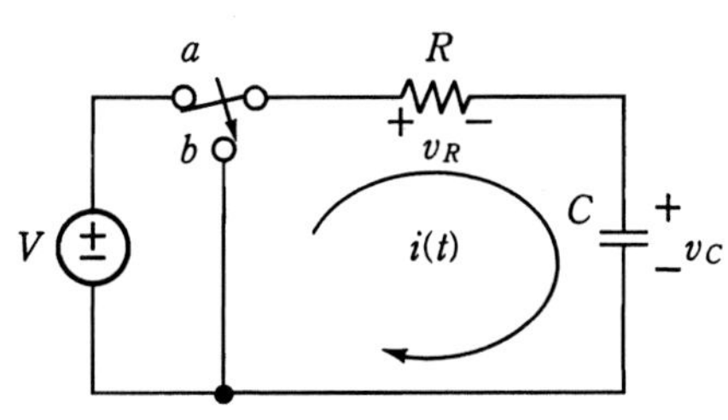

그림 2.25 RC 회로

여기서

$$i(t) = C\frac{dv_c}{dt}$$

이므로, 이 식을 식(a)에 대입하고 주어진 각 수치를 사용하면

$$\frac{dv_c}{dt} + 0.5v_c = 10[u(t) - u(t-10)] \qquad \cdots\cdots \text{(b)}$$

초기값 $v_c(0) = 0$을 사용하고 Laplace 변환하면

$$[sV_C(s) - v_C(0)] + 0.5V_C(s) = \frac{10}{s}(1 - e^{-10s})$$

$$V_C(s) = \frac{10}{s(s+0.5)}(1 - e^{-10s}) \qquad \cdots\cdots \text{(c)}$$

식(c)에서

$$\frac{10}{s(s+0.5)} = 20\left(\frac{1}{s} - \frac{1}{s+0.5}\right) \qquad \cdots\cdots \text{(d)}$$

이므로 식(c)는 다음과 같이 쓸 수 있다.

$$V_c(s) = 20\left(\frac{1}{s} - \frac{1}{s+0.5}\right)(1 - e^{-10s})$$

따라서, 출력전압은

$$v_C(t) = 20(1 - e^{-0.5t})u(t) - 20(1 - e^{-0.5(t-10)})u(t-10) \qquad \cdots\cdots \text{(e)}$$

□

2.4.2 회로망 해석

2.4.1절에서와 같이 Laplace 변환법은 회로특성이 미분방정식으로 기술되는 경우에 유용하게 사용된다. 이러한, 연산법은 회로소자의 특성을 직접 Laplace 변환함수로 표기하므로써 회로해석 뿐만 아니라 물리시스템의 특성해석에 도움을 준다. 예컨데, 그림 2.26과 같은 RLC 직렬회로를 생각해 보자.

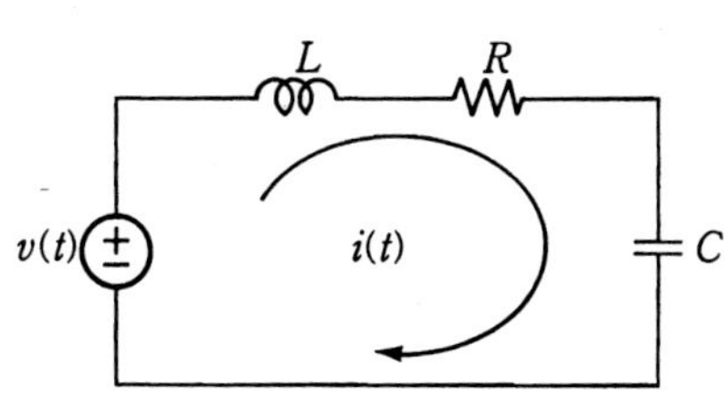

그림 2.26 RLC 회로

이 회로에서 먼저 전류 $i(t)$를 구한다고 가정해 보자. 이 경우, 회로방정식은

$$L\frac{di}{dt}+Ri+\frac{1}{C}\int_{-\infty}^{t} idt=v(t) \qquad \cdots\cdots (2.83)$$

Laplace 변환에 의하여

$$\mathcal{L}\left[L\frac{di}{dt}\right]=LsI(s)-Li(0) \qquad \cdots\cdots (2.84)$$

$$\mathcal{L}[Ri]=RI(s) \qquad \cdots\cdots (2.85)$$

$$\mathcal{L}\left[\frac{1}{C}\int_{-\infty}^{t} idt\right]=\frac{1}{Cs}I(s)+\frac{V_C(0)}{s} \qquad \cdots\cdots (2.86)$$

여기서 $V_C(0)$는 C의 초기전압이다.

식(2.84)~(2.86)의 관계를 그림 2.26에 적용하면 그림 2.27과 같다.

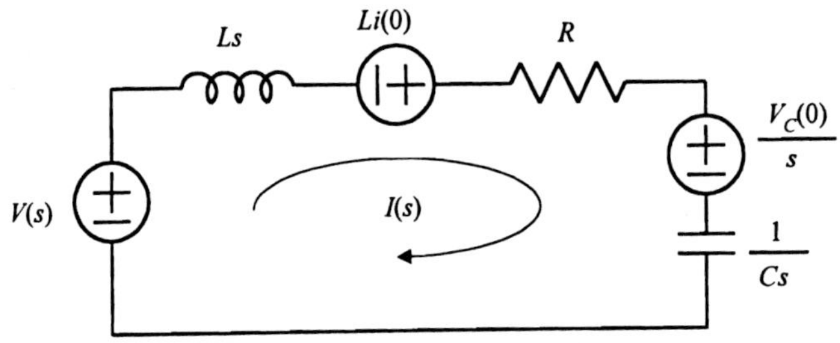

그림 2.27 Laplace 변환회로

따라서, 그림 2.27로부터 전류 $I(s)$는

$$I(s)=\frac{V(s)+Li(0)-\dfrac{V_C(0)}{s}}{Ls+R+\dfrac{1}{Cs}} \qquad \cdots\cdots (2.87)$$

식(2.87)에서 구동점 임피던스 함수(driving point impedance function)을

$$Z(s)=Ls+R+\frac{1}{Cs} \qquad \cdots\cdots (2.88)$$

라 할 때, 식(2.87)은

$$
\begin{aligned}
I(s) &= I_{oi}(s) + I_{os}(s) \\
&= \frac{Li(0) - \dfrac{V_C(0)}{s}}{Z(s)} + \frac{V(s)}{Z(s)}
\end{aligned}
\qquad \cdots\cdots \ (2.89)
$$

식(2.89)에서 $\mathcal{L}^{-1}[I_{oi}(s)] = i_{oi}(t)$를 영입력응답(zero-input response)라 하고, $\mathcal{L}^{-1}[I_{os}(s)] = i_{os}(t)$를 영상태응답(zero-state response)라 한다. 이 때, 영입력응답은 식(2.89)에서 알 수 있듯이 초기치에 관련됨을 알 수 있고, 영상태응답은 오로지 입력(식(2.83)에서 제차항)에 관계됨을 알 수 있다. 따라서, $i_{oi}(t)$는 미적분방정식 식(2.83)의 보조해이고, $i_{os}(t)$는 특수해이다.

식(2.89)로부터 시간응답은 유한한 입력과 초기치에 대하여 $Z(s)$의 특성으로 기술됨을 알 수 있다. 따라서, 전류를 구하는 방정식 (2.87)에서 이 $Z(s)$는 특성을 결정하는 변수가 된다. 이를 좀더 구체적으로 해석하기 위하여 모든 초기치를 0이라 가정하고 식(2.87)을 정리하면

$$\left(s^2 + \frac{R}{L}s + \frac{1}{LC}\right)I(s) = \frac{s}{L}V(s) \qquad \cdots\cdots \ (2.90)$$

여기서 $L = 1[\text{H}]$, $R = 4[\Omega]$, $C = 1/13[\text{F}]$라 할 때 식(2.90)에서

$$p(s) = s^2 + 4s + 13 = 0 \qquad \cdots\cdots \ (2.91)$$

을 특성방정식(characteristic equation)이라 하고 이는 미분방정식의 보조방정식에 대응되는 용어이다. 이 때 식(2.91)의 근을 특성근(chracteristic roots)이라 한다. 한편,

$$
\begin{aligned}
H(s) &= \frac{I(s)}{V(s)} \\
&= \frac{s}{s^2 + 4s + 13}
\end{aligned}
\qquad \cdots\cdots \ (2.92)
$$

를 전달함수(transfer function)이라 하고 이 때 $H(s)$는 구동점 어드미턴스 함수(driving point admittance function) $Y(s)$와 같다. 이 전달함수는 식(2.90)과 같은 미분방정식에서 모든 초기치를 0으로 가정하여 입력과 출력 사이의 관계를 표현한 것이다. 이와 같은 전달함수는

ⓐ 선형시불변시스템에서만 정의된다.

ⓑ 입력의 Laplace 변환과 출력의 Laplace 변환과의 비이다.

ⓒ 모든 초기조건은 0으로 가정한다.

또한, 전달함수 표현법은 입, 출력의 특성을 나타내는 경우에 미분방정식으로 직접 표현하는 경우보다 간편하며, 블럭선도(block diagram)과 같은 도식적 해석법을 이용할 수 있다. 물론, s 평면(s plane), 극(pole)과 영점(zero)등과 주파수응답(frequency response)등의 주파수영역 특성을 기술하는데에도 확장될 수 있다.

일반적으로 $Z(s)$, $Y(s)$ 및 $H(s)$와 같은 회로망 함수들은 다음과 같은 형태로 표현된다.

$$F(s) = \frac{B(s)}{A(s)} \qquad \cdots\cdots \ (2.93)$$

이 때, $A(s)=0$의 근을 극이라 하고 $B(s)=0$의 근을 영이라 한다. 식(2.92)와 같은 함수에 대해서는

극 : $s = -2 \pm j3$
영 : $s = 0$

이다. 이 때, 극은 특성근과 같으며 전형적으로 복소수로 주어진다. 즉, $s=\sigma + j\omega$이다. 회로망에서는 극과 영점을 복소평면에 도시하는데 이를 s 평면이라 한다. 식(2.92)에 대한 극과 영점을 s 평면에 나타내면 그림 2.28과 같다.

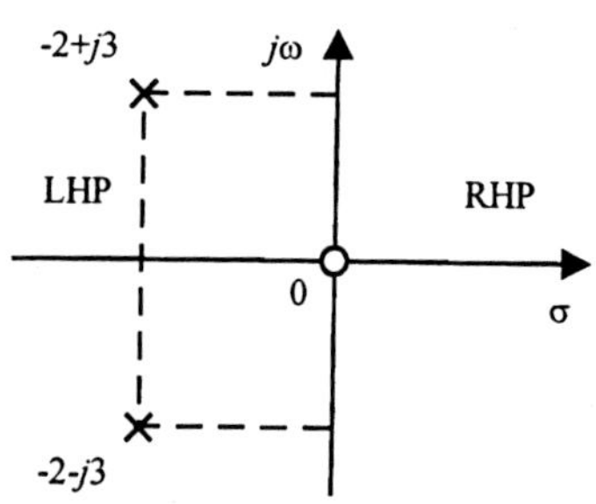

그림 2.28 극과 영점

s 평면상에 극과 영점을 나타내면 극의 위치로서 시스템의 안정도(stability)를 간단히 평가할 수 있다(1.5.2절 참조). 이 예에서는 극이 s

평면의 좌반면(left half plane : LHP)에 존재하므로 이 시스템은 안정하다.

한편, 앞에서 설명한 용어들의 대부분은 시스템의 시간영역에서의 특성을 기술하는데 사용된다. 그 밖에도 시간영역에서 사용되는 용어에는 다음과 같은 것들이 있다.

ⓐ 지연시간(delay time)
ⓑ 상승시간(rise time)
ⓒ 정정시간(settling time)
ⓓ 하강시간(falling time)

지연시간은 정상값에 50[%]에 도달하는 시간, 상승시간은 10[%]~90[%]의 시간을 나타낸다. 정정시간은 정상값이 특정범위(±2~5[%])에 도달하는 시간이며, 하강시간은 90[%]~10[%]에 이르는 시간으로 정의된다.

예제 2-54

그림 2.29와 같은 회로기 있다. 이 회로에서 $R=2[\Omega]$, $C=1/4[\mathrm{F}]$이고, $v_o(0)=0$이다.

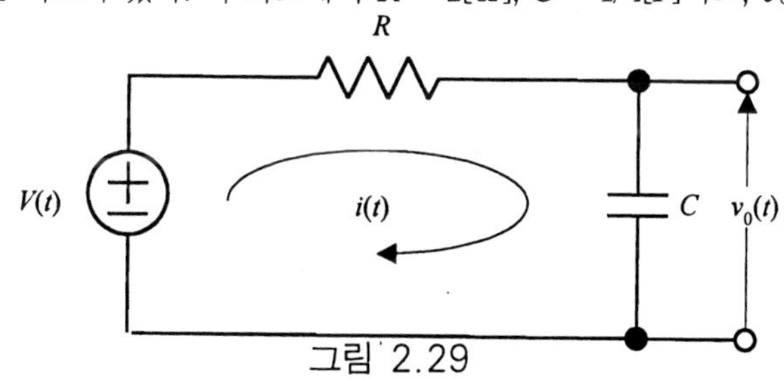

그림 2.29

다음 물음에 답하라.

(1) $v_0(t)$를 구하기 위한 미분방정식을 구하라.
(2) 특성근을 구하라.
(3) $H(s)=V_0(s)/Vi(s)$와 $H(s)$의 극과 영점을 구하라.
(4) $v(t)$=10[V]일 때 시간응답을 구하라.

☞ (1) 회로법칙에 의하여

$$Ri(t)+v_o(t)=v_i(t) \qquad \cdots\cdots \text{(a)}$$

$$i(t)=C\frac{dv_o(t)}{dt} \qquad \cdots\cdots \text{(b)}$$

식(a)와 (b)로부터

$$RC\frac{dv_o}{dt}+v_o=v_i \qquad \cdots\cdots \text{(c)}$$

식(c)에 주어진 값들을 대입하면 $v_0(t)$ 전류를 구하는 미분방정식은

$$\frac{dv_o}{dt}+2v_o=2v_i \qquad \cdots\cdots \text{(d)}$$

(2) 식(d)를 Laplace 변환하면

$$(s+2)V_o(s)=2V_i(s) \qquad \cdots\cdots \text{(e)}$$

따라서, 특성방정식과 특성근은

$$p(s)=s+2=0$$
$$\therefore\ s=-2 \qquad \cdots\cdots \text{(f)}$$

(3) 식(e)로부터 $H(s)$는 다음과 같이 구해진다.

$$\begin{aligned} H(s) &= \frac{V_o(s)}{V_i(s)} \\ &= \frac{2}{s+2} \end{aligned} \qquad \cdots\cdots \text{(g)}$$

따라서 극은 $s=-2$로 특성근 식(f)와 일치하며 유한영점(finite zero)은 존재하지 않는다.

(4) 입력의 Laplace 변환은 $V_i(s)=10/s$이므로 이 식을 식(e)에 대입하여 정리하면

$$\begin{aligned} V_o(s) &= \frac{20}{s(s+2)} \\ &= 10\left(\frac{1}{s}-\frac{1}{s+2}\right) \end{aligned}$$

결국 출력은 다음과 같이 주어진다.

$$v_o(t)=10(1-e^{-2t}) \qquad \cdots\cdots \text{(h)}$$

□

2.4.3 필터설계

앞에서는 회로시스템을 통하여 미분방정식의 처리와 이 경우에 시간특성을 Laplace 변환함수를 사용하여 기술하는 방법 및 용어에 대하여 알아 보았다. 우리가 다루는 대부분의 회로시스템이나 물리시스템은 안정한 경우가 많다. 따라서, 과도특성은 시간에 따라 소멸되므로 특별한 경우를 제외하고는 정상상태특성만을 해석해도 무방하다. 일반적으로 회

로이론, 반도체시스템, 통신시스템 등과 같은 회로해석 및 설계가 주 내용인 교과목에서는 주로 정상상태해석을 사용한다.

또한, 경우에 따라 독자는 회로의 입력원이 주파수를 포함하는 시스템의 해석을 자주 접하게 된다. 이와 같은 경우에는 주어진 미분방정식의 해를 구하기 위하여 고전적인 해석법을 쓰거나 Laplace 변환법을 사용하더라도 매우 번잡한 과정을 거치게 된다. 결국, 1장 및 2장의 앞절에서의 해석법을 잘 이해하여 적용하는데 익숙하더라도 정상상태응답만을 요구하는 경우에는 미분방정식을 풀기 위하여 복잡한 해석과정을 모두 거칠 필요는 없다.

일반적으로 시간특성에 대한 예는 2.4.2절에서 간단히 언급하였다. 이 절에서는 입력이 주파수 성분을 가질 경우에 정상상태 특성을 해석하는 방법을 기술한다. 회로시스템은 필터의 한 종류로 취급할 수 있다. 필터의 해석이나 설계도 필터특성을 기술하는 미분방정식을 토대로 이루어진다. 일반적으로 필터는 시간영역에서 특성을 기술하는 것보다 주파수 영역에서의 특성으로 해석한다. 따라서, 미분방정식의 해석은 필터를 해석하거나 설계하는데도 직접 응용된다. 이 절에서는 필터해석에서 사용되는 해석기법과 이 때 정의되는 용어를 간단히 설명한다.

필터의 특성이 다음과 같이 주어지는 경우를 생각해 보자.

$$\frac{d^3y}{dt^3}+a_1\frac{d^2y}{dt^2}+a_2\frac{dy}{dt}+a_3y=b_1\frac{d^2x}{dt^2}+b_2\frac{dx}{dt}+b_3x \qquad \cdots\cdots (2.94)$$

여기서 $y(t)$는 출력, $x(t)$는 입력이고 모든 초기조건은 0이라 가정한다.

식(2.94)를 Laplace 변환하면

$$(s^3+a_1s^2+a_2s+a_3)Y(s)=(b_1s^2+b_2s+b_3)X(s) \qquad \cdots\cdots (2.95)$$

여기서

$$p(s)=s^3+a_1s^2+a_2s+a_3=0 \qquad \cdots\cdots (2.96)$$

은 특성방정식이다. 이 식은 미분방정식의 해석(1장)에서 설명한 바와 같이, 보조방정식과 동일하며 미분방정식인 식(2.94)의 특성을 결정하는 요소이다. 이 때, 식(2.94)가 필터의 특성을 표현한 것이므로 식(2.96)는 필터의 동특성을 지배하는 특성을 갖는다. 이와 같은 의미로 식(2.96)의 근을 특성근이라 한다.

한편, 식(2.95)에서 전달함수를 구하면

$$\frac{Y(s)}{X(s)} \equiv H(s) = \frac{b_1 s^2 + b_2 s + b_3}{s^3 + a_1 s^2 + b_2 s + b_3} \qquad \cdots\cdots (2.97)$$

(1) 시뉴소이덜 정상상태응답

안정한 시스템에 대하여 입력으로 시뉴소이덜 신호(sinusoidal signal)를 사용하는 경우가 많으며, 이 때의 정상상태응답을 해석하는 것은 실제 측면에서 매우 중요하다. 특히, 반도체 회로나 통신시스템에서는 입력주파수 성분에 의한 시스템의 주파수응답을 정확하게 해석하므로써 용도에 맞는 회로들을 설계할 수 있다.

식(2.97)과 같은 전달함수를 가진 시스템에 주파수 ω[rad/sec]를 가진 입력이 인가될 때의 응답은 다음과 같은 주파수 전달함수(frequency transfer function)에 의해 기술된다.

$$H(j\omega) = |H(j\omega)| \angle H(j\omega) \qquad \cdots\cdots (2.98)$$

여기서 $|H(j\omega)|$는 식(2.97)의 전달함수에 대하여 $s=j\omega$인 $H(j\omega)$의 진폭(amplitude)을 나타내고 $\angle H(j\omega)$는 위상(phase)을 나타낸다. 이 때, 진폭을 크기(magnitude) 또는 이득(gain)이라 정의하기도 한다. 또한, 입력이 직류인 경우에는 $s=0$이므로 $H(0)$을 직류이득(dc gain)이라 한다.

시뉴소이덜 입력을

$$x(t) = A\sin(\omega t + \phi) \qquad \cdots\cdots (2.99)$$

라 할 때, 시스템의 정상상태응답은 다음과 같이 주어진다.

$$y(t) = A|H(j\omega)|\sin(\omega t + \phi + \angle H(j\omega)) \qquad \cdots\cdots (2.100)$$

입력의 주파수 성분이 기본파 이외에 다른 고조파 성분을 가진 경우의 출력은 식(2.100)에 중첩의 정리를 사용하여 구한다. 이에 대한 사항은 3장 및 4장에서 상세히 기술한다.

예제 2-55

다음 그림 2.30과 같은 회로가 있다.

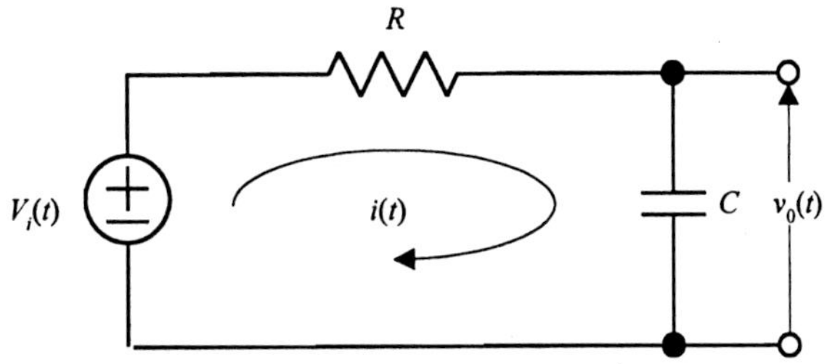

그림 2.30

여기서 $R=2[\Omega]$, $C=1/4[\mathrm{F}]$이고 $v_i(t)=20\sin 2t$이다.

(1) 주파수 전달함수 $H(j\omega)=V_o(j\omega)/V_i(j\omega)$를 구하라.

(2) 정상상태 출력 $v_{os}(t)$를 구하라.

☞ (1) 입, 출력 사이의 전달함수는 분압법칙에 의하여(예제 2-54 참조)

$$\frac{V_o(s)}{V_i(s)}=H(s)=\frac{\frac{1}{Cs}}{R+\frac{1}{Cs}}$$

$$=\frac{1}{RCs+1} \quad \cdots\cdots \text{(a)}$$

식(a)에 주어진 소자값을 대입하여 주파수 전달함수를 구하면 다음과 같다.

$$H(j\omega)=\frac{2}{j\omega+2}$$

$$=\frac{2}{\sqrt{\omega^2+4}}\angle -\tan^{-1}\left(\frac{\omega}{2}\right) \quad \cdots\cdots \text{(b)}$$

주어진 입력에서 $\omega=2[\mathrm{rad/sec}]$이므로 식(b)에 대입하면

$$H(j\omega)=\frac{1}{\sqrt{2}}\angle -45^\circ \quad \cdots\cdots \text{(c)}$$

(2) 주파수 전달함수 식(c)과 식(2.100)을 사용하면 정상상태응답은

$$v_{os}(t)=10\sqrt{2}\sin(2t-45^\circ) \quad \cdots\cdots \text{(d)}$$

□

(2) 주파수응답

주파수 전달함수는 식(2.98)과 같이 주어지므로 예제 2-55에서와 같이 입력신호가 주파수 전달함수의 크기와 위상에 의하여 변환되어 출력으

로 나타남을 알 수 있다. 그림 2.31은 이 관계를 블럭선도로 나타낸 것이다.

그림 2.31 입, 출력 관계

일반적으로 입력전원은 여러가지 주파수를 가질 수 있다. 따라서, 경우에 따라 입력 주파수에 따른 이득과 위상을 예측하여 알맞은 필터를 설계해야 한다. 이 때, ω의 변화에 대한 이득과 위상특성을 주파수응답(frequency response)이라 하며, 필터해석이나 설계에 자주 이용되는 도식적인 해석 수단이다.

전형적으로 주파수응답 특성은 Bode 선도(Bode plot)나 Nyquist 선도(Nyquist plot)등의 도식적 표현법을 쓰면, 대상시스템의 주파수 천이특성을 쉽게 판단할 수 있다. 이 때, 주파수 특성을 기술하기 위하여 차단주파수(cutoff frequency), 대역폭(bandwidth), 차단율(cutoff rate) 및 공진첨두치(peak resonance value) 등의 용어가 사용된다. 특히, 전자, 전기 및 통신분야 등에서는 설계되는 회로시스템의 용도에 따라 필터의 여러가지 명칭이 사용된다. ω의 변화에 따른 이득특성을 보아 필터는 다음과 같이 분류된다.

ⓐ 저역통과 필터(lowpass filter)
ⓑ 고역통과 필터(highpass filter)
ⓒ 대역통과 필터(bandpass filter)

이 경우에 입력신호가 정상적으로 동작가능한 영역이 차단주파수 이하이면 저역통과 필터, 이상인 경우를 고역통과 필터라 한다. 또한, 특정 주파수 대역만 통과시키는 필터를 대역통과 필터라 한다.

한편, 필터회로는 위상특성에 따라 다음과 같이 분류하기도 한다.

ⓐ 지상(지연)회로(phase-lag circuit)
ⓑ 진상회로(phase-lead circuit)
ⓒ 진-지상회로(phase-lag/lead circuit)

이러한 용어는 입력에 대한 출력신호의 위상의 특성을 기술한 것이다.

예제 2-56

주파수 전달함수가 다음과 같은 회로시스템이 있다. 다음 물음에 답하라.

$$H(j\omega) = \frac{10}{j\omega+10} \qquad \cdots\cdots \text{(a)}$$

(1) $\omega = 0 \sim 100$[rad/sec]에 대한 이득곡선(gain curve)와 위상곡선(phase curve)를 그려라.

(2) (1)의 결과로 부터 이득특성과 위상특성을 설명하라.

☞ 식(a)에 대한 이득과 위상은

$$|H(j\omega)| = \frac{10}{\sqrt{\omega^2+10^2}} \qquad \cdots\cdots \text{(b)}$$

$$\angle H(j\omega) = -\tan^{-1}\left(\frac{\omega}{10}\right) \qquad \cdots\cdots \text{(c)}$$

이득 및 위상특성은 ω값을 변화시키면서 식(b)와 (c)를 계산하여 그리면 된다. 그림 2.32는 컴퓨터를 이용하여 구한 bode 선도이다.(여기서 주파수 축 및 이득은 대수눈금([dB])을 사용하였다.)

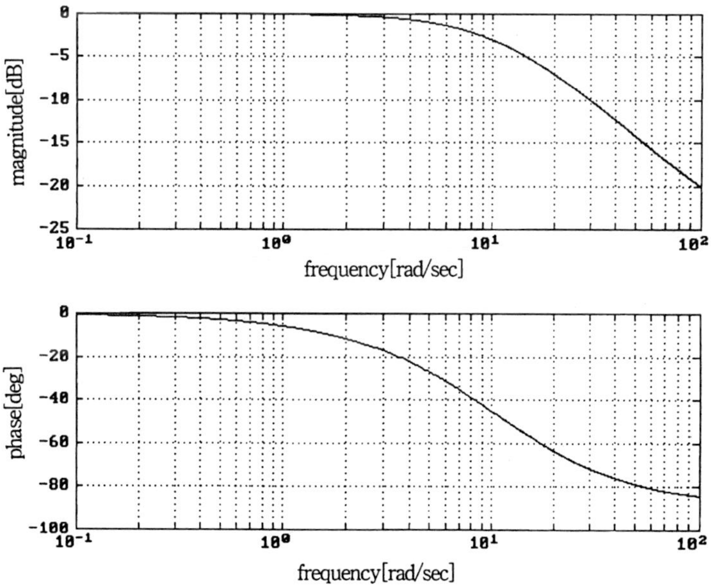

그림 2.32 식(a)에 대한 이득 및 위상특성

(2) 차단주파수는 이득이 $1/\sqrt{2}$(-3[dB])되는 주파수로 정의되므로 식(b)로부터

$$\frac{10}{\sqrt{\omega_c^2+10^2}} = \frac{1}{\sqrt{2}} \qquad \cdots\cdots \text{(c)}$$

따라서 차단주파수는 다음과 같다.

$$\omega_c = 10[\text{rad/sec}] \qquad \cdots\cdots \text{(d)}$$

그림 2.32(a)로부터 식(d)의 차단주파수 이하에서는 신호의 감쇠없이 정상적인 동작을 하므로 식(a)와 같은 전달함수로 기술되는 시스템은 저역통과 필터의 특성을 갖고 있음을 알 수 있다. 그러나, 위상은 모든 주파수에 대하여 0~-90°이므로 이 시스템의 출력은 항상 입력보다 지연된다. 따라서, 이 시스템은 지연요소임을 알 수 있다.

□

2.4.4 시스템 공학

미분방정식은 물리시스템의 특성을 기술하는 전형적인 도구로 사용되지만, 시스템의 해석 결과를 토대로 기존 시스템의 특성을 개선하거나 보상하기 위한 필요한 정보를 직접 제공해 주지는 못한다. 그러나, 미분방정식에 Laplace 변환법을 도입하면 입, 출력 관계를 간략하게 표현할 수 있을 뿐만 아니라 해석 및 설계가 용이하게 된다. 앞에서의 2.4.2절과 2.4.3절에서는 시스템의 특성 해석에 Laplace 변환함수의 유용성을 설명하였다. 이 절에서는 이러한 개념을 더욱 확대하여 시스템의 특성을 보상하는 시스템 이론에서의 Laplace 변환의 용도를 간단히 설명하고자 한다.

예컨데, 시스템의 동특성이 다음과 같은 미분방정식으로 표현되었다고 가정해 보자.

$$\frac{d^2c}{dt^2}+2\frac{dc}{dt}+2c = x \qquad \cdots\cdots (2.101)$$

여기서 $c(t)$는 출력, $x(t)=10$은 입력이라 하고 모든 초기조건은 0이라 한다. 식(2.101)을 Laplace 변환하면

$$(s^2+2s+2)C(s) = X(s) \qquad \cdots\cdots (2.102)$$

따라서, 특성근은

$$\begin{aligned} &s^2+2s+2 = 0 \\ &s = -1 \pm j1 \qquad \cdots\cdots (2.103) \end{aligned}$$

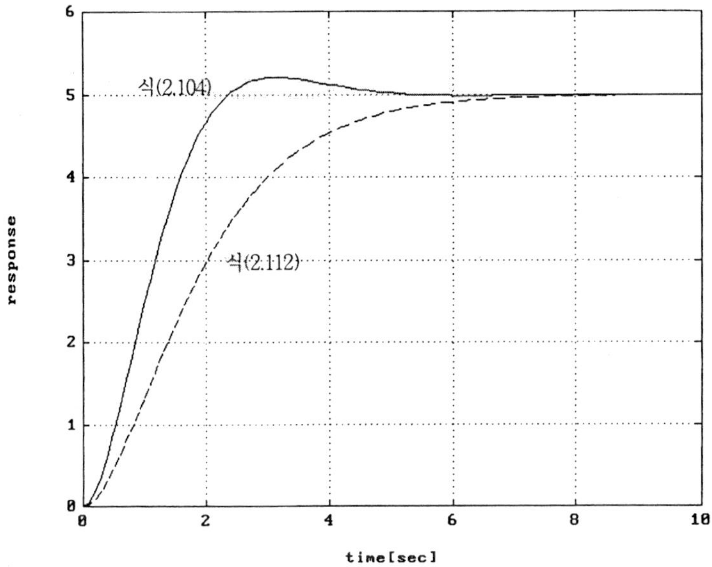

그림 2.33 시간응답

식(2.102)에 $X(s)=10/s$를 대입하면 출력함수는 다음과 같다.

$$C(s)=\frac{10}{s(s^2+2s+2)}$$

이 식을 예제 2-50과 유사한 과정으로 역 Laplace 변환하면

$$c(t)=5-5e^{-t}(\cos t+\sin t) \qquad \cdots\cdots (2.104)$$

특성근이 복소근이므로 출력은 감쇠진동 특성을 가진다. 이 때, 그림 2.33은 식(2.104)의 시간특성을 나타낸다.

이제, 식(2.102)에 대하여 그림 2.34와 같은 보상시스템(compensated system)을 생각해 보기로 하자.

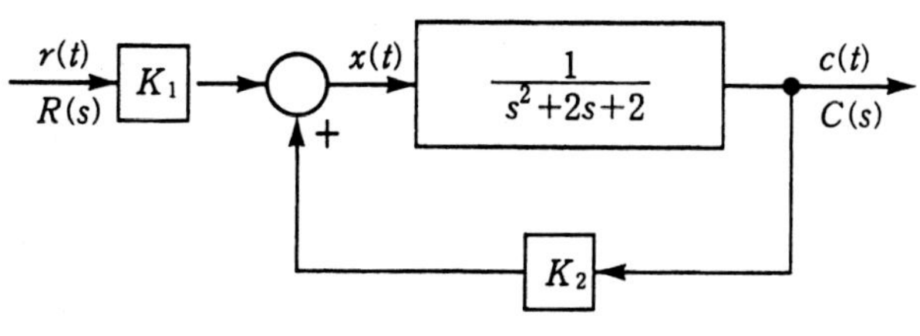

그림 2.34 보상시스템의 예

이 경우에 그림 2.34와 같은 도식적 방법을 블럭선도(block diagram)라 하고 제어시스템 설계의 기본적인 해석 도구이다. 이 보상시스템에 대하여

$$C(s) = H(s)X(s) \qquad \cdots\cdots (2.105)$$

$$X(s) = K_1R(s) + K_2C(s) \qquad \cdots\cdots (2.106)$$

여기서 $H(s)$는 식(2.102)의 전달함수로

$$H(s) = \frac{1}{s^2+2s+2} \qquad \cdots\cdots (2.107)$$

이다. 식(2.106)~(2.107)에 의하여

$$\frac{C(s)}{R(s)} = \frac{K_1H(s)}{1-K_2H(s)} = \frac{K_1}{s^2+2s+(2-K_2)} \qquad \cdots\cdots (2.108)$$

식(2.108)을 전체 전달함수(overall transfer function)라 한다. 여기서 이 전달함수를 $M(s)$라 표기하자.

이 보상시스템의 설계사양을 다음과 같이 주어진다고 가정해 보자.

ⓐ 특성근을 중복근으로 할 것.

ⓑ 직류이득을 $M(0) = H(0) = 0.5$로 할 것.

먼저, $M(s)$의 근을 중근으로 하기 위해서는 식(2.108)로부터

$$2^2 - 4(2-K_2) = 0$$

$$\therefore\ K_2 = 1 \qquad \cdots\cdots (2.109)$$

또한, 직류이득은

$$M(0) = \frac{K_1}{2-K_2} = 0.5$$

$$\therefore\ K_1 = 0.5 \qquad \cdots\cdots (2.110)$$

따라서, 식(2.109)와 (2.110)을 식(2.108)에 대입하면

$$\frac{C(s)}{R(s)} = \frac{0.5}{(s+1)^2} \qquad \cdots\cdots (2.111)$$

이 시스템에 앞에서와 동일한 입력으로 $r(t)=10$, 즉, $R(s)=10/s$를 인가할 때 출력은

$$C(s)=\frac{5}{s(s+1)^2}$$

따라서 예제 2-49와 같은 유사한 방법으로 역 변환하면

$$c(t)=5(1-te^{-t}-e^{-t}) \qquad \cdots\cdots (2.112)$$

식(2.112)에 대한 시간특성을 그림 2.33에 나타내었다.

이와 같은 해석은 미분방정식 식(2.101)을 직접 처리하여 얻기는 곤란하다. 그러나, 이 경우에도 Laplace 변환법이 유용하게 사용될 수 있음을 알 수 있다.

연 습 문 제 2.4

문 1. 다음과 같은 미분방정식을 풀어라.

(1) $y''+4y'+3y=0$ $\quad y(0)=1,\ y'(0)=0$

(2) $y''+5y'+6y=12$ $\quad y(0)=0,\ y'(0)=0$

(3) $y''+8y'+16y=0$ $\quad y(0)=1,\ y'(0)=-1$

(4) $y''+2y'+y=t$ $\quad y(0)=0,\ y'(0)=1$

(5) $y''+4y'+10y=0$ $\quad y(0)=2,\ y'(0)=0$

(6) $y''+5y'+20y=2e^{-3t}$ $\quad y(0)=0,\ y'(0)=0$

(7) $y''-3y'+2y=4e^{2t}$ $\quad y(0)=-3,\ y'(0)=-5$

(8) $y''+2y'+5y=e^{-t}\sin t$ $\quad y(0)=0,\ y'(0)=1$

문 2. 다음과 같은 회로시스템이 있다. 여기서 $i(0)=0$, $v_o(0)=0$이다.

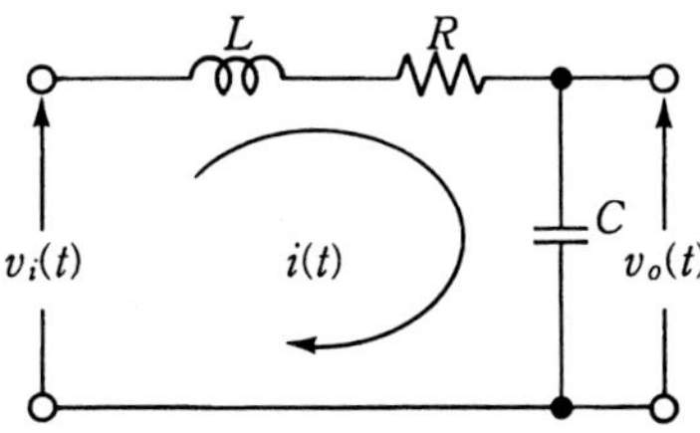

그림 2.35

소자값이 다음과 같이 주어진 경우 물음에 답하라.

(a) $L = 1[\text{H}]$, $R = 3[\Omega]$, $C = 1/2[\text{F}]$
(b) $L = 1[\text{H}]$, $R = 4[\Omega]$, $C = 1/10[\text{F}]$
(c) $L = 2[\text{H}]$, $R = 8[\Omega]$, $C = 1/8[\text{F}]$

(1) $v_i(t) = 10[\text{V}]$일 때, Laplace 변환을 이용하여 $i(t)$ 및 $v_o(t)$를 구하라.
(2) $v_i(t) = 10\sin 3t\,[\text{V}]$일 때, Laplace 변환을 이용하여 $i(t)$ 및 $v_o(t)$를 구하라.
(3) 전달함수 $H_1(s) = I(s)/V_i(s)$ 및 $H_2(s) = V_o(s)/V_i(s)$를 구하라.
(4) $H_1(s)$, $H_2(s)$에 대한 특성근과 극, 영점을 구하라.
(5) (4)의 결과를 사용하여 극과 영을 s 평면에 도시하라.
(6) (4)의 결과를 사용하여 주파수 전달함수를 구하라. 또한, 각각에 대한 크기와 위상을 구하라.
(7) 이득곡선과 위상곡선을 그려라. ($\omega = 0 \sim 30[\text{rad/sec}]$)
(8) (7)의 결과로 부터 이득특성(필터기능)과 위상특성(회로종류)을 규명하라.

문 3. 다음과 같은 미분방정식으로 주어지는 시스템이 있다.

$$\frac{d^2c}{dt^2} + 4\frac{dc}{dt} + 13c = 2\frac{dx}{dt} - x$$

모든 초기조건을 0으로 가정하였을 때, 다음 물음에 답하라.
(1) 전달함수 $H(s) = C(s)/X(s)$와 이에 대한 주파수 전달함수를 기술하라.
(2) $x(t) = 26$의 경우에 Laplace 변환에 의해 $c(t)$를 구하라.
(3) $x(t) = 10\sqrt{2}\sin(2t)$인 경우에 $c(t)$의 정상상태응답을 구하라.
(4) 이 시스템의 극과 영점을 구하라.
(5) 주어진 시스템에 대하여 그림 2.36과 같은 보상기를 설계하였다.

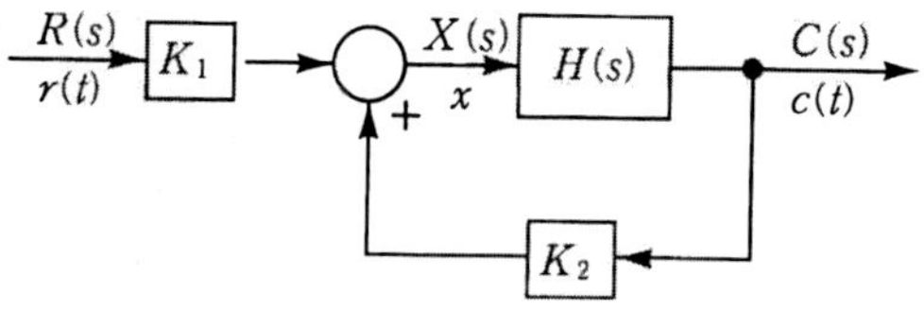

그림 2.36 보상기 시스템

(a) $K_1 = K_2 = 1$인 경우에 $C(s)/R(s)$를 구하라.
(b) $M(s)$의 극이 $s = -3 \pm j\sqrt{2}$이기 위한 K_2를 결정하라. 이 때, $M(0) = H(0)$이기 위한 K_1을 구하라.
(c) (b)에서 $r(t) = 10$인 경우에 출력 $c(t)$를 구하라.

제 3 장

Fourier 급수

회로망시스템, 반도체회로장치 및 통신시스템에서는 정현파와 같은 시뉴소이덜 신호와 펄스와 같은 주기성 신호가 자주 사용된다. 간단한 회로시스템에서는 정형된 신호들이 사용되므로 기본적인 신호처리 이론을 적용할 수 있다. 그러나, 신호원 자체의 비선형성이나 신호의 전달매체에 의하여 기본파신호가 아닌 왜형파 신호들이 나타날 수도 있다. 뿐만 아니라, 펄스신호, 비주기성 과도신호 등도 자주 접하는 신호들 중 하나이다. 이와 같이 다양한 형태를 가진 신호들은 그 특성을 해석하기 쉽지 않으며, 따라서 필요성분들의 증폭 또는 제거하는 필터를 설계하거나 또는 고주파잡음에 의한 전자환경 문제와 전력, 역률 등 바람직하지 않은 요인들에 대한 대책을 수립하기 어렵다.

공학에서의 물리시스템 특성은 주로 시간영역에서 다루어지지만 필터설계 등에 대해서는 주파수영역에서 해석하므로써 크기와 위상전이 등의 성질을 규명할 수 있다. 일반적으로 모든 신호는 신호의 본질을 이루는 기본파 성분과 수 많은 고조파 성분으로 중첩되어 있다. 이 장에서는 신호들을 주파수 성분별로 분리해 내는 Fourier 급수에 대하여 기술한다. 이 해석법은 다음 장의 Fourier 변환과 직접적인 관계가 있다.

3.1 Fourier 급수와 신호

3.1.1 서론

교류이론에서 취급하고 있는 전압, 전류는 흔히 정현파이지만 실제의 파형은 정현파가 아닌 경우가 많다. 예컨데, 교류발전기에서 발생하는 전압은 완전한 정현파가 아니며 변압기의 출력전압 또한 고조파(hamonics)를 포함한 왜형파(distortion wave)가 된다. 이러한 신호들은 전력을 공급받아 동력이나 다른 기계, 전기에너지로 변환하는 경우에 역률을 저하시키므로써 효율을 감소시키는 원인이 되기도 한다.

한편, 반도체 응용장치들, 즉, 산업용 전자기기나 가정용 전자제품은 물론 사무기, 컴퓨터 그리고 통신장비 등은 전원장치를 항상 부착하여 사용한다. 이러한 시스템에서는 신호의 왜곡이 심하게 초래되며, 이러한 왜곡현상은 신호의 발생, 전송 및 재생에 바람직하지 않은 원인을 제공한다.

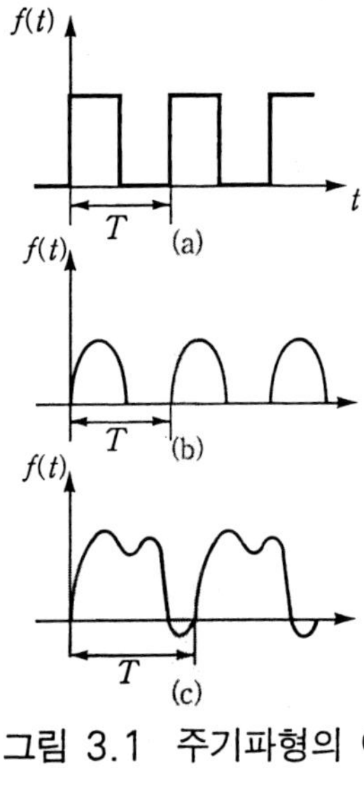

그림 3.1 주기파형의 예

일반적으로 물리시스템에서는 일정기간 동안에 발생하여 소멸하는 과도기 신호들이 불규칙하게 나타난다. 이와 같은 신호에서도 기본특성을 가진 신호성분 이외에 다른 고조파 성분들이 포함된다.

그림 3.1은 주기파형의 예를 나타낸다. 그림(a)는 펄스신호이고, 그림 (b)는 반파정류신호이며, 그림(c)는 비대칭 주기파형을 나타낸다. 교류회로에서의 왜형파 문제, 반도체회로에서의 신호변환 문제 그리고 대부분의 물리시스템에서의 과도특성 문제는, 대상시스템에 존재하는 신호들의 성질을 정확히 파악하므로써 시스템 성능을 저하시키는 원인을 밝혀내고 결국, 그 대책을 마련하게 된다. 결론적으로, Fourier 급수(Fourier series)는 이와 같은 경우에 유용하게 사용된다.

Fourier 급수는 프랑스 수학자 J. B. J. Fourier(1758~1830)가 열의 유동현상을 규명하던 중, 임의의 주기함수가 정현파 및 여현파의 무한급수로 전개됨을 증명한 것이 시초였다. 이러한 해석법은 편미분방정식의 해를 구하는데에도 유용하게 사용되지만, 신호처리나 분석에 자주 이용된다.

3.1.2 주기함수와 삼각급수

함수 $f(t)$가 모든 t에 대하여 정의되고,

$$f(t+T) = f(t) \qquad \cdots\cdots (3.1)$$

를 만족할 때 이 함수를 주기적(periodic)이라 한다. 이 때 양의 실수 T를 함수 $f(t)$의 주기(period)라 한다. 일반적으로 sine 및 cosine 함수는 주기함수이며 상수 즉, $f(t) = c$도 식(3.1)을 만족하므로 주기함수의 일종이다. 식(3.1)로부터 임의 정수 n에 대하여 다음 식이 성립된다.

$$f(t+nT) = f(t) \qquad \cdots\cdots (3.2)$$

따라서, $2T$, $3T$, ……도 $f(t)$의 주기이다. 이 경우에 T를 원시주기(primative period)라 한다.

일반적으로 삼각함수는 주기파형으로

$$f_1(t) = \cos\frac{2n\pi}{T}t = \cos n\omega_0 t$$

$$f_2(t) = \sin\frac{2n\pi}{T}t = \sin n\omega_0 t$$

여기서 $\omega_0 = 2\pi/T = 2\pi f$ [rad/sec]이며 이 경우에 f는 주파수(frequency)이다. 만약, $f(t)$가 주기함수라 하면 다음과 같은 Fourier 급수로 전개할 수 있다.

$$f(t) = a_0 + a_1\cos\omega_0 t + a_2\cos 2\omega_0 t + \cdots + a_n\cos n\omega_0 t + \cdots$$
$$b_1\sin\omega_0 t + a_2\sin 2\omega_0 t + \cdots + b_n\sin n\omega_0 t + \cdots \quad \cdots\cdots (3.3)$$

여기서, a_0, a_1, ……, b_1, b_2, …… 등을 Fourier 계수(Fourier coefficient)라 하며, 각 주파수 성분의 진폭(amplitude)을 나타낸다. 식(3.3)은 다음과 같은 삼각함수 합성

$$a_n\cos n\omega_0 t + b_n\sin n\omega_0 t = c_n\cos(n\omega_0 t + \phi_n) \quad \cdots\cdots (3.4)$$

을 사용하여 다음과 같이 표현할수 있다.

$$f(t) = \sum_{n=0}^{\infty} c_n\cos(n\omega_0 t + \phi_n) \quad \cdots\cdots (3.5)$$

여기서 c_n은 진폭이고 ϕ_n은 위상(phase)으로,

$$c_n = \sqrt{a_n^2 + b_n^2}, \quad \phi_n = -\tan^{-1}\frac{b_n}{a_n} \quad \cdots\cdots (3.6)$$

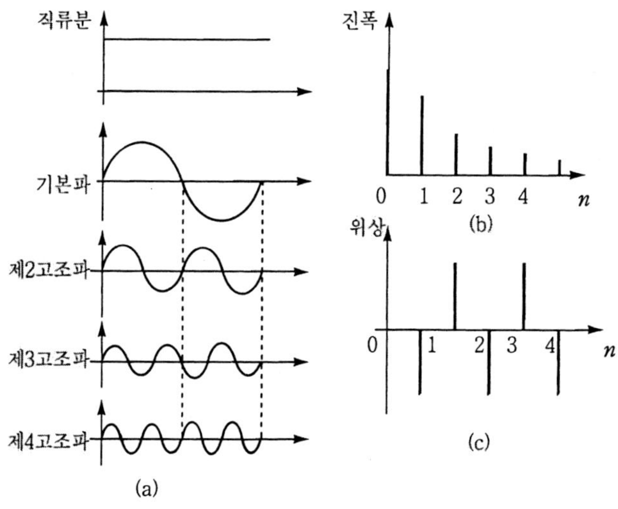

그림 3.2

(a) 시간함수의 Fourier 급수항.

(b) Fourier 급수의 진폭스펙트럼.

(c) Fourier 급수의 위상 스펙트럼

그림 3.2는 식(3.5)에 대한 시간파형과 진폭 및 위상 스펙트럼의 예를 나타낸다. 일반적으로 제2고조파 이상의 주파수를 가진 신호는 전력에 기여하지 못하며 특히, 잡음이나 외란 등을 발생하는 원인을 초래하기도 한다. 따라서, 원 신호 중에서 그림 3.2와 같이 각 신호파형을 분석해 내면 그 특성을 토대로 필터설계(filter design)나 신호처리(signal processing)에 대한 방안을 찾을 수 있다.

3.1.3 Fourier 계수의 유도

전형적으로 어떤 함수에 대한 Fourier 급수를 전개한다는 것은 Fourier 계수를 구하는 작업이다. 식(3.3)을 다시 쓰면

$$f(t) = a_0 + \left[\sum_{n=1}^{\infty} a_n \cos n\,\omega_0 t + \sum_{n=1}^{\infty} b_n \sin n\,\omega_0 t \right] \quad \cdots\cdots (3.7)$$

이 식에 대한 Fourier 계수를 구하기 위하여 $\omega_0\, t = x$로 치환하면 식(3.7)은

$$f(x) = a_0 + \sum_{n=1}^{\infty} [a_n \cos nx + b_n \sin nx] \quad \cdots\cdots (3.8)$$

이 경우, 주기는 $T = 2\pi$에 대하여 Fourier 계수를 구할 수 있다.

Fourier 계수 a_0, a_n 및 b_n을 구하기 전에 이 계수들을 유도하는데 사용하는 몇가지 주기함수의 적분을 구해 보자.

예제 3-1

다음과 같은 적분문제를 풀어라.

(1) $\int_0^{\pi} x \sin nx\, dx$ $\quad\cdots\cdots$ (a)

(2) $\int_0^{\pi} x \cos nx\, dx$ $\quad\cdots\cdots$ (b)

(3) $\int_{-\pi}^{\pi} x \sin nx\, dx$ $\quad\cdots\cdots$ (c)

(4) $\int_{-\pi}^{\pi} x \cos nx\, dx$ $\quad\cdots\cdots$ (d)

☞ (1) 부분적분법에 의하여

$$\begin{cases} u = x & \rightarrow \quad du = dx \\ dv = \sin nx\,dx & \rightarrow \quad v = -\dfrac{1}{n}\cos nx \end{cases}$$

$$\begin{aligned} \int_0^{\pi} x\sin nx\,dx &= -\frac{x}{n}\cos nx\Big|_0^{\pi} + \frac{1}{n}\int_0^{\pi}\cos nx\,dx \\ &= -\frac{\pi}{n}\cos n\pi + \frac{1}{n^2}\sin nx\Big|_0^{\pi} \\ &= -\frac{\pi}{n}(-1)^n \\ &= \frac{\pi}{n}(-1)^{n+1} \end{aligned}$$

$$\therefore \int_0^{\pi} x\sin nx\,dx = \frac{\pi}{n}(-1)^{n+1} \qquad \cdots\cdots \text{(e)}$$

(2) 본 식에 부분적분법을 이용하면

$$\begin{cases} u = x & \rightarrow \quad du = dx \\ dv = \cos nx\,dx & \rightarrow \quad v = \dfrac{1}{n}\sin nx \end{cases}$$

따라서,

$$\begin{aligned} \int_0^{\pi} x\cos nx\,dx &= \frac{x}{n}\sin nx\Big|_0^{\pi} - \frac{1}{n}\int_0^{\pi}\sin nx\,dx \\ &= \frac{1}{n^2}\cos nx\Big|_0^{\pi} \\ &= \frac{1}{n^2}(\cos n\pi - 1) \\ &= \frac{1}{n^2}\{(-1)^n - 1\} \end{aligned}$$

$$\therefore \int_o^{\pi} x\cos nx\,dx = \frac{1}{n^2}\{(-1)^n - 1\} \qquad \cdots\cdots \text{(f)}$$

(3) 본 식에 부분적분법을 이용하면

$$\begin{cases} u = x & \rightarrow \quad du = dx \\ dv = \sin nx\,dx & \rightarrow \quad v = -\dfrac{1}{n}\cos nx \end{cases}$$

따라서,

$$\begin{aligned} \int_{-\pi}^{\pi} x\sin nx\,dx &= -\frac{x}{n}\cos nx\Big|_{-\pi}^{\pi} + \frac{1}{n}\int_{-\pi}^{\pi}\cos nx\,dx \\ &= -\frac{2\pi}{n}\cos n\pi \\ &= \frac{2\pi}{n}(-1)^{n+1} \end{aligned}$$

$$\therefore \int_{-\pi}^{\pi} x \sin nx\, dx = \frac{2\pi}{n}(-1)^{n+1} \qquad \cdots\cdots \text{(g)}$$

(4) 본 식에 부분적분법을 이용하면

$$\begin{cases} u = x & \rightarrow \quad du = dx \\ dv = \cos nx\, dx & \rightarrow \quad v = \dfrac{1}{n}\sin nx \end{cases}$$

따라서,

$$\begin{aligned} \int_{-\pi}^{\pi} x \cos nx\, dx &= \frac{x}{n}\sin nx \Big|_{-\pi}^{\pi} - \frac{1}{n}\int_{-\pi}^{\pi} \sin nx\, dx \\ &= \frac{1}{n^2}\cos nx \Big|_{-\pi}^{\pi} = 0 \end{aligned}$$

$$\therefore \int_{-\pi}^{\pi} x \cos nx\, dx = 0 \qquad \cdots\cdots \text{(h)}$$

□

이제 일반적인 주기함수 $f(x)$가 식(3.8)과 같이 주어진다고 할 때 Fourier 급수를 구해 보자.

(1) a_0의 결정

식(3.8)을 $-\pi$에서 π까지 적분하면

$$\begin{aligned} \int_{-\pi}^{\pi} f(x)\, dx &= \int_{-\pi}^{\pi} a_0\, dx + \int_{-\pi}^{\pi} \sum_{n=1}^{\infty} [a_n \cos nx + b_n \sin nx]\, dx \\ &= a_0 x \Big|_{-\pi}^{\pi} + \sum_{n=1}^{\infty} \left[\frac{a_n}{n}\sin nx - \frac{b_n}{n}\cos nx \right]_{-\pi}^{\pi} \\ &= 2\pi a_0 \end{aligned}$$

$$\therefore a_0 = \frac{1}{2\pi}\int_{-\pi}^{\pi} f(x)\, dx \qquad \cdots\cdots (3.9)$$

(2) a_n의 결정

식(3.8)의 양변에 $\cos mx$(m은 정수)를 곱하여 $-\pi$에서 π까지 적분하면 다음과 같다.

$$\int_{-\pi}^{\pi} f(x) \cos mx\, dx = \int_{-\pi}^{\pi} a_0 \cos mx\, dx \qquad \cdots\cdots \text{(i)}$$

$$+\sum_{n=1}^{\infty}\int_{-\pi}^{\pi} a_n \cos nx \cos mx\,dx \qquad \cdots\cdots \text{(ii)}$$

$$+\sum_{n=1}^{\infty}\int_{-\pi}^{\pi} b_n \sin nx \cos mx\,dx \qquad \cdots\cdots \text{(iii)}$$

$$\cdots\cdots (3.10)$$

이제, 식(3.10)에 대하여 (i), (ii) 및 (iii)을 나누어 해석해 보자.

(i) $$\int_{-\pi}^{\pi} a_0 \cos mx\,dx = \frac{a_0}{m}\sin mx \Big|_{-\pi}^{\pi} = 0 \qquad \cdots\cdots (3.11)$$

(ii)

① $m \neq n$인 경우

삼각함수 성질에 의하여

$$\begin{array}{rl} & \cos(m+n)x = \cos mx \cos nx - \sin mx \sin nx \\ +) & \cos(m-n)x = \cos mx \cos nx + \sin mx \sin nx \\ \hline & \cos(m+n)x + \cos(m-n)x = 2\cos mx \cos nx \end{array}$$

$$\therefore \cos mx \cos nx = \frac{1}{2}[\cos(m+n)x + \cos(m-n)x]$$

따라서 이 식을 (ii)에 적용하면 $m \neq n$에 대해

$$\begin{aligned}\int_{-\pi}^{\pi}\cos nx \cos mx\,dx &= \frac{1}{2}\int_{-\pi}^{\pi}[\cos(m+n)x + \cos(m-n)x]\,dx \\ &= \frac{1}{2}\left[\frac{1}{m+n}\sin(m+n)x + \frac{1}{m-n}\sin(m-n)x\right]_{-\pi}^{\pi} \\ &= 0\end{aligned}$$

② $m = n$인 경우

$$\int_{-\pi}^{\pi}\cos mx \cos nx\,dx = \int_{-\pi}^{\pi}\cos^2 nx\,dx$$

$$\left(\cos^2 x = \frac{1}{2}(1+\cos 2x),\quad \sin^2 x = \frac{1}{2}(1-\cos 2x)\right)$$

$$\begin{aligned}&= \frac{1}{2}\int_{-\pi}^{\pi}(1+\cos 2nx)\,dx \\ &= \frac{1}{2}\left(x + \frac{1}{2n}\sin nx\right)\Big|_{-\pi}^{\pi} \\ &= \pi \qquad \cdots\cdots (3.12)\end{aligned}$$

(iii)

$$\begin{aligned}\int_{-\pi}^{\pi}\cos mx\sin nx\,dx &= \frac{1}{2}\int_{-\pi}^{\pi}[\sin(m+n)x-\sin(m-n)x]\,dx\\ &= \frac{1}{2}\Big[-\frac{1}{m+n}\cos(m+n)x\\ &\qquad +\frac{1}{m-n}\cos(m-n)x\Big]_{-\pi}^{\pi}\\ &=0 \qquad\cdots\cdots (3.13)\end{aligned}$$

결국, 식(3.11)~식(3.13)을 식(3.10)에 대입하면 다음 식을 얻는다.

$$\int_{-\pi}^{\pi}f(x)\cos nx\,dx = a_n\pi$$

$$\therefore\ a_n = \frac{1}{\pi}\int_{-\pi}^{\pi}f(x)\cos nx\,dx \qquad\cdots\cdots (3.14)$$

(3) b_n의 결정

a_n을 결정하는 과정과 유사한 방법을 쓰면

$$b_n = \frac{1}{\pi}\int_{-\pi}^{\pi}f(x)\sin nx\,dx \qquad\cdots\cdots (3.15)$$

앞에서 얻은 결과들을 요약하면 다음과 같다.

결과 (I)

$$f(x+T)=f(x),\quad T=2\pi\ (-\pi<x<\pi)$$

$$f(x)=a_0+\sum_{n=1}^{\infty}[a_n\cos nx+b_n\sin nx]$$

$$\begin{cases} a_0=\dfrac{1}{2\pi}\displaystyle\int_{-\pi}^{\pi}f(x)dx\\ a_n=\dfrac{1}{\pi}\displaystyle\int_{-\pi}^{\pi}f(x)\cos nx\,dx\\ b_n=\dfrac{1}{\pi}\displaystyle\int_{-\pi}^{\pi}f(x)\sin nx\,dx\end{cases}$$

일반적으로 주기가 $T=2\pi$인 함수는 $0<x<2\pi$에서도 동일한 성질이 유지되므로 다음과 같이 쓸 수 있다.

결과 (II)

$$f(x+T)=f(x), \quad T=2\pi \quad (0<x<2\pi)$$
$$f(x)=a_0+\sum_{n=1}^{\infty}[a_n\cos nx+b_n\sin nx]$$
$$\begin{cases} a_0=\dfrac{1}{2\pi}\displaystyle\int_0^{2\pi}f(x)dx \\ a_n=\dfrac{1}{\pi}\displaystyle\int_0^{2\pi}f(x)\cos nx\,dx \\ b_n=\dfrac{1}{\pi}\displaystyle\int_0^{2\pi}f(x)\sin nx\,dx \end{cases}$$

한편, (I) 및 (II)는 일반적인 주기 T에 대하여

$$x=\frac{2\pi}{T}t \;\rightarrow\; dx=\frac{2\pi}{T}dt$$

$$\begin{cases} x=\pi \;\rightarrow\; t=\dfrac{T}{2} \\ x=-\pi \;\rightarrow\; t=-\dfrac{T}{2} \\ x=2\pi \;\rightarrow\; t=T \end{cases}$$

따라서, 시간함수에 대해서는 (III)과 (IV)와 같은 결과를 얻는다.

결과 (III)

$$f(t+T)=f(t) \quad \left(-\frac{T}{2}<x<\frac{T}{2}\right)$$
$$f(t)=a_0+\sum_{n=1}^{\infty}\left[a_n\cos\frac{2n\pi}{T}t+b_n\sin\frac{2n\pi}{T}t\right]$$
$$\begin{cases} a_0=\dfrac{1}{T}\displaystyle\int_{-T/2}^{T/2}f(t)dt \\ a_n=\dfrac{2}{T}\displaystyle\int_{-T/2}^{T/2}f(t)\cos\frac{2n\pi}{T}t\,dt \\ b_n=\dfrac{2}{T}\displaystyle\int_{-T/2}^{T/2}f(t)\sin\frac{2n\pi}{T}t\,dt \end{cases}$$

결과 (IV)

$$f(t+T)=f(t) \quad (0 < x < T)$$

$$f(t)=a_0+\sum_{n=1}^{\infty}\left[a_n\cos\frac{2n\pi}{T}t+b_n\sin\frac{2n\pi}{T}t\right]$$

$$\begin{cases} a_0=\dfrac{1}{T}\displaystyle\int_0^T f(t)\,dt \\ a_n=\dfrac{2}{T}\displaystyle\int_0^T f(t)\cos\dfrac{2n\pi}{T}t\,dt \\ b_n=\dfrac{2}{T}\displaystyle\int_0^T f(t)\sin\dfrac{2n\pi}{T}t\,dt \end{cases}$$

예제 3-2

그림 3.3과 같은 펄스형태로 주어진 신호가 있다. 주어진 함수는 다음과 같이 표현된다.

$$f(x)=\begin{cases} -1 & (-\pi < x < 0) \\ +1 & (0 < x < \pi) \end{cases}, \quad f(x+2\pi)=f(x)$$

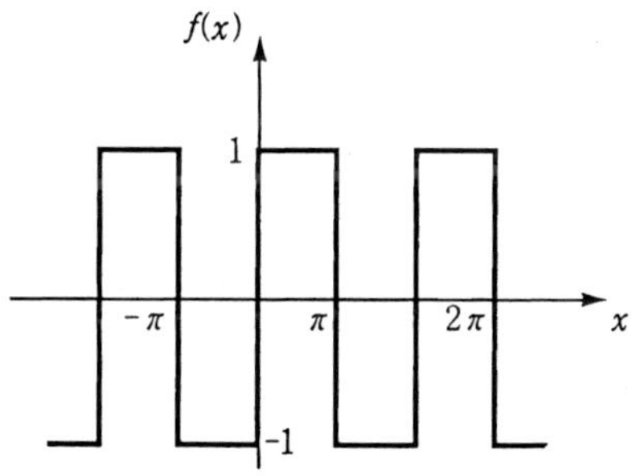

그림 3.3 펄스신호

☞ 주어진 함수의 Fourier 급수는

$$f(x)=a_0+\sum_{n=1}^{\infty}[a_n\cos nx+b_n\sin nx] \qquad \cdots\cdots \text{(a)}$$

(1) a_0의 결정

$$\begin{aligned} a_0 &= \frac{1}{2\pi}\int_{-\pi}^{\pi} f(x)dx \\ &= \frac{1}{2\pi}\left[\int_{-\pi}^{0}(-1)\,dx+\int_0^{\pi}1\,dx\right] \\ &= \frac{1}{2\pi}\left[-x\Big|_{-\pi}^{0}+x\Big|_0^{\pi}\right]=0 \end{aligned} \qquad \cdots\cdots \text{(b)}$$

(2) a_n의 결정

$$a_n = \frac{1}{\pi}\int_{-\pi}^{\pi} f(x)\cos nx\,dx$$
$$= \frac{1}{\pi}\left[\int_{-\pi}^{0}(-1)\cos nx\,dx + \int_{0}^{\pi} 1\cos nx\,dx\right]$$
$$= \frac{1}{\pi}\left[-\frac{\sin nx}{n}\Big|_{-\pi}^{0} + \frac{\sin nx}{n}\Big|_{0}^{\pi}\right] = 0 \qquad \cdots\cdots \text{(c)}$$

(3) b_n의 결정

$$b_n = \frac{1}{\pi}\left[-\int_{-\pi}^{0}\sin nx\,dx + \int_{0}^{\pi}\sin nx\,dx\right]$$
$$= \frac{1}{\pi}\left[\frac{\cos nx}{n}\Big|_{-\pi}^{0} - \frac{\cos nx}{n}\Big|_{0}^{\pi}\right]$$
$$= \frac{2}{n\pi}(1-\cos n\pi)$$
$$= \frac{2}{n\pi}\{1-(-1)^n\} \qquad \cdots\cdots \text{(d)}$$

식(b) 및 (c)에서 알 수 있듯이 주어진 함수는 기함수(odd function)이므로 a_0 및 a_n은 0이 된다. 식(b)~(d)를 식(a)에 대입하면

$$f(x) = \sum_{n=1}^{\infty}\frac{2}{n\pi}\{1-(-1)^n\}\sin nx$$
$$= \frac{4}{\pi}\left[\sin x + \frac{1}{3}\sin 3x + \frac{1}{5}\sin 5x + \cdots\right] \qquad \cdots\cdots \text{(e)}$$

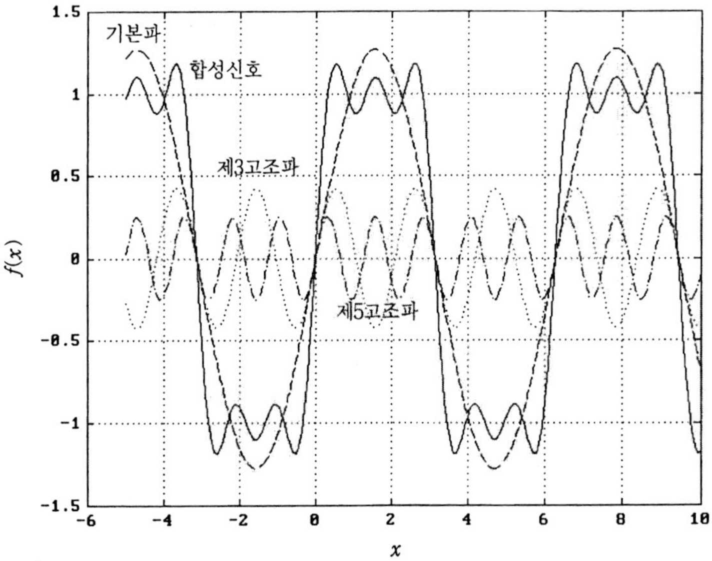

그림 3.4 식(d)의 제 5 고조파까지의 파형

그림 3.4는 식(e)에 대하여 제 5고조파 성분까지의 파형과 그 합성파형을 컴퓨터를 사용하여 출력한 결과를 나타낸다. □

예제 3-3

그림 3.5와 같은 함수가 있다. 이 함수는 다음과 같이 표현된다.

$$f(x) = x \quad (-\pi < x < \pi), \quad f(x+2\pi) = f(x)$$

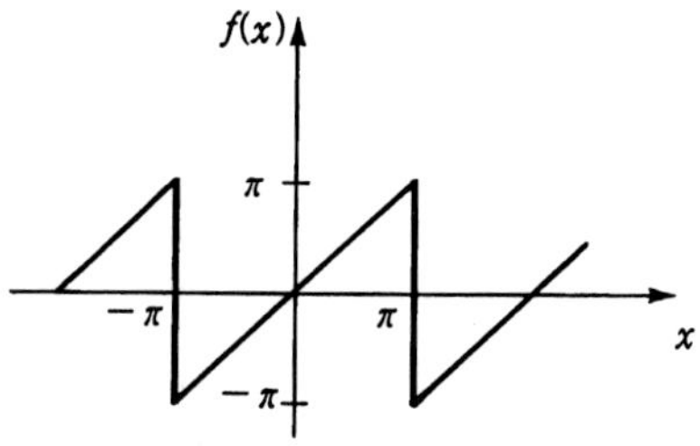

그림 3.5 톱니파형

☞ (1) a_0의 결정

$$a_0 = \frac{1}{2\pi}\int_{-\pi}^{\pi} x\,dx = \frac{1}{4\pi}x^2\Big|_{-\pi}^{\pi} = 0 \qquad \cdots\cdots \text{(a)}$$

(2) a_n의 결정

$$a_n = \frac{1}{\pi}\int_{-\pi}^{\pi} x\cos nx\,dx \quad \left(\begin{array}{lll} u = x & \to & du = dx \\ dv = \cos nx\,dx & \to & v = \frac{1}{n}\sin nx \end{array} \right)$$

$$= \frac{1}{\pi}\left[\frac{x}{n}\sin nx\Big|_{-\pi}^{\pi} - \frac{1}{n}\int_{-\pi}^{\pi}\sin nx\,dx\right]$$

$$= 0 \qquad \cdots\cdots \text{(b)}$$

(3) b_n의 결정

$$b_n = \frac{1}{\pi}\int_{-\pi}^{\pi} x\sin nx\,dx \quad \left(\begin{array}{lll} u = x & \to & du = dx \\ dv = \sin nx\,dx & \to & v = -\frac{1}{n}\cos nx \end{array} \right)$$

$$= \frac{1}{\pi}\left[-\frac{x}{n}\cos nx\Big|_{-\pi}^{\pi} + \frac{1}{n}\int_{-\pi}^{\pi}\cos nx\,dx\right]$$

$$= \frac{1}{n\pi}[-\pi\cos n\pi - \pi\cos n\pi]$$

$$= -\frac{2}{n}\cos n\pi = \frac{2}{n}(-1)^{n+1} \qquad \cdots\cdots \text{(c)}$$

결국, 식(a)~(c)에 의하여 $f(x)$는 다음과 같다.

$$f(x) = \sum_{n=1}^{\infty}\frac{2}{n}(-1)^{n+1}\sin nx$$

$$= 2\left[\sin x - \frac{1}{2}\sin 2x + \frac{1}{3}\sin 3x - \frac{1}{4}\sin 4x + \cdots\right]$$

$$\cdots\cdots \text{(d)}$$

그림 3.6은 식(d)의 제 3고조파까지의 파형을 나타낸다.

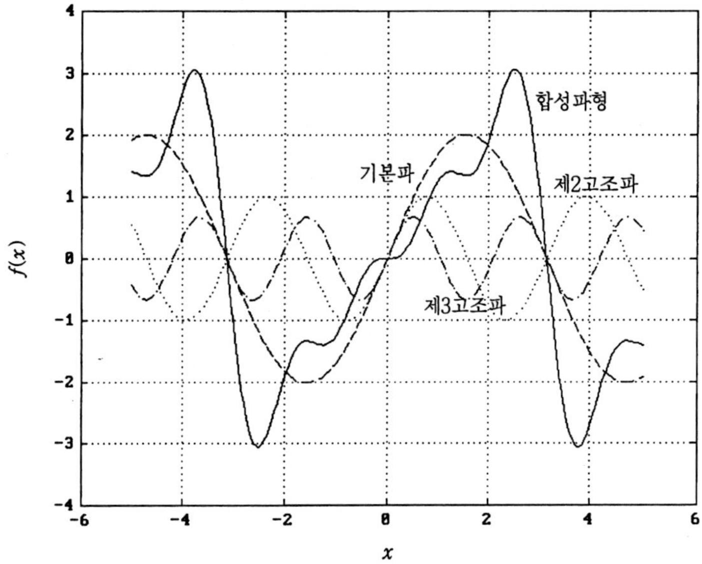

그림 3.6 제 3고조파까지의 파형

예제 3-4

그림 3.7과 같은 함수가 있다. 이 함수는

$$f(x) = e^{-|x|}, \quad f(x+2\pi) = f(x) \quad (-\pi < x < \pi)$$

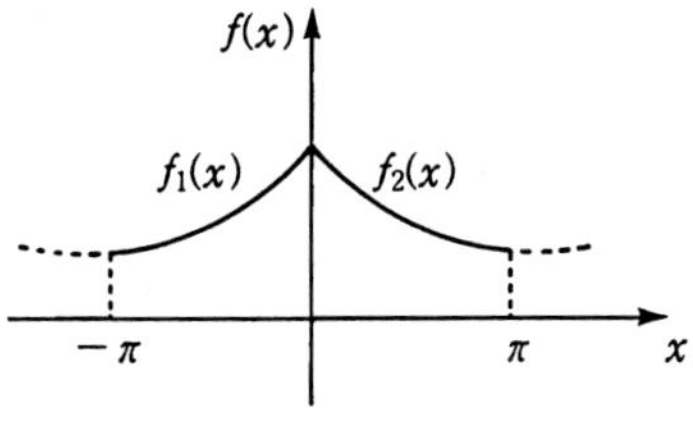

그림 3.7

☞ 이 함수는 우함수(even function)이므로 $b_n = 0$이다. 따라서,

(1) a_0의 결정

$$\begin{aligned} a_0 &= \frac{1}{2\pi}\int_{-\pi}^{\pi} e^{-|x|}dx \\ &= \frac{1}{2\pi}\left[\int_{-\pi}^{0} e^{x}dx + \int_{0}^{\pi} e^{-x}dx\right] \end{aligned}$$

$$= \frac{1}{2\pi}\left[e^{x}\Big|_{-\pi}^{0} - e^{-x}\Big|_{0}^{\pi} \right]$$

$$= \frac{1}{\pi}(1-e^{-\pi}) \qquad \cdots\cdots \text{(a)}$$

(2) a_n의 결정

$$a_n = \frac{1}{\pi}\int_{-\pi}^{\pi} e^{-|x|}\cos nx\,dx$$

$$= \frac{1}{\pi}\left[\int_{-\pi}^{0} e^{x}\cos nx\,dx + \int_{0}^{\pi} e^{-x}\cos nx\,dx \right] \qquad \cdots\cdots \text{(b)}$$

여기서

$$f_1(x) = \int_{-\pi}^{0} e^{x}\cos nx\,dx \quad \begin{pmatrix} u = e^{x} & \rightarrow du = e^{x}dx \\ dv = \cos nx\,dx & \rightarrow v = \frac{1}{n}\sin nx \end{pmatrix}$$

$$= \frac{1}{n}e^{x}\sin nx\Big|_{-\pi}^{0} - \frac{1}{n}\int_{-\pi}^{0} e^{x}\sin nx\,dx$$

$$= -\frac{1}{n}\left[-\frac{e^{x}}{n}\cos nx\Big|_{-\pi}^{0} + \frac{1}{n}\int_{-\pi}^{0} e^{x}\cos nx\,dx \right]$$

$$= -\frac{1}{n^2}\left[-1 + e^{-\pi}\cos n\pi + f_1(x) \right]$$

$$\therefore\ f_1(x) = \frac{1-(-1)^n e^{-\pi}}{1+n^2} \qquad \cdots\cdots \text{(c)}$$

한편, 이 함수는 $-\pi < x < 0$ 구간과 $0 < x < \pi$ 구간의 면적이 같으므로 다음 관계가 성립된다.

$$f_2(x) = \int_{0}^{\pi} e^{-x}\cos nx\,dx = f_1(x) \qquad \cdots\cdots \text{(d)}$$

따라서 식(b)는 식(c)와 식(d)의 관계로부터

$$a_n = \frac{2}{\pi}\,\frac{1-(-1)^n e^{-\pi}}{1+n^2} \qquad \cdots\cdots \text{(e)}$$

결국, 식(a)와 식(e)로부터

$$f(x) = a_0 + \sum_{n=1}^{\infty} a_n \cos nx$$

$$= \frac{1}{\pi}(1-e^{-\pi}) + \frac{2}{\pi}\sum_{n=1}^{\infty} \frac{1-(-1)^n e^{-\pi}}{1+n^2}\cos nx \quad \cdots\cdots \text{(f)}$$

□

예제 3-5

그림 3.8과 같은 파형은 교류전원을 반파 브리지 회로(half bridge circuit)에 의하여 정류했을 경우에 출력측에 나타나는 파형이다. 이 파형에 대한 Fourier 계수를 구하라.

$$f(t)=\begin{cases} 0 & \left(-\dfrac{T}{2}<t<0\right) \\ E\sin\omega t & \left(0<t<\dfrac{T}{2}\right) \end{cases} \qquad T=\frac{2\pi}{\omega}$$

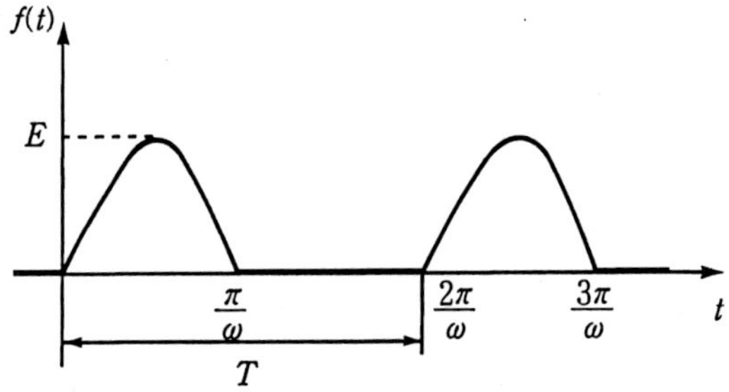

그림 3.8 반파 정류파형

☞ (1) a_0의 결정

$$\begin{aligned} a_0 &= \frac{\omega}{2\pi}\int_{-\pi/\omega}^{\pi/\omega} E\sin\omega t\,dt \\ &= \frac{\omega}{2\pi}\int_{0}^{\pi/\omega} E\sin\omega t\,dt \\ &= \frac{\omega E}{2\pi}\left[-\frac{1}{\omega}\cos\omega t\right]_0^{\pi/\omega} \\ &= \frac{E}{\pi} \end{aligned} \qquad \cdots\cdots \text{(a)}$$

(2) a_n의 결정

$$\begin{aligned} a_n &= \frac{\omega}{\pi}\int_{0}^{\pi/\omega} E\sin\omega t\cos n\omega t\,dt \\ &= \frac{\omega}{2\pi}\int_{0}^{\pi/\omega} [\sin(1+n)\omega t+\sin(1-n)\omega t]\,dt \end{aligned} \qquad \cdots\cdots \text{(b)}$$

(i) $n=1$인 경우

$$a_n=\frac{\omega E}{2\pi}\left[-\frac{1}{2\omega}\cos 2\omega t\Big|_0^{\pi/\omega}\right]=0 \qquad \cdots\cdots \text{(c)}$$

(ii) $n=2, 3, \cdots\cdots$ 인 경우

$$\begin{aligned} a_n &= \frac{\omega E}{2\pi}\left[-\frac{\cos(1+n)\omega t}{(1+n)\omega}-\frac{\cos(1-n)\omega t}{(1-n)\omega}\right]_0^{\pi/\omega} \\ &= \frac{E}{2\pi}\left[\frac{1-\cos(1+n)\pi}{1+n}-\frac{\cos(1-n)\pi-1}{1-n}\right] \end{aligned}$$

$$\begin{cases} n=\text{홀수} \;\rightarrow\; a_n=0 \\ n=\text{짝수} \;\rightarrow\; a_n=-\dfrac{2E}{(n-1)(n+1)\pi} \end{cases} \qquad \cdots\cdots \text{(d)}$$

(3) b_n의 결정

$$b_n = \frac{\omega}{\pi}\int_0^{\pi/\omega} E\sin\omega t \sin n\omega t dt$$

$$= \frac{\omega}{2\pi}\int_0^{\pi/\omega} [\cos(1-n)\omega t - \cos(1-n)\omega t] dt \quad \cdots\cdots \text{(e)}$$

(i) $n=1$인 경우

$$b_n = \frac{\omega E}{2\pi}\int_0^{\pi/\omega}(1-\cos 2\omega t)dt$$

$$= \frac{\omega E}{2\pi}\left[t - \frac{1}{2\omega}\sin 2\omega t\right]_0^{\pi/\omega}$$

$$= \frac{\omega E}{2\pi}\left(\frac{\pi}{\omega}\right) = \frac{E}{2} \quad \cdots\cdots \text{(f)}$$

(ii) $n>2$인 경우

$$b_n = \frac{\omega E}{2\pi}\left[\frac{\sin(1-n)\omega t}{(1-n)\omega} - \frac{\sin(1+n)\omega t}{(1+n)\omega}\right]_0^{\pi/\omega}$$

$$= 0 \quad \cdots\cdots \text{(g)}$$

결국, 식(a)~식(g)에 의하여

$$f(t) = \frac{E}{\pi} + \frac{E}{2}\sin\omega t - \frac{2E}{\pi}\left(\frac{1}{1\times 3}\cos 2\omega t + \frac{1}{3\times 5}\cos 4\omega t + \cdots\right) \quad \cdots\cdots \text{(h)}$$

□

연 습 문 제 3.1

문 1. 다음과 같은 함수의 적분값을 구하라. 단, n은 정수(0, 1, 2, ……)이다.

(1) $\int_0^{\pi} \sin nx dx$ (2) $\int_{-\pi/2}^{0} \cos nx dx$

(3) $\int_{-\pi/2}^{\pi/2} x\sin nx dx$ (4) $\int_{-\pi/2}^{\pi/2} x\cos nx dx$

(4) $\int_{-\pi}^{0} e^x \sin nx dx$ (6) $\int_0^{\pi} e^x \cos nx dx$

문 2. 다음 그림 3.9와 같이 주어지는 함수가 있다. 주기 $T=2\pi$라 할 때, Fourier 급수를 구하고 처음 3개의 항을 그래프로 표시하라.

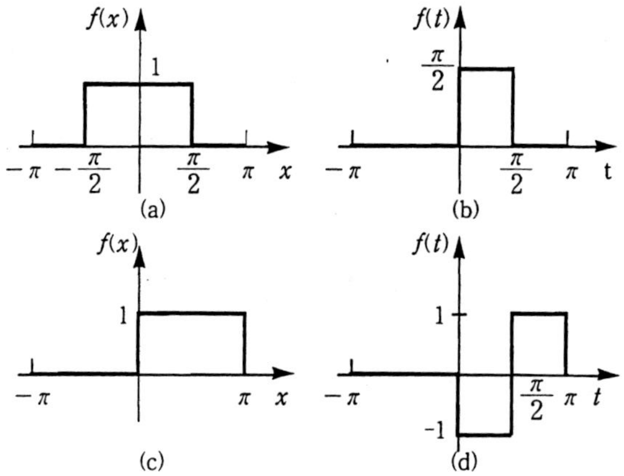

그림 3.9

문 3. 다음과 같이 주어지는 함수들의 Fourier 급수를 구하라.

(1) $f(x) = x^3 \quad (-\pi < x < \pi) \qquad T = 2\pi$

(2) $f(x) = |x| \quad (-\pi < x < \pi) \qquad T = 2\pi$

(3) $f(x) = \begin{cases} 0 & (-\pi < x < 0) \\ x & (0 < x < \pi) \end{cases} \qquad T = 2\pi$

(4) $f(x) = \begin{cases} x & \left(\frac{-\pi}{2} < x < \frac{\pi}{2}\right) \\ \pi - x & \left(\frac{\pi}{2} < x < \frac{3\pi}{2}\right) \end{cases} \qquad T = 2\pi$

(5) $f(t) = \begin{cases} k & (-1 < t < 1) \\ 0 & (1 < t < 3) \end{cases} \qquad T = 4$

(6) $f(t) = \begin{cases} k & (-2 < t < 1) \\ -\frac{k}{2} & (1 < t < 2) \end{cases} \qquad T = 4$

(7) $f(t) = 1 - t^2 \quad (-1 < t < 1) \quad T = 2 \qquad T = 2$

(8) $f(t) = \sin \pi t \; (0 < t < 1) \quad T = 1 \qquad T = 1$

3.2 Fourier 계수와 파형의 대칭

3.2.1 우함수와 기함수

앞절의 예제에서 알 수 있는 바와 같이, 어떤 주기함수에 대해서는 a_0 및 a_n가 0이거나 또는 b_n이 0인 경우가 있다. 이러한 결과는 주어진 함수가 우함수(even function)인지 기함수(odd function)인지에 따라 직접 사용가능하다. 일반적으로 주기함수들이 우함수나 기함수의 합성된 형태로 분해 가능한 경우에도 이 방법을 쓰면 Fourier 계수를 간편하게 구할 수 있다.

다음 조건을 만족하는 함수 $f(t)$를 우함수라 한다.

$$f(-t) = f(t) \qquad \cdots\cdots \text{(3.16a)}$$

이 때 $|\sin t|$, 우수 n에 대한 t^n이나 그림 3.10(a)와 같은 파형은 우함수에 속한다. 이러한 우함수는 $f(t)$축에 대칭이다.

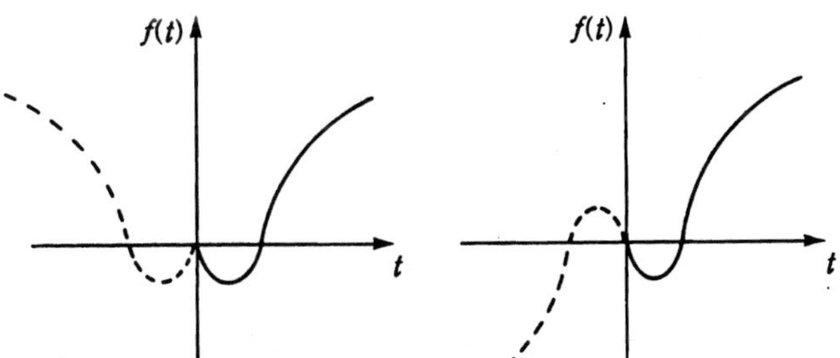

(a) 우함수 (b) 기함수

그림 3.10 우함수와 기함수의 예

한편, 다음 조건을 만족하는 $f(t)$를 기함수라 정의하고 이 함수는 그림 3.10(b)와 같이 $f(t)=t$ 축에 대칭이다.

$$f(-t) = -f(t) \qquad \cdots\cdots \text{(3.16b)}$$

3.2.2 기함수와 우함수의 Fourier 급수

기함수는 $f(t) = t$ 축에 대칭이므로 $a_0 = a_n = 0$이고 따라서 이 함수에 대한 Fourier 급수는 다음과 같이 주어진다.

$$f(t) = \sum_{n=1}^{\infty} b_n \sin n\omega_0 t \qquad \cdots\cdots (3.17)$$

$$b_n = \frac{4}{T}\int_0^{T/2} f(t)\sin n\omega_0 t dt \qquad \cdots\cdots (3.18)$$

여기서 $\omega_0 = 2\pi/T$이다. 만약, 주기가 $T = 2\pi(-\pi < x < \pi)$인 함수 $f(x)$에 대해서는

$$f(x) = \sum_{n=1}^{\infty} b_n \sin nx \qquad \cdots\cdots (3.19)$$

$$b_n = \frac{2}{\pi}\int_0^{\pi} f(x)\sin nx dx \qquad \cdots\cdots (3.20)$$

한편, 우함수에 대해서는 $b_n = 0$이므로 이 함수에 대한 Fourier 급수는 다음과 같다.

$$f(t) = a_0 + \sum_{n=1}^{\infty} a_n \cos n\omega_0 t \qquad \cdots\cdots (3.21)$$

$$a_0 = \frac{2}{T}\int_0^{T/2} f(t)dt \qquad \cdots\cdots (3.22)$$

$$a_n = \frac{4}{T}\int_0^{T/2} f(t)\cos n\omega_0 t dt \qquad \cdots\cdots (3.23)$$

또한, 주기 $T = 2\pi(-\pi < x < \pi)$인 함수 $f(x)$에 대해서는

$$f(x) = a_0 + \sum_{n=1}^{\infty} a_n \cos nx \qquad \cdots\cdots (3.24)$$

$$a_0 = \frac{1}{\pi}\int_0^{\pi} f(x)dx \qquad \cdots\cdots (3.25)$$

$$a_n = \frac{2}{\pi}\int_0^{\pi} f(x)\cos nx dx \qquad \cdots\cdots (3.26)$$

앞에서 알 수 있는 바와 같이, 함수의 형태가 우함수나 기함수로 알려진 경우에는 Fourier 계수 전체를 구하지 않더라도 쉽게 그 계수를 구할 수 있다. 이러한 사실은 일반형태의 함수이더라도 우함수와 기함

수의 형태로 분리가능하면 이 성질을 그대로 적용할 수 있다. 일반적으로 우함수(E)와 기함수(O)에 대해서는 다음과 같은 관계가 성립된다.

우함수 + 우함수 = 우함수
기함수 + 기함수 = 기함수
우함수 + 기함수 = 우함수도 기함수도 아님
우함수 × 우함수 = 우함수
기함수 × 기함수 = 우함수
우함수 × 기함수 = 기함수

한편, 두 개의 함수 $f_1(t)$ 및 $f_2(t)$가 주어질 때, $f(t) = f_1(t)+f_2(t)$의 Fourier 계수는 각각의 함수의 Fourier 계수를 합한 결과와 같다. 다음 예제 3-6은 그 한 예를 보여 준다.

예제 3-6

다음과 같은 함수가 있다. 여기서 이 함수는 $-\pi<x<\pi$, $T=2\pi$이다.

$$\begin{aligned} f(x) &= f_1(x)+f_2(x) \\ &= x+x^2 \end{aligned} \qquad \cdots\cdots \text{(a)}$$

함수 $f(x)$의 Fourier 계수가 두 함수에 대한 Fourier 계수의 합으로 나타나는 사실을 식(a)를 사용하여 증명하라.

☞ (1) 각 함수의 Fourier 계수.

(i) $f_1(x)=x$는 기함수이므로 $a_0=a_n=0$이고

$$b_n = \frac{2}{\pi}\int_0^{\pi} x\sin nx\,dx \qquad \cdots\cdots \text{(b)}$$

(ii) $f_2(x)=x^2$는 우함수이므로 $b_n=0$이고 따라서

$$a_0 = \frac{1}{\pi}\int_0^{\pi} x^2 dx \qquad \cdots\cdots \text{(c)}$$

$$a_n = \frac{2}{\pi}\int_0^{\pi} x^2\cos nx\,dx \qquad \cdots\cdots \text{(d)}$$

(2) $f(x)$의 Fourier 계수.

$$\begin{aligned} a_0 &= \frac{1}{2\pi}\int_{-\pi}^{\pi}(x+x^2)dx \\ &= \frac{1}{2\pi}\int_{-\pi}^{\pi}x\,dx+\frac{1}{2\pi}\int_{-\pi}^{\pi}x^2dx \\ &= \frac{1}{\pi}\int_0^{\pi}x^2dx \end{aligned} \qquad \cdots\cdots \text{(e)}$$

$$a_n = \frac{1}{\pi}\int_{-\pi}^{\pi}(x+x^2)\cos nx\,dx$$
$$= \frac{1}{\pi}\int_{-\pi}^{\pi}x\cos nx\,dx + \frac{1}{\pi}\int_{-\pi}^{\pi}x^2\cos nx\,dx$$
$$= \frac{2}{\pi}\int_{0}^{\pi}x^2\cos nx\,dx \qquad \cdots\cdots \text{(f)}$$
$$b_n = \frac{1}{\pi}\int_{-\pi}^{\pi}(x+x^2)\sin nx\,dx$$
$$= \frac{1}{\pi}\int_{-\pi}^{\pi}x\sin nx\,dx + \frac{1}{\pi}\int_{-\pi}^{\pi}x^2\sin nx\,dx$$
$$= \frac{2}{\pi}\int_{0}^{\pi}x\sin nx\,dx \qquad \cdots\cdots \text{(g)}$$

따라서, 식(b)~(d)는 식(e)~(g)과 일치한다. □

주어진 함수가 우함수나 기함수가 아닌 일반함수는 우함수와 기함수의 합으로 표현할 수 있다. 예를 들면,

$$\frac{1}{1-x} = \frac{1+x}{1-x^2} = \frac{1}{1-x^2} + \frac{x}{1-x^2}$$

예제 3-7

그림 3.11(a)와 같은 함수가 있다. 이 함수의 Fourier 계수를 구하라.

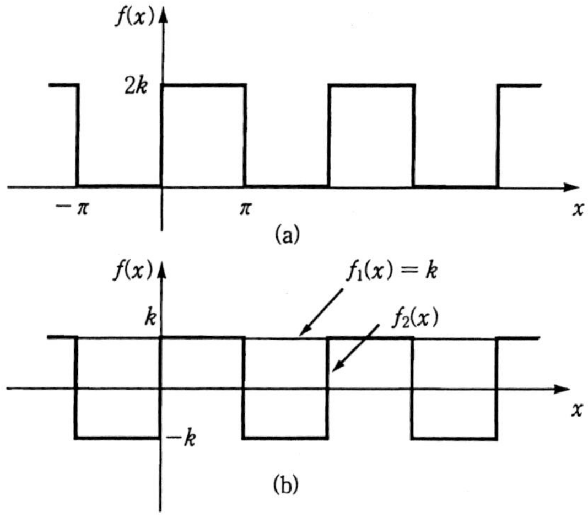

그림 3.11

☞ 그림 3.11(a)의 함수는 그림 3.11(b)와 같이 분해할 수 있다. 즉,

$$f(x) = f_1(x) + f_2(x) \quad \cdots\cdots \text{(a)}$$

식(a)에서 $f_1(x) = k$이고 구형파 $f_2(x)$는 기함수로 예제 3-1의 함수에 k배 한 것이므로 예제 3-1의 결과식 (e)를 사용하면

$$f(x) = k + \frac{4k}{\pi}\left[\sin x + \frac{1}{3}\sin 3x + \frac{1}{5}\sin 5x + \cdots\right] \quad \cdots\cdots \text{(b)}$$

□

예제 3-8

그림 3.12와 같은 파형을 Fourier 급수로 전개하라.

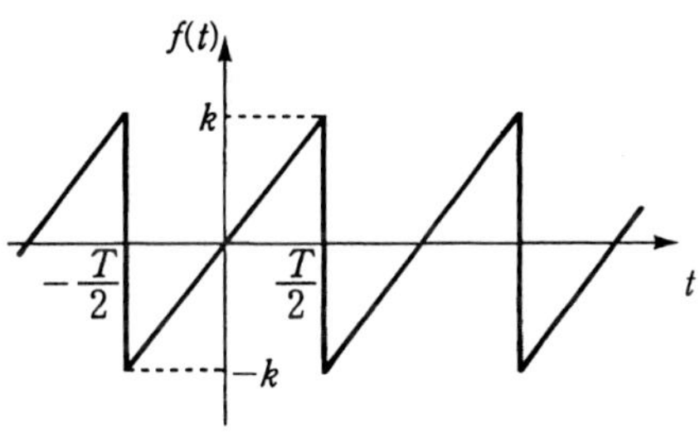

그림 3.12 삼각파형

☞ 이 파형은 정현대칭이므로 기주기함수이고 $a_0 = a_n = 0$이다. $0<t<T/2$ 구간에서 이 함수는

$$f(t) = \frac{2kt}{T} \quad \cdots\cdots \text{(a)}$$

이므로 b_n은 다음과 같이 구해진다.

$$\begin{aligned} b_n &= \frac{4}{T}\int_0^{T/2} f(t)\sin n\omega_0 t\,dt \\ &= \frac{8k}{T^2}\int_0^{T/2} t\sin n\omega_0 t\,dt \end{aligned} \quad \cdots\cdots \text{(b)}$$

여기서

$$\begin{aligned} \int_0^{T/2} t\sin n\omega_0 t\,dt &= \left[\frac{\sin n\omega_0 t - n\omega_0 t\cos n\omega_0 t}{n^2\,\omega_0^{\,2}}\right]_0^{\pi/\omega_0} \\ &= (-1)^{n+1}\frac{\pi}{n\,\omega_0^{\,2}} \end{aligned}$$

따라서 이 결과를 식(b)에 도입하면

$$b_n = (-1)^{n+1}\frac{2k}{n\pi} \quad \cdots\cdots \text{(c)}$$

결국, 주어진 파형은

$$f(t) = \frac{2k}{\pi}\left[\sin\omega_0 t - \frac{1}{2}\sin 2\omega_0 t + \frac{1}{3}\sin 3\omega_0 t - \cdots\right] \cdots\cdots \text{(d)}$$

□

예제 3-9

그림 3.13은 전파브리지(full waveform bridge) 정류회로의 출력파형이다. 이 함수의 Fourier 급수를 구하라.

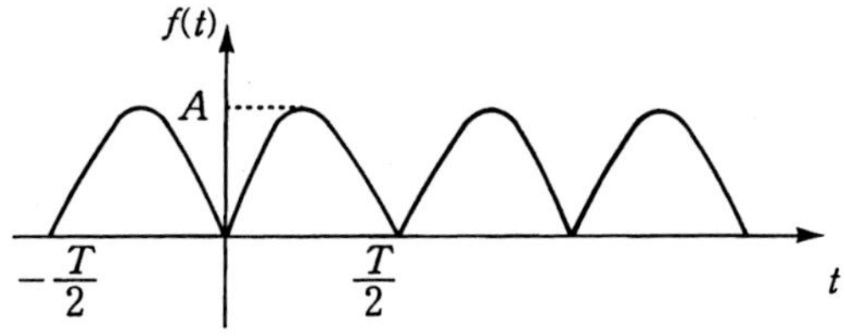

그림 3.13 전파정류 파형

☞ 이 함수는 $f(t)$축에 대하여 대칭이므로 여현대칭이 되고 따라서 우함수이다. 따라서, $b_n = 0$ 이다. 이 경우에 함수는

$$f(t) = A\sin n\omega_0 t \quad \left(0 < t < \frac{T}{2}\right) \cdots\cdots \text{(a)}$$

그러므로

$$\begin{aligned} a_0 &= \frac{2A}{T}\int_0^{T/2}\sin\omega_0 t\,dt \\ &= \frac{2A}{\pi} \end{aligned} \cdots\cdots \text{(b)}$$

$$\begin{aligned} a_n &= \frac{4A}{T}\int_0^{T/2}\sin\omega_0 t\cos n\omega_0 t\,dt \\ &= \begin{cases} 0 & n: \text{기수} \\ -\frac{4A}{\pi}\frac{1}{n^2-1} & n: \text{우수} \end{cases} \end{aligned} \cdots\cdots \text{(c)}$$

따라서,

$$\begin{aligned} f(t) &= \frac{4A}{\pi}\left[\frac{1}{2} - \frac{1}{1\times 3}\cos 2\omega_0 t \right. \\ &\left. - \frac{1}{3\times 5}\cos 4\omega_0 t - \frac{1}{5\times 7}\cos 6\omega_0 t - \cdots\right] \end{aligned}$$

□

연 습 문 제 3.2

문 1. 다음과 같은 함수를 우함수와 기함수의 합으로 표현하라.

(1) $f(x) = \dfrac{1}{(1-x)^2}$ (2) $f(t) = e^{2t}$

(3) $f(x) = \dfrac{x}{1+x}$ (4) $f(t) = 2t - t^2$

(5) $f(x) = x\sin x$ (6) $f(t) = te^{-t}$

문 2. 다음과 같은 함수의 주기가 $T = 2\pi$라 할 경우에 기함수인지 우함수인지를 판정하고 각각에 대하여 Fourier 급수를 구하라.

(1) $f(x) = x \quad (-\pi < x < \pi)$

(2) $f(t) = t^2 \quad (-\pi < t < \pi)$

(3) $f(x) = \begin{cases} x & (0 < x < \pi) \\ 0 & (\pi < x < 2\pi) \end{cases}$

(4) $f(t) = \begin{cases} -t & (-\pi < t < 0) \\ +t & (0 < t < \pi) \end{cases}$

(5) $f(x) = \begin{cases} 1 & \left(-\dfrac{\pi}{2} < x < \dfrac{\pi}{2}\right) \\ 0 & \left(\dfrac{\pi}{2} < x < \dfrac{3\pi}{2}\right) \end{cases}$

(6) $f(t) = |\sin t| \quad (-\pi < t < \pi)$

3.3 반구간 전개

전형적으로 Fourier 급수는 주기함수에 대해서만 적용된다. 그러나, 공학이나 물학에서는 유한구간에서 정의되는 함수들이 존재하고 경우에 따라서는 이들 함수에 대한 Fourier 급수를 전개가 필요하기도 하다. 예컨데, 그림 3.14와 같이 유한구간 $0 \le t \le l$에서 정의된 함수가 있다고 가정해 보자.

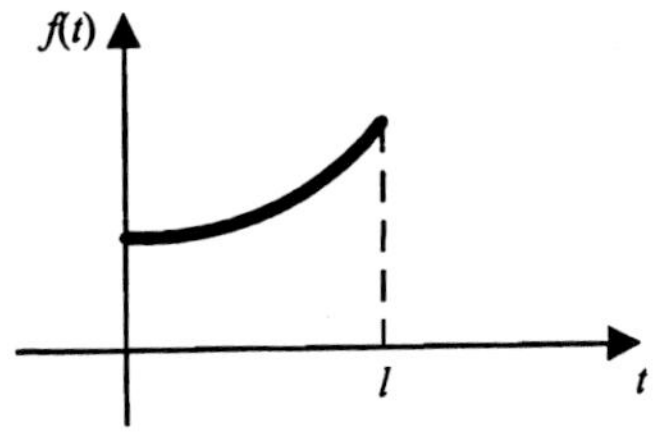

그림 3.14 주어진 함수

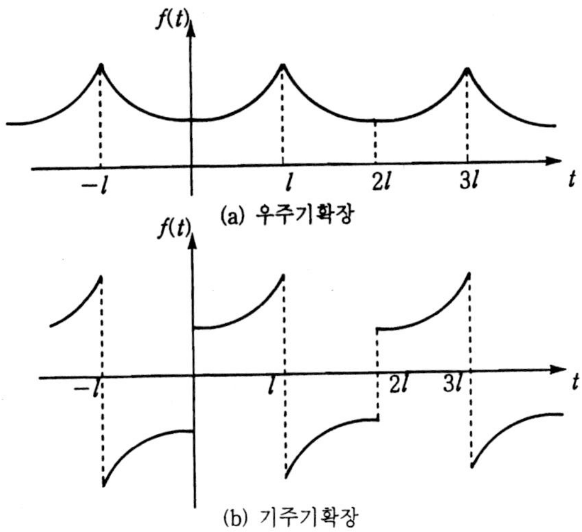

그림 3.15 주어진 함수의 주기확장

이와 같이 유한구간에서 정의된 함수는 그림 3.15(a)와 같이 주기 $T=2l$의 함수로 우주기확장(even periodic extension)을 할 수 있고, 이 함수에 대한 Fourier 급수도 전개할 수 있다. 이 경우, 식(3.21)~(3.23)에 의하여

$$f(t)=a_0+\sum_{n=1}^{\infty}a_n\cos\frac{n\pi}{l}t \qquad \cdots\cdots (3.27)$$

$$a_0=\frac{1}{l}\int_0^l f(t)dt \qquad \cdots\cdots (3.28)$$

$$a_n=\frac{2}{l}\int_0^l f(t)\cos\frac{n\pi}{l}tdt \qquad \cdots\cdots (3.29)$$

한편, 주어진 함수는 그림 3.15(b)와 같이 기주기확장(odd periodic extension)이 가능하고, 이 경우에 Fourier 급수는 다음과 같다.

$$f(t) = \sum_{n=1}^{\infty} b_n \sin\frac{n\pi}{l} t \qquad \cdots\cdots (3.30)$$

$$b_n = \frac{2}{l}\int_0^l f(t)\sin\frac{n\pi}{l} t dt \qquad \cdots\cdots (3.31)$$

식(3.28), (3.29) 및 (3.31)의 계수를 가진 함수 식(3.27)과 (3.31)을 주어진 함수의 반구간 전개(half range expansion)라 한다.

예제 3-10

그림 3.16과 같이 주어진 함수가 있다.

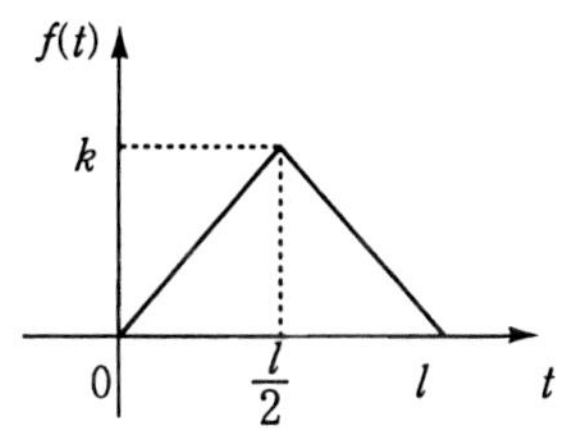

그림 3.16

$$f(t) = \begin{cases} \frac{2k}{l} t & \left(0 \le t \le \frac{l}{2}\right) \\ \frac{2k}{l}(l-t) & \left(\frac{l}{2} \le t \le l\right) \end{cases}$$

이 함수의 (1) 우주기확장된 함수와 (2) 기주기확장된 함수의 Fourier 급수를 구하라.

☞ (1) 우주기 확장

$$\begin{aligned} a_0 &= \frac{1}{l}\left[\int_0^{l/2}\frac{2k}{l} t dt + \int_{l/2}^{l}\frac{2k}{l}(l-t)dt\right] \\ &= \frac{2}{l}\int_0^{l/2}\frac{2k}{l} t dt \\ &= \frac{4k}{l^2}\int_0^{l/2} t dt \\ &= \frac{4k}{l^2}\times\frac{l^2}{8} \\ &= \frac{k}{2} \end{aligned}$$

또한,

$$a_n = \frac{2}{l}\left[\frac{2k}{l}\int_0^{l/2} t\cos\frac{n\pi}{l}t\,dt + \frac{2k}{l}\int_{l/2}^{l}(l-t)\cos\frac{n\pi}{l}t\,dt\right]$$

$$= \frac{4k}{l^2}\left[\int_0^{l/2} t\cos\frac{n\pi}{l}t\,dt + \int_{l/2}^{l}(l-t)\cos\frac{n\pi}{l}t\,dt\right] \cdots\cdots \text{(a)}$$

(i)

$$\alpha = \int_0^{l/2} t\cos\frac{n\pi}{l}t\,dt \quad \begin{cases} u = t & \rightarrow du = dt \\ dv = \cos\frac{n\pi}{l}t\,dt & \rightarrow v = \frac{l}{n\pi}\sin\frac{n\pi}{l}t \end{cases}$$

$$= \frac{lt}{n\pi}\sin\frac{n\pi}{l}t\Big|_0^{l/2} - \frac{l}{n\pi}\int_0^{l/2}\sin\frac{n\pi}{l}t\,dt$$

$$= \frac{l^2}{2n\pi}\sin\frac{n\pi}{2} + \frac{l^2}{n^2\pi^2}\cos\frac{n\pi}{l}t\Big|_0^{l/2}$$

$$= \frac{l^2}{2n\pi}\sin\frac{n\pi}{2} + \frac{l^2}{n^2\pi^2}\left(\cos\frac{n\pi}{2} - 1\right) \qquad \cdots\cdots \text{(b)}$$

(ii)

$$\beta = \int_{l/2}^{l}(l-t)\cos\frac{n\pi}{l}t\,dt \quad \begin{cases} u = l-t & \rightarrow du = -dt \\ dv = \cos\frac{n\pi}{l}\,dt & \rightarrow v = \frac{l}{n\pi}\sin\frac{n\pi}{l}t \end{cases}$$

$$= \frac{l(l-t)}{n\pi}\sin\frac{n\pi}{l}t\Big|_{l/2}^{l} + \frac{l}{n\pi}\int_{l/2}^{l}\sin\frac{n\pi}{l}t\,dt$$

$$= -\frac{l^2}{2n\pi}\sin\frac{n\pi}{2} - \frac{l^2}{n^2\pi^2}\cos\frac{n\pi}{l}t\Big|_{l/2}^{l}$$

$$= -\frac{l^2}{2n\pi}\sin\frac{n\pi}{2} - \frac{l^2}{n^2\pi^2}\left(\cos n\pi - \cos\frac{n\pi}{2}\right) \qquad \cdots\cdots \text{(c)}$$

따라서 식(b)와 (c)를 식(a)에 대입하면

$$a_n = \frac{4k}{n^2\pi^2}\left(2\cos\frac{n\pi}{2} - \cos n\pi - 1\right) \qquad \cdots\cdots \text{(d)}$$

결국, 우주기확장된 함수의 Fourier 급수는 다음과 같다.

$$f(t) = \frac{k}{2} - \frac{16k}{\pi^2}\left(\frac{1}{2^2}\cos\frac{2\pi}{l}t + \frac{1}{6^2}\cos\frac{6\pi}{l}t + \cdots\right) \cdots\cdots \text{(e)}$$

(2) 기주기확장

위와 유사한 방법으로 구하면

$$f(t) = \frac{8k}{\pi^2}\left(\frac{1}{1^2}\sin\frac{\pi}{l}t - \frac{1}{3^2}\sin\frac{3\pi}{l}t + \frac{1}{5^2}\sin\frac{5\pi}{l}t - \cdots\right)$$

$$\cdots\cdots \text{(f)}$$

□

연 습 문 제 3.3

문 1. 다음 함수 f(t)를 (1) Fourier sine 급수 및 (2) Fourier cosine 급수를 구하라.

(1) $f(t)=t \quad (0<t<\pi)$

(2) $f(t)=1 \quad (0<t<l)$

(3) $f(t)=t \quad (0<t<1)$

(4) $f(t)=t^2 \quad (0<t<2)$

(5) $f(t)=\begin{cases} t & \left(0<t<\frac{\pi}{2}\right) \\ \frac{\pi}{2} & \left(\frac{\pi}{2}<t<\pi\right) \end{cases}$

(6) $f(t)=\begin{cases} \frac{\pi}{2} & \left(0<t<\frac{\pi}{2}\right) \\ \pi-t & \left(\frac{\pi}{2}<t<\pi\right) \end{cases}$

(7) $f(t)=e^t \quad (0<t<5)$

(8) $f(t)=2-t \quad (0<t<10)$

3.4 Fourier 급수의 복소형식

일반적으로 주기함수의 Fourier 급수는 sine 및 cosine 항으로 주어진다. 이와 같은 sine 및 cosine 항은 지수형태로 표현할 수 있으므로 이 성질을 이용하면 경우에 따라 간편하게 Fourier 계수를 구할 수 있다. sine과 cosine은 Euler 공식에 의하여 다음과 같이 지수항으로 표현할 수 있다.

$$\sin\theta=\frac{1}{2j}(e^{j\theta}-e^{-j\theta}) \quad \cdots\cdots (3.32)$$

$$\cos\theta=\frac{1}{2}(e^{j\theta}+e^{-j\theta}) \quad \cdots\cdots (3.33)$$

이 관계들을 식(3.8)에 이용하면

$$
\begin{aligned}
f(x) &= a_0 + \sum_{n=1}^{\infty} [a_n \cos nx + b_n \sin nx] \\
&= a_0 + \sum_{n=1}^{\infty} \left[a_n \frac{e^{jnx} + e^{-jnx}}{2} + b_n \frac{e^{jnx} - e^{jnx}}{2j} \right] \\
&= a_0 + \sum_{n=1}^{\infty} \left[\left(\frac{a_n}{2} + \frac{b_n}{2j} \right) e^{jnx} + \left(\frac{a_n}{2} - \frac{b_n}{2j} \right) e^{-jnx} \right] \\
&= a_0 + \sum_{n=1}^{\infty} [c_n e^{jnx} + c_n^{*} e^{-jnx}] \\
&= a_0 + \sum_{n=1}^{\infty} [c_n e^{jnx} + c_{-n} e^{-jnx}] \qquad \cdots\cdots (3.34)
\end{aligned}
$$

여기서 c_n^{*}은 c_n의 공액복소수이고 이 경우 $c_n^{*} = c_{-n}$이라 놓는다. 따라서 식(3.34)은 다음과 같이 쓸 수 있다.

$$
\begin{aligned}
f(x) &= c_0 + \sum_{n=1}^{\infty} [c_n e^{jnx} + c_{-n} e^{-jnx}] \\
&= \sum_{n=-\infty}^{\infty} c_n e^{jnx} \qquad \cdots\cdots (3.35)
\end{aligned}
$$

여기서 c_n을 구하기 위하여 식(3.35)의 양변에 e^{-jnx}를 곱하고 $(-\pi, \pi)$에 대하여 적분하면

$$
\begin{aligned}
\int_{-\pi}^{\pi} f(x) e^{-jnx} dx &= c_n \int_{-\pi}^{\pi} dx \\
&= 2\pi c_n
\end{aligned}
$$

$$
\therefore \; c_n = \frac{1}{2\pi} \int_{-\pi}^{\pi} f(x) e^{-jnx} dx \qquad \cdots\cdots (3.36)
$$

따라서 일반적인 주기함수 $f(x)$에 대하여 다음과 같은 복소수 형태의 Fourier 급수를 얻는다.

$$
f(x) = \sum_{n=-\infty}^{\infty} c_n e^{jnx}
$$

$$
c_n = \frac{1}{2\pi} \int_{-\pi}^{\pi} f(x) e^{-jnx} dx
$$

만약 $x=\frac{2\pi}{T}t=\omega_0 t$라 하면

$$f(t)=\sum_{n=-\infty}^{\infty} c_n e^{jn\omega_0 t}$$

$$c_n=\frac{1}{T}\int_{-T/2}^{T/2} f(t)e^{-jn\omega_0 t}dt$$

일반적으로 복소 Fourier 급수 역시 3.1~3.3절과 같은 과정으로 전개할 수 있다. 식(3.35)과 식(3.36)에 대하여

$$e^{j\theta}=\cos\theta+j\sin\theta \qquad \cdots\cdots (3.37)$$

의 관계를 사용하면

$$f(x)=\sum_{n=-\infty}^{\infty} c_n\cos nx+j\sum_{n=-\infty}^{\infty} c_n\sin nx \qquad \cdots\cdots (3.38)$$

$$c_n=\frac{1}{2\pi}\int_{-\pi}^{\pi} f(x)\cos nx\,dx-\frac{j}{2\pi}\int_{-\pi}^{\pi} f(x)\sin nx\,dx \qquad \cdots\cdots (3.39)$$

만약, 주어진 함수가 우함수이면 식(3.38) 및 식(3.39)의 오른쪽 2번째 항은 0이고 따라서

$$f(x)=c_0+2\sum_{n=1}^{\infty} c_n\cos nx \qquad \cdots\cdots (3.40)$$

$$c_n=\frac{1}{\pi}\int_0^{\pi} f(x)\cos nx\,dx \qquad \cdots\cdots (3.41)$$

또한, 함수가 기함수이면 다음과 같은 결과를 얻는다.

$$f(x)=2\sum_{n=1}^{\infty} c_n\sin nx \qquad \cdots\cdots (3.42)$$

$$c_n=\frac{j}{\pi}\int_0^{\pi} f(x)\sin nx\,dx \qquad \cdots\cdots (3.43)$$

예제 3-11

그림 3.17과 같은 톱니파를 복소수형 Fourier 급수로 전개하라.

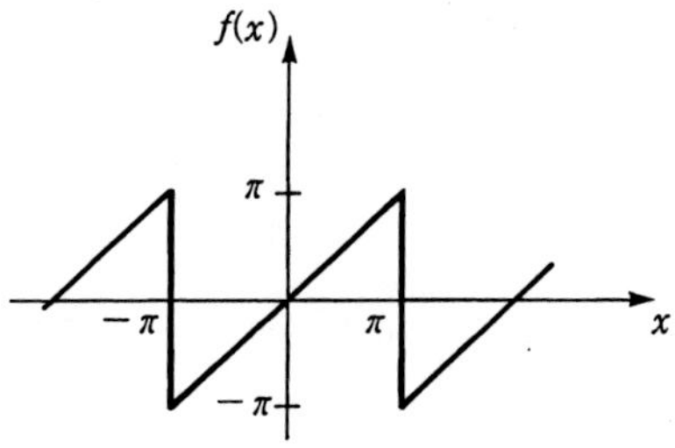

그림 3.17

☞ 이 함수는

$$f(x) = x \quad (-\pi < x < \pi) \qquad \cdots\cdots \text{(a)}$$

따라서 복소 Fourier 계수는

$$c_n = \frac{1}{2\pi}\int_{-\pi}^{\pi} x e^{-jnx} dx \quad \left\{ \begin{array}{ll} u = x & \rightarrow du = dx \\ dv = e^{-jnx}dx & \rightarrow v = -\frac{1}{jn} e^{-jnx} \end{array} \right.$$

$$= \frac{1}{2\pi}\left[-\frac{x}{jn} e^{-jnx}\Big|_{-\pi}^{\pi} + \frac{1}{jn}\int_{-\pi}^{\pi} e^{-jnx} dx \right]$$

$$= \frac{1}{2\pi}\left[-\frac{\pi}{jn}(e^{-jn\pi} + e^{jn\pi}) + \frac{1}{n^2}(e^{-jn\pi} - e^{jn\pi}) \right]$$

$$= \frac{1}{2\pi}\left[-\frac{\pi}{jn} 2\cos n\pi - \frac{2j}{n^2} \sin n\pi \right]$$

$$= \frac{1}{jn}(-1)^{n+1} \qquad \cdots\cdots \text{(b)}$$

따라서 $f(x)$에 대한 복소 Fourier 급수는 다음과 같다.

$$f(x) = \sum_{-\infty}^{\infty} \frac{1}{jn}(-1)^{n+1} e^{jnx}$$

$$= \frac{1}{j}(e^{jx} - e^{-jx}) - \frac{1}{2j}(e^{j2x} - e^{-j2x}) + \frac{1}{3j}(e^{j3x} - e^{-j3x}) - \cdots$$

$$= 2\left[\sin x - \frac{1}{2}\sin 2x + \frac{1}{3}\sin 3x - + \cdots \right] \qquad \cdots\cdots \text{(c)}$$

식(c)은 예제 3-3의 식(d)와 같다. □

연 습 문 제 3.4

문 1. 다음과 같은 함수에 대한 복소 Fourier 급수를 구하라.

(1) $f(x) = x \quad (-\pi < x < \pi)$

(2) $f(t) = 1 - t \quad (-2 < t < 2)$

(3) $f(x) = \begin{cases} 1 & (0 < x < \pi) \\ -1 & (-\pi < x < 0) \end{cases}$

(4) $f(t) = \begin{cases} t & (0 < t < 2) \\ 0 & (-2 < t < 0) \end{cases}$

3.5 Fourier 급수를 구하는 다른 방법

앞에서는 주기함수의 Fourier 계수를 구하는 경우에 반드시 적분법을 사용하지 않으면 안되었다. 이 절에서는 적분을 직접 사용하지 않고서도 Fourier 계수를 구하는 방법을 소개한다.

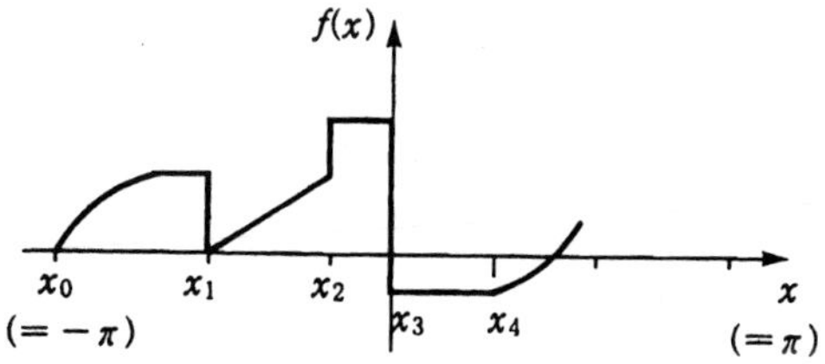

그림 3.18

점 x_0에서의 함수 $g(x)$의 도약(jump) j는 점 x_0에서의 우측극한과 좌측극한의 차로 정의된다. 즉,

$$j = g(x_0 + 0) - g(x_0 - 0) \qquad \cdots\cdots (3.44)$$

따라서 상향도약(upward jump)은 (+)이고 하향도약(downward jump)은 (-)값을 가진다. 만약, 그림 3.18에서와 같이 함수 $f(x)$가 주기 2π를

갖고, 구간 $-\pi < x < \pi$에서 다항식 $p_1(x)$, $p_2(x)$, ……, $p_m(x)$로 표현할 수 있다고 가정해 보자.

$$f(x) = \begin{cases} p_1(x) & (x_0 < x < x_1) \\ p_2(x) & (x_1 < x < x_2) \\ \cdots\cdots & \\ p_m(x) & (x_{m-1} < x < x_m) \end{cases} \quad \cdots\cdots (3.45)$$

이 경우 $f(x)$는 x_0, x_1, ……, x_m에서 도약을 가질수 있으며 그 도함수 $f'(x)$, $f''(x)$, …… 등도 도약을 가질 수 있다. 여기서 도약값을 다음과 같이 정의한다.

$j_s = x_s$에서 f의 도약

$j_s' = x_s$에서 f'의 도약

$j_s'' = x_s$에서 f''의 도약

$\vdots \qquad\qquad (s=1,\ 2,\ \cdots,\ m)$

예제 3-12

$$f(x) = \begin{cases} 0 & (-\pi < x < 0) \\ x^2 & (0 < x < \pi) \end{cases}$$

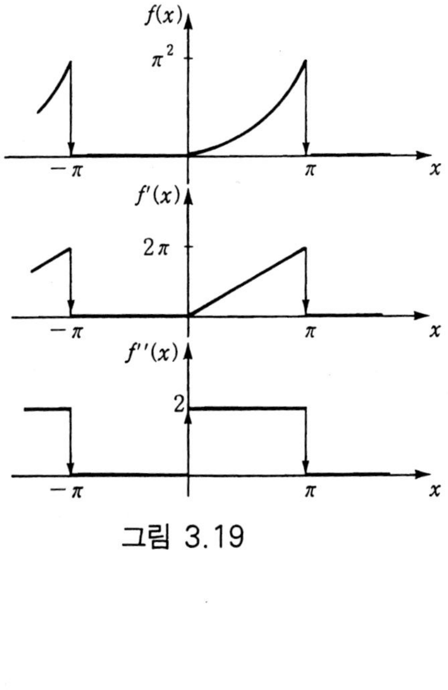

그림 3.19

이 함수의 도약을 구하라.

☞

	$x=0$에서의 도약	$x=\pi$에서의 도약
f	$j_1=0$	$j_2=-\pi^2$
f'	$j_1'=0$	$j_2'=-2\pi$
f''	$j_1''=0$	$j_1''=-2$

□

적분문제를 풀지 않고서 도약을 사용하여 Fourier 급수를 전개하기 위하여 그 계수를 구하는 과정을 살펴 보면 다음과 같다.

주어진 주기함수 $f(x)$에 대하여 a_0는 동일하며 a_n은 3.2절의 식(3.14)로부터

$$\begin{aligned}\pi a_n &= \int_{-\pi}^{\pi} f(x)\cos nx\,dx \\ &= \int_{x_0}^{x_1} f(x)\cos nx\,dx + \int_{x_1}^{x_2} f(x)\cos nx\,dx + \cdots \\ &\qquad + \int_{x_{m-1}}^{x_m} f(x)\cos nx\,dx \\ &= \sum_{s=1}^{m}\int_{x_{s-1}}^{x_s} f(x)\cos nx\,dx \qquad \cdots\cdots (3.46)\end{aligned}$$

여기서

$$\alpha = \int_{x_{s-1}}^{x_s} f(x)\cos nx\,dx \quad \begin{cases} u=f(x) & \rightarrow du=f'(x)dx \\ dv=\cos nx\,dx & \rightarrow v=\dfrac{1}{n}\sin nx \end{cases}$$

$$\begin{aligned}&= \frac{f(x)}{n}\sin nx\Big|_{x_{s-1}}^{x_s} - \frac{1}{n}\int_{x_{s-1}}^{x_s} f'(x)\sin nx\,dx \\ &= \frac{1}{n}[f(x_s-0)\sin nx_s - f(x_{s-1}+0)\sin nx_{s-1}] + \frac{1}{n}\int_{x_{s-1}}^{x_s} f'(x)\sin nx\,dx \\ &= \frac{1}{n}[f(x_s-0)S_s - f(x_{s-1}+0)S_{s-1}] + \frac{1}{n}\int_{x_{s-1}}^{x_s} f'(x)\sin nx\,dx \qquad \cdots\cdots (3.47)\end{aligned}$$

식(3.47)을 식(3.46)에 대입하여 정리하면

$$\begin{aligned}\pi a_n &= \frac{1}{n}\sum_{s=1}^{m}[f(x_s-0)S_s - f(x_{s-1}+0)S_{s-1}] \\ &\quad -\frac{1}{n}\sum_{s=1}^{m}\int_{x_{s-1}}^{x_s} f'(x)\sin nx\,dx \qquad \cdots\cdots (3.48)\end{aligned}$$

식(3.48)에서

$$\begin{aligned}\beta &= \sum_{s=1}^{m}[f(x_s-0)S_s-f(x_{s-1}+0)S_{s-1}]\\ &= -f(x_0+0)S_0+[f(x_1-0)-f(x_1+0)]S_1\\ &\quad +[f(x_2-0)-f(x_2+0)]S_2+\cdots+f(x_m-0)S_m\end{aligned}$$

여기서

$$f(x_0)=f(x_m),\quad S_0=S_m \qquad (\because\ f(-\pi)=f(\pi))$$

$$f(x_s-0)-f(x_s+0)=-j_s$$

의 관계를 사용하면

$$\begin{aligned}\beta &= -\sum_{s=1}^{m}j_sS_s\\ &= -\sum_{s=1}^{m}j_s\sin nx_s \qquad \cdots\cdots (3.49)\end{aligned}$$

식(3.49)를 식(3.48)에 대입하면

$$\pi a_n=-\frac{1}{n}\sum_{s=1}^{m}j_s\sin nx_s-\frac{1}{n}\sum_{s=1}^{m}\int_{x_{s-1}}^{x_s}f'(x)\sin nx\,dx \qquad \cdots\cdots (3.50)$$

이와 유사한 방법으로 식(3.50)의 우변항 중에서

$$\begin{aligned}\gamma &= \sum_{s=1}^{m}\int_{x_{s-1}}^{x_s}f'(x)\sin nx\,dx\\ &= -\frac{1}{n}\sum_{s=1}^{m}j_s'\cos nx_s+\frac{1}{n}\sum_{s=1}^{m}f''(x)\cos nx_s dx\end{aligned}$$

결국, 같은 과정을 반복하면 다음의 결과를 얻는다.

$$f(x)=a_0+\sum_{n=1}^{\infty}[a_n\cos nx+b_n\sin nx] \qquad \cdots\cdots (3.51)$$

$$a_0=\frac{1}{2\pi}\int_{-\pi}^{\pi}f(x)dx \qquad \cdots\cdots (3.52)$$

$$\begin{aligned}a_n &= \frac{1}{n\pi}\Big[-\sum_{s=1}^{m}j_s\sin nx_s-\frac{1}{n}\sum_{s=1}^{m}j_s'\cos nx_s\\ &\quad -\frac{1}{n^2}\sum_{s=1}^{m}j_s''\sin nx_s+\frac{1}{n^3}\sum_{s=1}^{m}j_s^{(3)}\cos nx_s\\ &\quad --++\cdots\Big] \qquad \cdots\cdots (3.53)\end{aligned}$$

$$b_n = \frac{1}{n\pi}\Big[\sum_{s=1}^{m} j_s \cos nx_s - \frac{1}{n} \sum_{s=1}^{m} j_s' \sin nx_s$$
$$- \frac{1}{n^2} \sum_{s=1}^{m} j_s'' \cos nx_s + \frac{1}{n^3} \sum_{s=1}^{m} j_s^{(3)} \sin nx_s$$
$$+ - - + + \cdots \Big] \quad \cdots\cdots (3.54)$$

예제 3-13

그림 3.20의 Fourier 급수를 구하라.

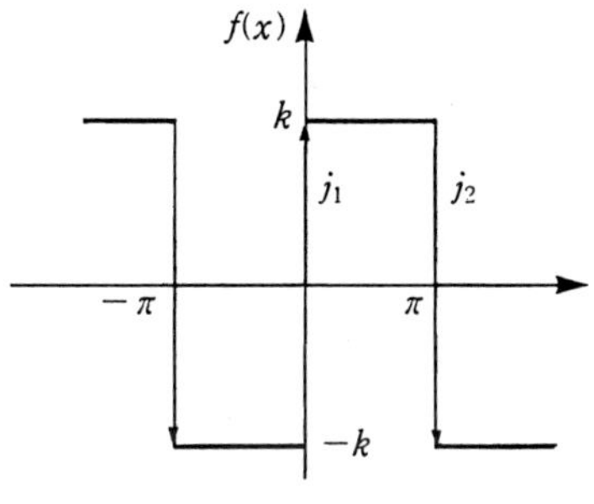

그림 3.20

☞ 이 함수는 기함수이므로 $a_0 = a_n = 0$이다. 이 함수의 도약은 $j_1 = 2k$, $j_2 = -2k$이고 함수의 1차 이상의 도함수는 0이므로

$$\begin{aligned} b_n &= \frac{1}{n\pi}[j_1 \cos nx_1 + j_2 \cos nx_2] \\ &= \frac{2k}{n\pi}[\cos 0 - \cos n\pi] \\ &= \frac{2k}{n\pi}[1 - (-1)^n] \end{aligned}$$

따라서,

$$\begin{aligned} f(x) &= \sum_{n=1}^{\infty} \frac{2k}{n\pi}[1 - (-1)^n] \sin nx \\ &= \frac{4k}{\pi}\Big[\sin x + \frac{1}{3} \sin 3x + \frac{1}{5} \sin 5x + \cdots \Big] \end{aligned}$$

□

연 습 문 제 3.5

문 1. 적분을 사용하지 않고서 연습문제 3.1의 문 2와 3의 Fourier 급수를 구하라.

문 2. 식(3.54)를 간단하게 유도하라.

문 3. 3.5절의 방법을 $x=(2\pi/T)t$로 치환한 시간함수 $f(t)$에 대해서도 Fourier 계수를 구하는 식을 전개하라.

3.6 Fourier 급수의 응용

3.6.1 미분방정식의 정상상태해

Fourier 급수는 제차항이 비정현 주기함수로 이루어진 미분방정식의 정상상태해를 구하는 경우에 유용하게 사용된다. 미분방정식을 풀기 전에 다음과 같은 예제를 먼저 살펴 보자.

예제 3-14

그림 3.21과 같은 주기함수의 Fourier 급수를 구하라. 이 함수는 다음과 같이 표현된다.

$$v(t)=\begin{cases} V & (-\pi < t < 0) \\ -V & (0 < t < \pi) \end{cases}, \quad T=2\pi, \quad \omega_0 = 1[\text{rad/sec}] \qquad \cdots\cdots \text{(a)}$$

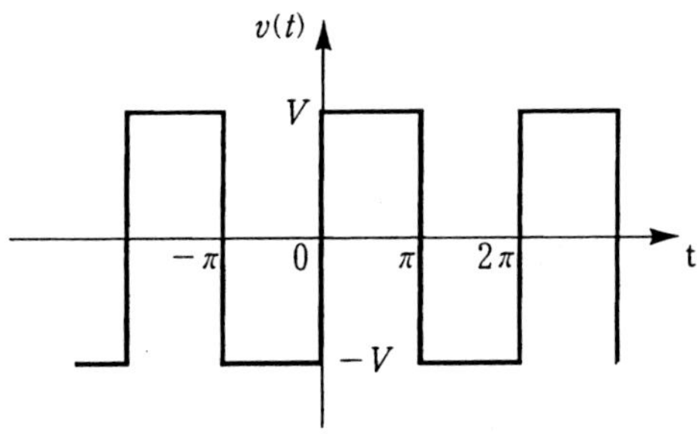

그림 3.21

☞ 주어진 함수는 기함수이므로 $a_0 = a_n = 0$이다. 따라서,

$$\begin{aligned} b_n &= \frac{4}{T}\int_{-T/2}^{T/2} f(t)\sin nt\,dt \\ &= \frac{2V}{\pi}\int_0^{\pi}\sin nt\,dt \end{aligned}$$

$$= \frac{V}{n\pi}\left[-\cos nt\Big|_0^{\pi}\right]$$
$$= \frac{2V}{n\pi}[1-\cos n\pi]$$
$$= \frac{2V}{n\pi}[1-(-1)^n]$$
$$= \frac{4V}{n\pi} \quad (n = 1, 2, \cdots\cdots) \qquad \cdots\cdots \text{(b)}$$

따라서, Fourier 급수는 다음과 같이 주어진다.

$$v(t) = \sum_{n=1}^{\infty}\frac{4V}{n\pi}\sin nt \quad (n = 1, 2, \cdots\cdots)$$
$$= \frac{4V}{\pi}\left[\sin t+\frac{1}{3}\sin 3t+\frac{1}{5}\sin 5t+\cdots\cdots\right] \qquad \cdots\cdots \text{(c)}$$

□

이 예제 3-14의 결과식(c)는 예제 3-5에서는 물론, 다음 절에서 동일한 것이 사용된다. 다음은 이와 같은 Fourier 급수의 전개 결과를 사용하여 미분방정식의 정상상태해를 구하는 예제를 보여 준다.

예제 3-15

다음과 같은 미분방정식이 있다.

$$\ddot{y} + 0.02\dot{y} + 25y = v(t) \qquad \cdots\cdots \text{(a)}$$

여기서 $v(t)$는 예제 3-14의 그림 3.21과 같다. 이 경우, 식(a)로 주어지는 시스템의 정상상태응답을 구하라.

☞ $v(t)$를 Fourier 급수로 전개하면 예제 3-14의 식(c)와 같다. 즉,

$$v(t) = \frac{4V}{\pi}\left[\sin t+\frac{1}{3}\sin 3t+\frac{1}{5}\sin 5t+\cdots\cdots\right] \qquad \cdots\cdots \text{(b)}$$

이제 미분방정식의 우변을 식(b)의 일반항으로 표현하면

$$\ddot{y} + 0.02\dot{y} + 25y = \frac{4V}{n\pi}\sin nt \quad (n = 1, 2, \cdots\cdots) \qquad \cdots\cdots \text{(c)}$$

따라서 식(c)의 정상상태해 $y_n(t)$는

$$y_n(t) = A_n\cos nt + B_n\sin nt \qquad \cdots\cdots \text{(d)}$$

와 같은 형태이므로

$$\dot{y}_n(t) = -nA_n\sin nt + nB_n\cos nt \qquad \cdots\cdots \text{(e)}$$
$$\ddot{y}_n(t) = -n^2A_n\cos nt - n^2B_n\sin nt \qquad \cdots\cdots \text{(f)}$$

식(d)~(f)를 식(c)에 대입하면

$$A_n = \frac{-0.08V}{\pi D_n}, \quad B_n = \frac{4(25-n^2)V}{n\pi D_n} \qquad \cdots\cdots \text{(g)}$$

여기서

$$D_n = (25-n^2)^2 + (0.02n)^2$$

따라서 구하는 정상상태해는

$$y = y_1 + y_3 + y_5 + \cdots\cdots \qquad \cdots\cdots \text{(h)}$$

이고, 식(d)의 진폭은 식(g)의 결과를 이용하면 다음과 같다.

$$C_n = \sqrt{A_n^2 + B_n^2} = \frac{4V}{n\pi\sqrt{D_n}} \qquad \cdots\cdots \text{(i)}$$

따라서,

$$c_1 = 0.0531[\text{V}]$$
$$c_3 = 0.0265[\text{V}]$$
$$c_5 = 2.5465[\text{V}]$$
$$c_7 = 0.0076[\text{V}]$$

이 결과에서 알 수 있듯이, 제5고조파 성분이 정상상태응답의 주된 항을 이루고 있다. □

3.6.2 회로의 정상상태 해석

정현파가 아닌 주기파형이 회로망에 존재할 때 해석은 단순회로를 방법과 중첩의 원리(principle of superposition)를 사용하면 된다. 이 경우, 회로시스템의 정상상태응답은 교류회로에서는 벡터해석법이나 페이저(phasor) 해석법이 사용된다. 그러나, 2장에서 설명한 바와 같이, Laplace 변환법을 사용하거나 Fourier 급수 전개법을 이용하기도 한다. 이 절에서는 Fourier 급수가 회로망 해석에 도입되는 과정과 그 응용 예를 간단히 설명한다. 그림 3.22와 같은 RC 회로에 대한 출력전압을 구하는 문제를 생각해 보자.

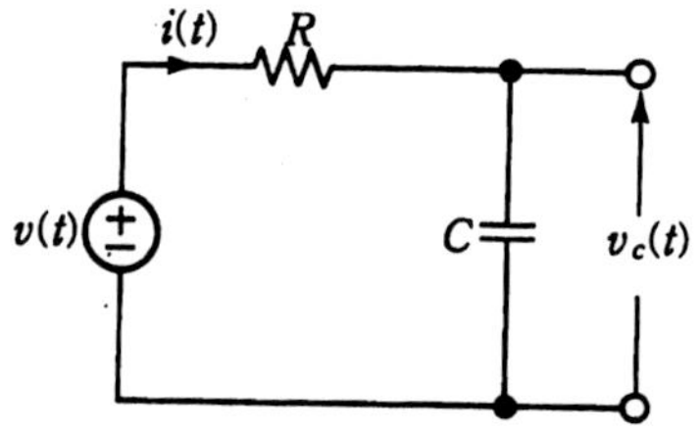

그림 3.22 RC 회로

여기서 $R=C=1$이고 $\omega_0=2\pi/T=1$[rad/sec]이라 가정한다.

(1) 전원이 단일 주파수인 경우

이 회로의 입력을 다음과 같다고 가정한다.

$$v(t)=10\sqrt{2}\sin t \qquad \cdots\cdots (3.55)$$

이 경우에 교류이론에 의하면 전압벡터는

$$\dot{V}=10\angle 0^\circ$$

이고, 출력전압벡터는 분압법칙에 의하여 다음과 같다.

$$\begin{aligned}\dot{V}_c &= \frac{\frac{1}{j\omega C}}{R+\frac{1}{j\omega C}}\dot{V} \\ &= \frac{1}{1+j\omega RC}\dot{V} \\ &= \frac{10}{\sqrt{2}}\angle -45^\circ \end{aligned} \qquad \cdots\cdots (3.56)$$

여기서

$$\dot{H}=\frac{1}{1+j\omega RC}$$

는 입・출력 사이의 전달함수(transfer function)이다. 따라서, 출력전압은 식(3.56)에 의하여 다음과 같이 구해진다.

$$v_c(t)=10\sin(t-45^\circ) \qquad \cdots\cdots (3.57)$$

일반적으로 그림 3.22와 같은 회로는 반도체 장치에 자주 등장하는 회로 중 하나로, 1차지연회로(1st order phase-lag circuit) 또는 저역통과필터(low-pass filter)로 사용된다. 식(3.57)에서 알 수 있듯이, 출력전압의 진폭은 입력전압의 진폭의 $1/\sqrt{2}$로 감소되고 위상은 45° 지연된다.

(2) 전원이 2개의 주파수를 가진 경우.

그림 3.22의 회로 전원으로 다음과 같은 입력전압을 인가했다고 가정해 보자.

$$v(t) = v_1(t) + v_2(t)$$
$$= 10\sqrt{2}\sin t + 5\sqrt{2}\sin 3t \qquad \cdots\cdots (3.58)$$

이 경우에 출력은 $v_1(t)$ 및 $v_2(t)$에 의해 각각 나타나는 출력들의 중첩으로 구해진다.

$$v_c(t) = v_{c1}(t) + v_{c2}(t) \qquad \cdots\cdots (3.59)$$

이 때 $v_{c1}(t)$나 $v_{c2}(t)$는 앞에서의 (1)의 과정과 같이 구하면

$$\dot{V}_{c1} = \frac{1}{1+j\omega RC}\dot{V}_1 = \frac{10}{\sqrt{2}}\angle -45^\circ \qquad \cdots\cdots (3.60)$$
$$\dot{V}_{c2} = \frac{1}{1+j3\omega RC}\dot{V}_2 = \frac{5}{\sqrt{10}}\angle -71.6^\circ \qquad \cdots\cdots (3.61)$$

따라서 출력전압은 중첩의 원리에 의하여

$$v_c(t) = 10\sin(t-45^\circ) + \sqrt{5}\sin(3t-71.6^\circ) \cdots\cdots (3.62)$$

식(3.60) 및 (3.61)로부터 기본파는 $1/\sqrt{2}$로 감소하지만 제3고조파는 $1/\sqrt{10}$으로 감소율이 큼을 알 수 있다. 이와 같은 성질은 신호전송이나 변환시스템에 있어서, 불필요한 신호를 억제하여 필요한 신호의 동특성이 강조되도록 하거나 노이즈(noise)를 차단하는 필터(filter)회로 등의 설계에 이용된다.

일반적으로 그림 3.22와 같은 회로의 입력이 k개의 독립된 주파수를 가진 신호라 한다면

$$\dot{V} = \dot{V}_1 + \dot{V}_2 + \cdots\cdots + \dot{V}_k \qquad \cdots\cdots (3.63)$$

으로 표현할 수 있다. 이 때 출력은

$$\dot{V}_c = \sum_{i=1}^{k} \dot{H}_i \dot{V}_i \qquad \cdots\cdots (3.64)$$

로 주어지고 여기서 전달함수는 다음과 같이 주어진다.

$$\dot{H}_k = \frac{1}{1+jk\omega RC} \qquad \cdots\cdots (3.65)$$

예제 3-16

그림 3.22와 같은 회로에 그림 3.21과 같은 구형파 펄스를 입력전압으로 인가했을 경우에 출력전압을 구하라.

☞ 먼저, 주어진 파형의 Fourier 급수를 구하면 예제 3-14의 결과식 (c)와 같다. 즉,

$$v(t) = \frac{4V}{\pi}\left(\sin t + \frac{1}{3}\sin 3t + \frac{1}{5}\sin 5t + \cdots\cdots\right) \qquad \cdots\cdots \text{(a)}$$

따라서

$$\dot{V} = \dot{V}_1 + \dot{V}_3 + \dot{V}_5 + \cdots\cdots$$

$$= \frac{4V}{\sqrt{2}\pi}\left(1 + \frac{1}{3} + \frac{1}{5} + \cdots\cdots\right) \qquad \cdots\cdots \text{(b)}$$

한편, 입.출력 사이의 전달관계는 식(3.65)로부터

$$\dot{H}_k = \frac{1}{1+jk} \qquad \cdots\cdots \text{(c)}$$

따라서 출력전압은 다음과 같다.

$$\dot{V} = \sum_{k=1}^{\infty} \dot{H}_k \dot{V}_k$$

$$= \frac{4V}{\sqrt{2}\pi}\left(1\angle -45^\circ + \frac{1}{3\sqrt{10}}\angle -71.6^\circ + \frac{1}{5\sqrt{26}}\angle -78.7^\circ + \cdots\right) \qquad \cdots\cdots \text{(d)}$$

결국, 출력전압의 순시치는

$$v_c(t) = \frac{4V}{\sqrt{2}\pi}\left\{\sin(t-45^\circ) + \frac{1}{3\sqrt{10}}\sin(3t-71.6^\circ) + \frac{1}{5\sqrt{26}}\sin(5t-78.7^\circ) + \cdots\right\} \qquad \cdots\cdots \text{(e)}$$

□

3.6.3 스펙트럼에 의한 해석

비선형 주기함수는 Fourier 급수 전개에 의하여 진폭 및 위상 스펙트럼을 구할수 있다. 이와 마찬가지로, 회로망 함수에 대한 진폭과 위상 스펙트럼도 구할 수 있으며 이들 관계를 이용하여 회로 특성을 해석할 수 있다. 일반적으로

응답의 진폭스펙트럼 = 회로망함수의 진폭스펙트럼
× 입력원의 진폭스펙트럼 ······ (3.66)

응답의 위상스펙트럼 = 회로망함수의 위상스펙트럼
+ 입력원의 위상스펙트럼 ······ (3.67)

예제 3-17

그림 3.22와 같은 회로에 그림 3.21과 같은 형태의 펄스입력을 인가했을 경우에, 식(3.66) 및 (3.67)을 이용하여 출력전압을 구하라.

☞ 예제 3-14의 결과식(c)를 다시 쓰면

$$v(t)=\frac{4V}{\pi}\left(\sin t+\frac{1}{3}\sin 3t+\frac{1}{5}\sin 5t+\cdots\cdots\right) \qquad \cdots\cdots \text{(a)}$$

따라서, 각 주파수에서 진폭 및 위상스펙트럼을 그리면 그림 3.23과 같다.

한편, 입.출력 사이의 회로망 함수는 예제 3-16의 (c)에 의하여

$$\dot{H}_k=\frac{1}{1+jk} \qquad \cdots\cdots \text{(b)}$$

따라서 식(b)에 대한 스펙트럼을 구하면 그림 3.24와 같다. 결국, 식(3.66) 및 (3.67)을 이용하면 출력 스펙트럼은 그림 3.25와 같다. 그러므로, 출력전압은 예제 3-16의 식(e)와 같음을 알 수 있다.

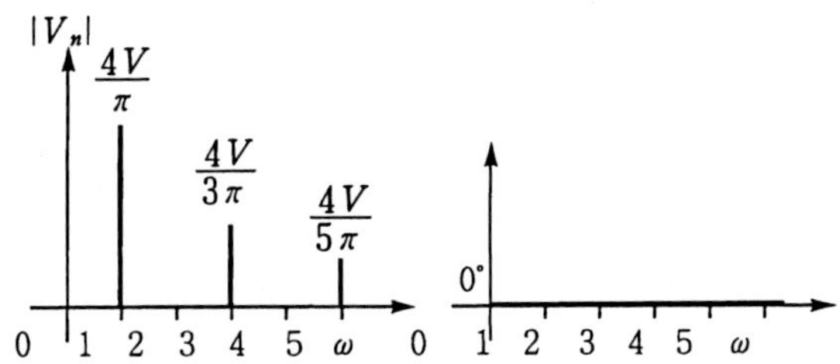

(a) 진폭 (b) 위상

그림 3.23 식(a)에 대한 스펙트럼

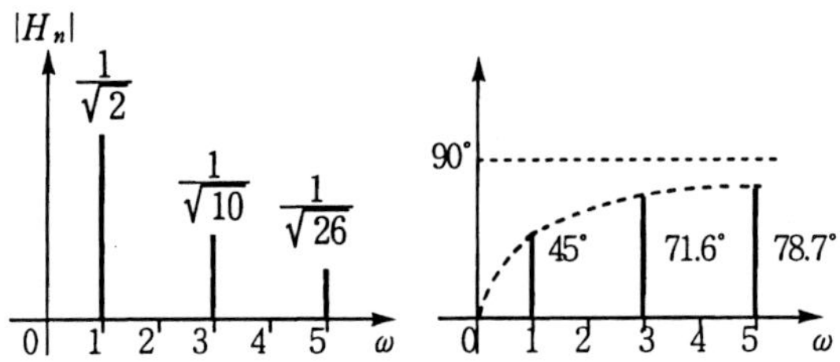

(a) 진폭 (b) 위상

그림 3.24 식(b)에 대한 스펙트럼

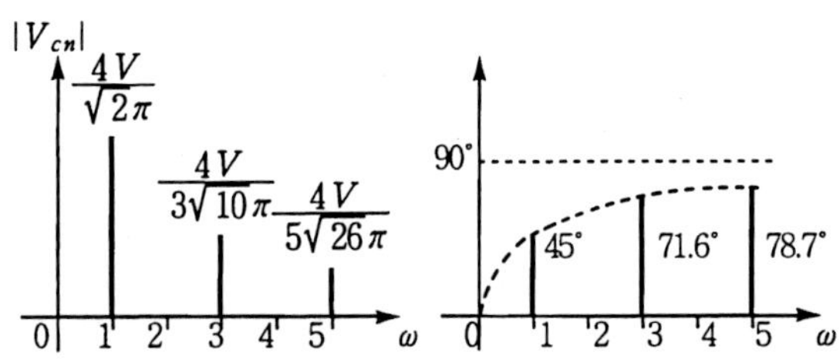

(a) 진폭 (b) 위상

그림 3.25 출력전압에 대한 스펙트럼

3.6.4 비정현파 주기함수의 실효치

3.4절에서 설명한 바와 같이 비정현 주기파형의 복소 Fourier 급수는 식(3.35)와 (3.36)에 의하여 기술된다.

$$f(t) = \sum_{n=-\infty}^{\infty} c_n e^{jn\omega_0 t} \quad \cdots\cdots (3.68)$$

$$c_n = \frac{1}{T}\int_0^T f(t)e^{-jn\omega_0 t}dt \quad \cdots\cdots (3.69)$$

또한, 일반형태의 Fourier 급수는

$$f(t) = a_0 + \sum_{n=1}^{\infty}[a_n \cos n\omega_0 t + b_n \sin n\omega_0 t] \quad \cdots\cdots (3.70)$$

여기서, a_0, a_n, 및 b_n은 3.1.3절의 (IV)에서 주어진다.

식(3.68)과 식(3.69)를 비교하면

$$c_0 = a_0 \quad \cdots\cdots (3.71)$$

$$|c_n| = \frac{1}{2}\sqrt{a_n^2 + b_n^2} \quad \cdots\cdots (3.72)$$

$$|c_n|^2 = c_n c_n^* = c_n c_{-n} \quad \cdots\cdots (3.73)$$

$$c_n = |c_n|e^{j\phi_n}, \quad c_{-n} = |c_n|e^{-j\phi_n} \quad \cdots\cdots (3.74)$$

식(3.74)의 관계를 식(3.68)에 사용하면

$$f(t) = c_0 + 2\sum_{n=1}^{\infty}|c_n|\cos(n\omega_0 t + \phi_n) \quad \cdots\cdots (3.75)$$

이 함수의 실효치를 F라 하면

$$F^2 = \frac{1}{T}\int_0^T f^2(t)\,dt$$
$$= \frac{1}{T}\int_0^T \left[c_0 + 2\sum_{n=1}^{\infty}|c_n|^2\cos(n\omega_0 t + \phi_n)\right]^2 dt$$

주파수가 다른 두 신호의 한 주기 적분은 0이므로, 위 식은 다음과 같이 된다.

$$F^2 = c_0^2 + \sum_{n=1}^{\infty} 2|c_n|^2 \quad \cdots\cdots (3.76)$$

이제, 전압이 식(3.70)과 같은 형태로 다음과 같이 주어진다고 생각해 보자.

$$v(t) = V_0 + \sum_{n=1}^{\infty}[V_{an}\cos n\omega_0 t + V_{bn}\sin n\omega_0 t] \cdots\cdots (3.77)$$

이 경우, V_0는 직류분이고, 각 주파수에 대한 실효치를 $E_{an} = V_{an}/\sqrt{2}$, 및 $E_{bn} = V_{bn}/\sqrt{2}$이라 하면 식(3.72)로부터

$$|c_n|^2 = \frac{1}{2}(E_{an}^2 + E_{bn}^2) = \frac{1}{2}E_n^2$$

$$\therefore 2|c_n|^2 = E_n^2 \cdots\cdots (3.78)$$

따라서, 식(3.76)에 식(3.78)을 대입하면 비정현 주기파형의 실효치는 다음과 같이 주어진다.

$$V = \sqrt{V_0^2 + V_1^2 + V_2^2 + \cdots\cdots} \cdots\cdots (3.79)$$

여기서 V_1은 기본파, V_2, V_3, ……는 제2, 3 …… 고조파(harmonics)의 실효치이다.

예제 3-18

다음과 같이 표현되는 파형의 실효치를 구하라.

(1) $v(t) = 10 + 5\sin t + 3\sin(2t + 30^\circ)$ …… (a)

(2) $i(t) = 5\sin t + 3\sin 3t$ …… (b)

☞ (1) $V = \sqrt{10^2 + \left(\frac{5}{\sqrt{2}}\right)^2 + \left(\frac{3}{\sqrt{2}}\right)^2} \fallingdotseq 10.41[\mathrm{V}]$ …… (c)

(2) $V = \sqrt{\left(\frac{5}{\sqrt{2}}\right)^2 + \left(\frac{3}{\sqrt{2}}\right)^2} \fallingdotseq 2.91[\mathrm{A}]$ …… (d)

□

3.6.5 회로의 전력과 역률

비정현파 주기함수에 대한 전력과 역률을 구하기 전에 다음과 같은 RL 회로를 생각해 보자. 여기서 $R = 3[\Omega]$이고 $L = 4[\mathrm{H}]$이다.

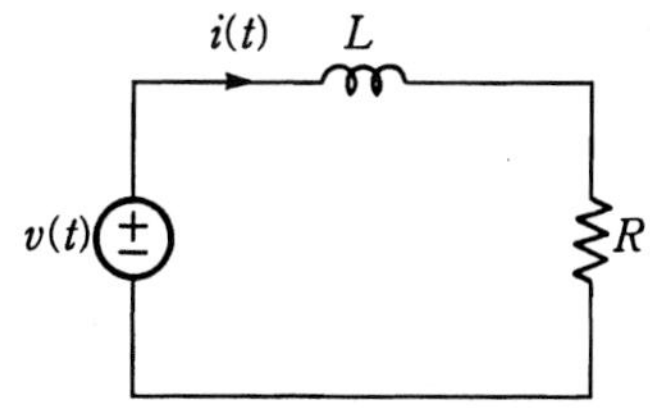

그림 3.26 RL 회로시스템.

(1) 단일 주파수 신호의 경우

우선, 이 회로에 다음의 입력전원이 인가된다고 가정해 보자.

$$v(t) = 10\sqrt{2}\sin t \qquad \cdots\cdots (3.80)$$

이 때 회로의 임피던스는

$$\dot{Z} = R + j\omega L = 3 + j4 = 5\angle 53^\circ$$

또한, 입력전압 $\dot{V} = 10\angle 0^\circ$ 이므로 이 회로의 전류는

$$\dot{I} = \frac{\dot{V}}{\dot{Z}} = 2\angle -53^\circ$$

결국, 이 회로의 전력은

$$\begin{aligned} P &= \mathrm{Re}[\dot{V}\dot{I}] = 10\times 2\times \cos 53^\circ \\ &= 12\,[\mathrm{W}] \end{aligned} \qquad \cdots\cdots (3.81)$$

여기서 Re는 복소수의 실수부를 나타낸다. 이 경우에 역률은 다음과 같다.

$$p.f. = \cos 53^\circ = 0.6 \qquad \cdots\cdots (3.82)$$

(2) 2개의 주파수를 가진 신호의 경우

이제 입력전압이 2개의 독립적인 주파수를 가진 경우를 생각해 보자.

$$\begin{aligned} v(t) &= v_1(t) + v_2(t) \\ &= 10\sqrt{2}\sin t + 5\sqrt{2}\sin 2t \end{aligned} \qquad \cdots\cdots (3.83)$$

이 경우, 전압벡터는

$$\dot{V}_1 = 10\angle 0^\circ\ , \quad \dot{V}_2 = 5\angle 0^\circ$$

이고, 각 주파수에 대한 임피던스는 다음과 같다.

$$\dot{Z}_1 = 3 + j4 = 5\angle 53^\circ$$
$$\dot{Z}_2 = 2 + j2\times 4 = 8.51\angle 69.4^\circ$$

따라서 전류벡터는

$$\dot{I} = \dot{I}_1 + \dot{I}_2 = 2\angle -53^\circ + 0.58\angle -69.4^\circ$$

결국, 이 회로의 전력은

$$P = P_1 + P_2 = V_1 I_1 \cos\theta_1 + V_2 I_2 \cos\theta_2$$
$$= 12 + 0.1 \fallingdotseq 12.1\,[\mathrm{W}] \qquad \cdots\cdots (3.84)$$

또한, $V = 11.18[\mathrm{V}]$, $I = 2.08[\mathrm{A}]$이므로, 이 회로의 피상전력은

$$P_a = VI = 23.28[\mathrm{VA}]$$

따라서 전체회로의 합성역률은 다음과 같이 주어진다.

$$p.f = \frac{P}{P_a} = 0.52 \qquad \cdots\cdots (3.85)$$

이 해석 결과로부터 회로의 소자 또는 외부 영향에 의해 전원의 기본파에 고조파가 유입되면 소비전력은 거의 변화하지 않지만 역률은 현저하게 감소함을 알 수 있다.

이제, 전압과 전류에 대한 Fourier 급수가 다음과 같이 주어진다고 가정해 보자.

$$v(t) = V_0 + V_{m1}\sin(\omega_0 t + \theta_1) + V_{m2}\sin(2\omega_0 t + \theta_2) + \cdots \qquad \cdots\cdots (3.86)$$

$$i(t) = I_0 + I_{m1}\sin(\omega_0 t + \phi_1) + I_{m2}\sin(2\omega_0 t + \phi_2) + \cdots \qquad \cdots\cdots (3.87)$$

이 때 소비전력은 다음과 같이 정의된다.

$$P = \frac{1}{T}\int_0^T v(t)\,i(t)\,dt \qquad \cdots\cdots (3.88)$$

이 식에 식(3.86) 및 (3.87)을 대입하여 정리하면

$$P = V_0 I_0 + \sum_{k=1}^{\infty} \frac{1}{2} V_{mk} I_{mk} \cos\varphi_k$$

$$= V_0 I_0 + \sum_{k=1}^{\infty} V_k I_k \cos\varphi_k \qquad \cdots\cdots (3.89)$$

여기서 $\varphi_k = \theta_k - \phi_k$이다.

예제 3-19

그림 3.21과 같은 구형파 펄스의 전압이 저항 $R = 1[\Omega]$에 인가되었다. 이 때 $V = \sqrt{2}\pi/4$[V]이라면 이 저항에서 소비되는 전력은 몇 [W]인가?

☞ 예제 3-14의 결과식 (c)에 $V = \sqrt{2}\pi/4$[V]를 대입하면

$$v(t) = \sqrt{2}\left(\sin t + \frac{1}{3}\sin 3t + \frac{1}{5}\sin 5t + \cdots\right) \qquad \cdots\cdots (a)$$

따라서 전류는

$$i(t) = \sqrt{2}\left(\sin t + \frac{1}{3}\sin 3t + \frac{1}{5}\sin 5t + \cdots\right) \qquad \cdots\cdots (b)$$

결국, 이 저항에서 소비되는 전력은 다음과 같다.

$$P = 1^2 + \frac{1}{3^2} + \frac{1}{5^2} + \cdots \fallingdotseq 1.16[\text{W}] \qquad \cdots\cdots (c)$$

□

연 습 문 제 3.6

문 1. 다음과 같이 주어지는 미분방정식이 있다.

$$\ddot{y} + \omega^2 y = f(t) \quad (\omega = 0.5,\ 0.7,\ 1.1,\ 2.0,\ 10.0)$$

$f(t)$가 다음과 같은 함수로 주어지는 경우에 정상해를 구하라.

(1) $f(t) = \sin t$

(2) $f(t) = \sin t + \frac{1}{3}\sin 3t + \frac{1}{5}\sin 5t$

(3) $f(t) = \sum_{n=1}^{5} \frac{4}{n\pi}\cos nt$

(4) $f(t) = \begin{cases} 1 & (-\pi < t < 0) \\ 0 & (0 < t < \pi) \end{cases} \qquad f(t) = f(t+2\pi)$

(5) $f(t)=\begin{cases} 1 & (-\pi < t < 0) \\ -1 & (0 < t < \pi) \end{cases} \qquad f(t)=f(t+2\pi)$

문 2. 다음 그림 3.27과 같은 회로가 있다.

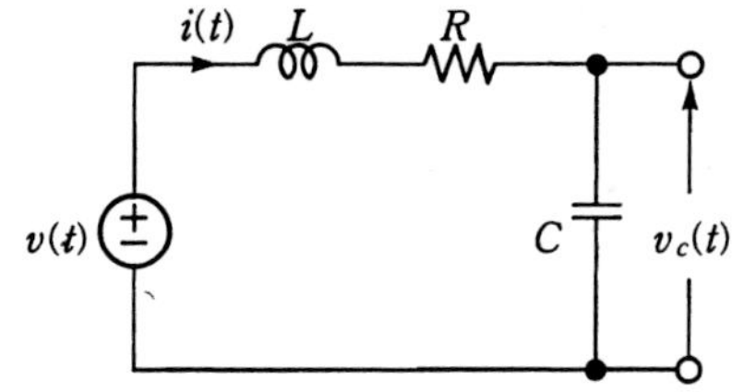

그림 3.27 RLC 회로시스템

입력전압을 다음과 같이 인가하는 경우, 각각에 대한 전류 $i(t)$ 및 출력전압 $v_c(t)$를 구하라. 단, $L=1$[H], $R=3$[Ω]이고 $C=1/2$[F]이다.

(1) $v(t)=10\sqrt{2}\sin t$

(2) $v(t)=10\sqrt{2}\sin(t-30^\circ)$

(3) $v(t)=5+10\sqrt{2}\sin 2t$

(4) $v(t)=5+10\sqrt{2}\sin 2t+20\sqrt{2}\sin 6t$

(5) $v(t)=\begin{cases} t & \left(-\frac{\pi}{2} < t < \frac{\pi}{2}\right) \\ \pi-t & \left(\frac{\pi}{2} < t < \frac{3\pi}{2}\right) \end{cases} \qquad v(t)=v(t+2\pi)$

(6)

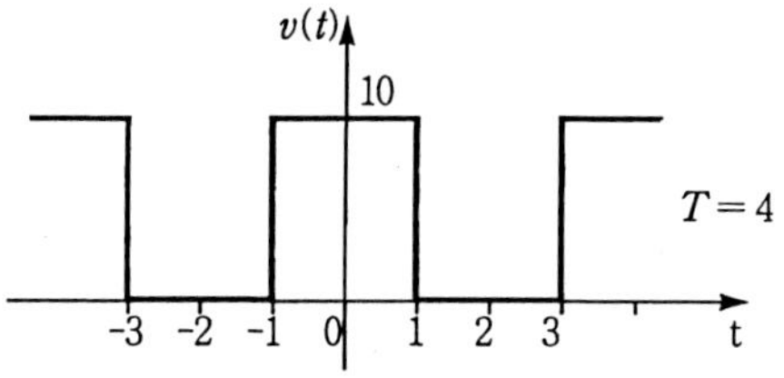

그림 3.28

문 3. 문제 2에 대하여 입력전압과 회로망함수에 대한 진폭 및 위상스펙트럼을 그리고, 이 결과를 이용하여 전류 $i(t)$와 출력전압 $v_c(t)$의 진폭 및 위상 스펙트럼을 구하라.

문 4. 문제 2에서 주어진 입력전압과 출력전압 $v_c(t)$의 실효치를 계산하라. 또한, 각각에 대한 전력과 역률을 계산하라.

제 4 장

Fourier 변환

Fourier 급수는 전형적으로 비정현 주기함수에 대한 진폭 및 위상스펙트럼을 분해하는 것으로 이 해석법은 회로해석 등에 이용됨을 3장에서 설명하였다. 그러나 실제 공학문제에서는 유한시간이나 과도기 동안만 나타나는 신호들이 존재할수 있고 신호특성 및 전송성질을 규명해야 하는 경우가 있다. 이 때, 입력신호가 가지고 있는 진폭과 위상특성을 정확히 파악해야 한다. 비주기성 파형이 시스템에 인가되어 발생하는 신호들의 전송, 변환 및 재생과정은 2장의 Laplace 변환법을 이용할 수 있다. 그러나, 이 방법을 사용하는 경우의 해석결과는 신호들의 주파수 특성을 설명하지는 못한다. Fourier 변환은 과도특성의 해석 뿐만 아니라 진폭과 위상의 천이특성에 관한 정보를 제공해 준다.

Fourier 변환은 Fourier 급수에서 주기 T를 무한대로 확장하므로써 얻게 된다. Fourier 급수에서는 진폭과 위상이 선스펙트럼(line spectrum)으로 주어지지만 Fourier 변환에서는 연속스펙트럼(continuous spectrum)으로 표현된다. 또한, Fourier 급수에서 주기 T를 무한대로 취하므로써 여러가지 특수한 적분결과를 얻게 되는데, 이들은 Fourier 적분이라 한다. 이 장에서는 Fourier 적분결과와 Fourier 변환 및 그 적용예들이 주어진다.

4.1 반복 펄스의 Fourier 급수

Fourier 변환을 정의하기 전에 우선, 3장의 해석결과를 토대로 그림 4.1과 같은 주기펄스의 Fourier 급수를 구해 보자. 이 파형의 최대치는 A 이고 지속시간은 a 이며 주기는 T 이다. 이 신호의 한주기를 표현하면

$$f(t) = \begin{cases} A & \left(-\frac{a}{2} < t < \frac{a}{2}\right) \\ 0 & \left(\frac{a}{2} < t < T-\frac{a}{2}\right) \end{cases} \quad \cdots\cdots (4.1)$$

이 경우 a/T 를 펄스의 듀티비(duty ratio)라 한다.

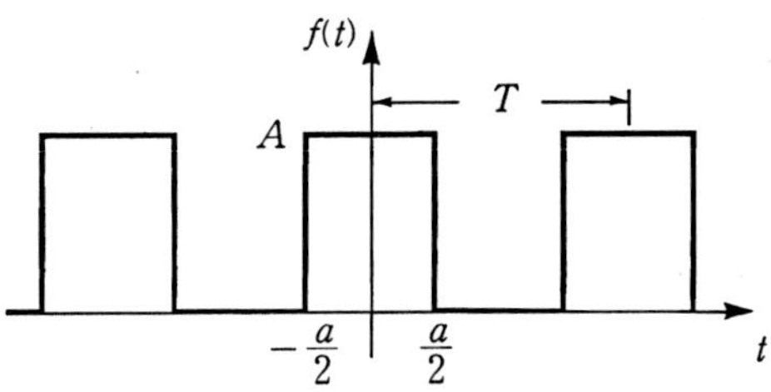

그림 4.1 주기 펄스파형

3.4절에서 정리한 복소 Fourier 급수의 일반형태를 다시 쓰면 다음과 같다.

$$f(t) = \sum_{n=-\infty}^{\infty} c_n e^{jn\omega_0 t} \quad \cdots\cdots (4.2)$$

$$C_n = \frac{1}{T}\int_0^T f(t)e^{-jn\omega_0 t}dt \quad \cdots\cdots (4.3)$$

여기서 $\omega_0 = 2\pi/T$ 이다. 식(4.3)에 식(4.1)을 적용하여 Euler 공식을 쓰면

$$c_n = \frac{1}{T}\int_{-a/2}^{a/2} Ae^{-jn\omega_0 t}dt$$

$$= \frac{aA}{T}\frac{\sin\left(\frac{n\omega_0 a}{2}\right)}{\frac{n\omega_0 a}{2}}$$

$$= \frac{aA}{T}Sa\left(\frac{n\omega_0 a}{2}\right) \qquad \cdots\cdots (4.4)$$

여기서

$$Sa(x) = \frac{\sin x}{x} \qquad \cdots\cdots (4.5)$$

로 샘플링함수(sampling function : 표본함수라고도 함)이다. 그림 4.2는 x가 -10π에서 10π의 샘플링함수를 나타낸다.

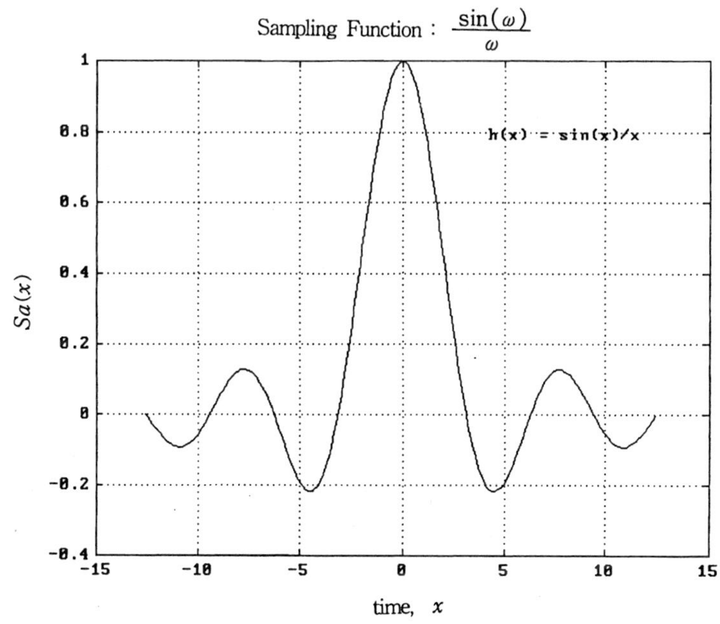

그림 4.2 샘플링함수의 예

식(4.4)를 식(4.2)에 대입하면 펄스의 Fourier 급수는

$$f(t) = \sum_{n=-\infty}^{\infty} c_n e^{jn\omega_0 t}$$

$$= \frac{aA}{T}\sum_{n=-\infty}^{\infty} Sa\left(\frac{n\omega_0 a}{2}\right)e^{jn\omega_0 t} \qquad \cdots\cdots (4.6)$$

가 된다.

식(4.6)의 샘플링함수 $Sa(n\omega_0 a/2)$가 그림 4.2에서 알 수 있는 바와 같이 우함수이므로 식(4.6)의 Fourier 급수는 cosine 항만 존재한다. 따라서,

$$f(t) = \frac{aA}{T} + \frac{2aA}{T} \sum_{n=1}^{\infty} Sa\left(\frac{n\omega_0 a}{2}\right)\cos n\omega_0 t \cdots\cdots \quad (4.7)$$

식(4.4)는 n이 정수이므로 이산적인 주파수 $n\omega_0$에서만 그 값이 정의된다. 이 경우, c_n의 포락선(envelop)은 $n\omega_0$ 대신 ω를 치환하므로써 얻어지며 이 때 연속함수는 다음과 같다.

$$c_n\text{의 포락선} = \frac{aA}{T} Sa\left(\frac{\omega a}{2}\right) \qquad \cdots\cdots \quad (4.8)$$

이제, 듀티비 a/T의 변화에 대해 Fourier 계수 c_n가 어떻게 변화하는지를 살펴 보자. 만약, $a/T = 1/2$라 가정하면, c_n의 포락선은

$$c_n\text{의 포락선} = \frac{A}{2} Sa\left(\omega \frac{a}{2}\right) \qquad \cdots\cdots \quad (4.9)$$

가 되고, 이 때 이 포락선은 다음과 같은 주파수에서 0의 값을 갖는다. 즉,

$$\frac{\omega a}{2} = \pm\pi, \ \pm 2\pi, \ \pm 3\pi, \ \cdots \qquad \cdots\cdots \quad (4.10)$$

따라서 주파수는

$$\omega = \pm\frac{2\pi}{a}, \ \pm\frac{4\pi}{a}, \ \pm\frac{6\pi}{a}, \ \cdots \qquad \cdots\cdots \quad (4.11)$$

$f(t)$의 기본주파수가 $\omega_0 = 2\pi/T$이고 $T = 2a$이므로, c_n은

$$n\omega_0 = \frac{n\pi}{a} \qquad \cdots\cdots \quad (4.12)$$

식(4.12)와 식(4.11)을 비교하면 n이 짝수인 경우에는 진폭 스펙트럼이 0임을 알 수 있다.

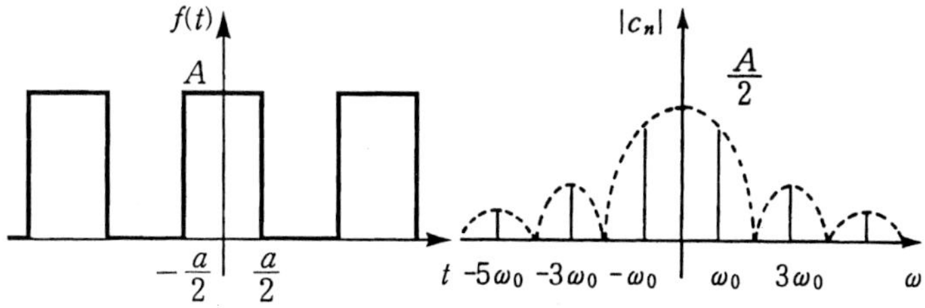

(a) 함수 (b) 진폭스펙트럼

그림 4.3 주기 펄스함수와 스펙트럼

그림 4.3에서 보면, 주기 펄스함수의 진폭스펙트럼은 직류에서 무한대까지 존재한다. 물론, 직류분이 제일 크고 고조파로 가면서 크기가 감소된다. 이러한 성질을 가진 신호를 전송하는 경우에는 모든 주파수 대역에 대하여 만족하는 필터를 설계하여야만 이 신호를 원래대로 전송할 수 있다. 그러나, 이와 같은 필터는 설계할 수 없으므로 $a \ll T$로 하여 포락선이 처음으로 0이 되는 점까지의 주파수 성분만 통과시키고 그 이상의 성분은 차단하는 필터를 설계할 수는 있다. 이 때 주어진 주기파형을 Fourier 급수로 전개하여 얻어지는 결과를 이용하면 필터설계가 용이하게 된다.

4.2 Fourier 적분

Fourier 급수는 시간영역의 주기함수에 대한 Fourier 계수를 계산하므로써 시간영역 특성을 주파수영역으로 변환하는 기능을 갖는다. 이 경우, 진폭 및 위상스펙트럼은 기본주파수 ω_0의 정수배가 되는 $n\omega_0$의 함수로 표현되며, 따라서 정수 n에 대응되는 이산치(discrete value)임을 알 수 있다. 만약, 함수가 유한 시간내에 주어지고 주기성 신호가 아닌 함수는 Fourier 급수로 전개할 수 없다. 그렇지만, 유한함수는 주기함수에 대하여 주기 T를 무한대로 취하는 경우로 생각할 수 있으며, 이 성질를 토대로 Fourier 변환이 전개될 수 있다. 이 때, Fourier 변환으로 구한 함수는 복소함수로 진폭과 위상이 계산될 수 있으며, 이 값들은 주파수 ω의 연속함수로 표현된다.

Fourier 변환을 정의하기에 앞서, 주기 $T\to\infty$로 취하면 독특한 적분 결과가 유도되는데 이 결과들은 적분문제를 푸는데 유용하게 이용된다. 이러한 적분을 Fourier 적분(Fourier integral)이라 한다.

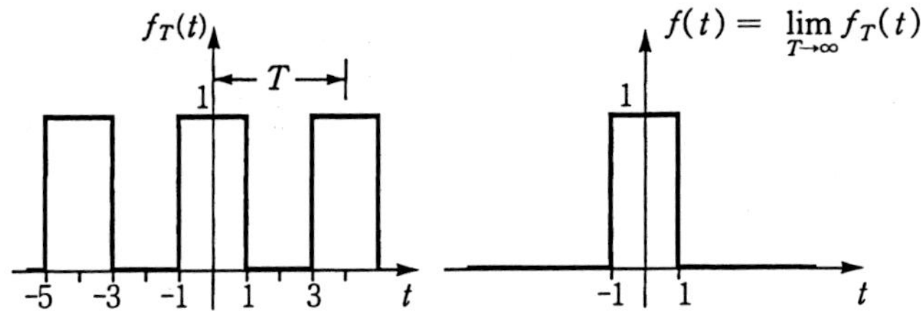

(a) $T=4$인 주기함수　　(b) $T=\infty$인 함수

그림 4.4 주기의 확장

먼저, 주기 T인 함수 $f(t)$가 다음과 같이 주어지는 경우를 생각해 보자.

$$f_T(t)=\begin{cases} 0 & \left(-\frac{T}{2}<t<-1\right) \\ 1 & (-1<t<1) \\ 0 & \left(1<t<\frac{T}{2}\right) \end{cases} \qquad T=4 \quad \cdots\cdots (4.13)$$

식(4.13)은 그림 4.4(a)와 같다. 이 함수에 대하여 주기를 점점 증가시키면 그림 4.4(b)와 같고 다음 식으로 주어진다.

$$f(t)=\lim_{T\to\infty} f_T(t)=\begin{cases} 1 & (-1<t<1) \\ 0 & (|t|\geq 1) \end{cases} \quad \cdots\cdots (4.14)$$

이 때 식(4.14)는 주기함수가 아니다.

이제, Fourier 급수로 전개될 수 있는 주기 T인 임의의 주기함수 $f_T(t)$를 생각해 보자. 3.1.3절에서의 결과를 다시 쓰면

$$f_T(t)=a_0+\sum_{n=1}^{\infty}[a_n\cos\omega_n t+b_n\sin\omega_n t] \quad \cdots\cdots (4.15)$$

$$a_0=\frac{1}{T}\int_{-T/2}^{T/2} f_T(t)dt \quad \cdots\cdots (4.16)$$

$$a_n = \frac{2}{T}\int_{-T/2}^{T/2} f_T(t)\cos\omega_n t dt \quad \cdots\cdots (4.17)$$

$$b_n = \frac{2}{T}\int_{-T/2}^{T/2} f_T(t)\sin\omega_n t dt \quad \cdots\cdots (4.18)$$

여기서 $\omega_n = n\omega_0 = 2n\pi/T$이다. 이 때

$$\omega_{n+1} - \omega_n = \frac{2\pi}{T} = \varDelta\omega \quad \cdots\cdots (4.19)$$

이 관계를 식(4.15)~(4.18)에 사용하고 각 계수를 식(4.15)에 대입하면

$$f_T(t) = \frac{1}{T}\int_{-T/2}^{T/2} f_T(t)dt + \frac{1}{\pi}\sum_{n=1}^{\infty}\Big[\cos\omega_n t\int_{-T/2}^{T/2} f_T(t)\cos\omega_n t dt$$

$$+\sin\omega_n t\int_{-T/2}^{T/2} f_T(t)\sin\omega_n t dt\Big]\varDelta\omega \quad \cdots\cdots (4.20)$$

식(4.20)에서 $T \to \infty$로 하면 우변 첫번째 항은 0이 되고

$$f(t) = \frac{1}{\pi}\int_{-\infty}^{\infty}[A(\omega)\cos\omega t + B(\omega)\sin\omega t]\, d\omega \cdots\cdots (4.21)$$

여기서,

$$A(\omega) = \int_{-\infty}^{\infty} f(t)\cos\omega t dt \quad \cdots\cdots (4.22)$$

$$B(\omega) = \int_{-\infty}^{\infty} f(t)\sin\omega t dt \quad \cdots\cdots (4.23)$$

식(4.21)은 Fourier 적분에 의한 $f(t)$의 표현식이다.

이 경우에 $f(t)$가 우함수이면 $B(\omega) = 0$이고

$$A(\omega) = 2\int_0^{\infty} f(t)\cos\omega t dt \quad \cdots\cdots (4.24)$$

또한, $f(t)$가 기함수이면 $A(\omega) = 0$이고

$$B(\omega) = 2\int_0^{\infty} f(t)\sin\omega t dt \quad \cdots\cdots (4.25)$$

가 성립된다.

예제 4-1

그림 4.5와 같은 구형파에 대한 Fourier 적분을 구하라. 여기서

$$f(t)=\begin{cases}1 & (|x|<1)\\ 0 & (|x|>1)\end{cases} \qquad \cdots\cdots \text{(a)}$$

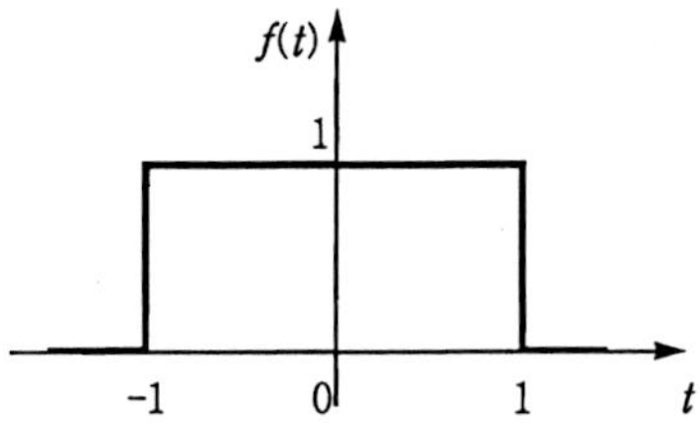

그림 4.5 구형파

☞ $f(t)$는 우함수이므로 $B(\omega)=0$이다. 따라서

$$\begin{aligned}A(\omega) &= 2\int_0^\infty f(t)\cos\omega t dt\\ &= 2\int_0^1 \cos\omega t dt\\ &= 2\frac{\sin\omega}{\omega}\\ &= 2Sa(\omega) \qquad \cdots\cdots \text{(b)}\end{aligned}$$

여기서 $Sa(\omega)$는 샘플링함수이다.

결국, Fourier 적분은

$$f(t)=\frac{2}{\pi}\int_0^\infty Sa(\omega)\cos\omega t d\omega \qquad \cdots\cdots \text{(c)}$$

□

한편, 그림 4.5에서 불연속 점은 $t=\pm1$에서 나타나며, 이 경우에 $f(t)$의 좌측 및 우측구간의 평균치는 1/2이 된다. 따라서, 예제 4-1의 식(d)는 다음과 같이 쓸 수 있다.

$$\frac{2}{\pi}\int_0^\infty Sa(\omega)\cos\omega t d\omega=\begin{cases}\frac{1}{2} & (t=\pm1)\\ 0 & (|t|>1)\\ 1 & (|t|<1)\end{cases} \qquad \cdots\cdots (4.26)$$

따라서 이 결과를 이용하면 다음과 같은 적분을 얻는다.

$$\int_0^\infty Sa(\omega)\cos\omega t d\omega = \begin{cases} \frac{\pi}{4} & (t = \pm 1) \\ 0 & (|t| > 1) \\ \frac{\pi}{2} & (|t| < 1) \end{cases} \quad \cdots\cdots (4.27)$$

이 식을 Dirichlet의 불연속인자(discontinuous factor)라 한다.

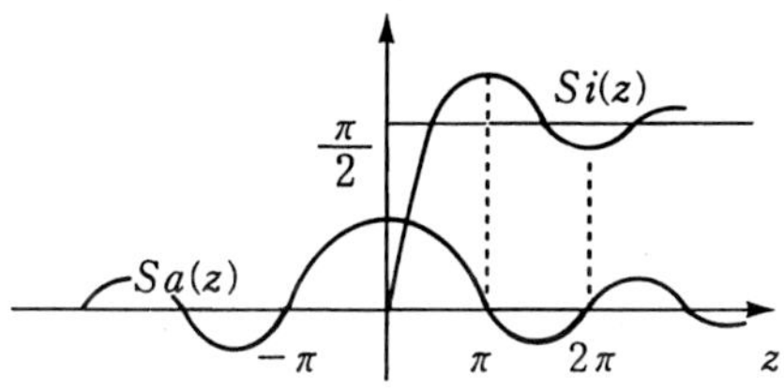

그림 4.6 sine 적분

만약, $t = 0$이면 식(4.27)에서 다음 식을 얻는다.

$$\int_0^\infty Sa(\omega)d\omega = \frac{\pi}{2} \quad \cdots\cdots (4.28)$$

여기서 sine 적분(sine integral)을

$$Si(z) = \int_0^z Sa(\omega)d\omega \quad \cdots\cdots (4.29)$$

라 정의하면 식(4.28)은 다음과 같다.

$$Si(\infty) = \frac{\pi}{2} \quad \cdots\cdots (4.30)$$

그림 4.6은 식(4.29)에 대한 함수특성을 나타낸다.

일반적으로 예제 4-1의 적분에 대한 근사치는 ∞를 $a(>0)$로 치환한 다음, 간단한 연산과정을 거쳐 다음 관계식으로부터 유도할 수 있다.

$$\frac{2}{\pi}\int_0^a Sa(\omega)\cos\omega t d\omega = \frac{1}{\pi}\{Si[(t+1)a] - Si[(t-1)a]\} \quad \cdots\cdots (4.31)$$

이 식(4.31)은 간단한 삼각함수 공식과 적분을 사용하여 증명할 수 있으므로 여기에서는 지면상 증명을 생략한다.

앞에서 설명한 바와 같이, 주기 $T\to\infty$로 하여 유도한 전형적 Fourier 적분과정은 복소 Fourier 급수에 대하여 적용하므로써 Fourier 변환의 기초로 이해할 수 있다. 그러나, 이 절에서 구해지는 몇가지 특수한 적분결과들을 유도하는데 이용될 수 있다. 다음 예제 4-2는 그 일례를 보여준다.

예제 4-2

다음 식으로 주어지는 함수의 Fourier 적분을 구하라.

$$f(t)=e^{-kt}\quad (k,\ t>0) \qquad \cdots\cdots \text{(a)}$$

(i) $f(-t)=f(t)$인 경우

(ii) $f(-t)=-f(t)$인 경우

☞ (i) $f(t)$는 우함수이므로 $B(\omega)=0$이고

$$A(\omega)=2\int_0^\infty e^{-kt}\cos\omega t\,dt \qquad \cdots\cdots \text{(b)}$$

식(b)에 대하여

$$I=\int_0^\infty e^{-kt}\cos\omega t\,dt \quad \begin{cases} u=e^{-kt} & \to du=-ke^{-kt}dt \\ dv=\cos\omega t\,dt & \to v=\dfrac{1}{\omega}\sin\omega t \end{cases}$$

$$=\frac{1}{\omega}e^{-kt}\sin\omega t\Big|_0^\infty+\frac{k}{\omega}\int_0^\infty e^{-kt}\sin\omega t\,dt$$

$$=\frac{k}{\omega}\int_0^\infty e^{-kt}\sin\omega t\,dt \quad \begin{cases} u=e^{-kt} & \to du=-ke^{-kt}dt \\ dv=\sin\omega t\,dt & \to v=-\dfrac{1}{\omega}\cos\omega t \end{cases}$$

$$=\frac{k}{\omega}\left[-\frac{1}{\omega}e^{-kt}\cos\omega t\Big|_0^\infty-\frac{k}{\omega}\int_0^\infty e^{-kt}\cos\omega t\,dt\right]$$

$$=\frac{k}{\omega}\left[\frac{1}{\omega}-\frac{k}{\omega}I\right]$$

$$\therefore\ I=\frac{k}{k^2+\omega^2} \qquad \cdots\cdots \text{(c)}$$

식(c)를 식(b)에 사용하고 이 $A(\omega)$를 식(4.21)에 대입하면 다음 식을 얻는다.

$$f(t) = e^{-kt} = \frac{2k}{\pi}\int_0^\infty \frac{\cos\omega t}{k^2+\omega^2}\,d\omega \qquad \cdots\cdots \text{(d)}$$

식(d)로부터

$$\int_0^\infty \frac{\cos\omega t}{k^2+\omega^2}\,d\omega = \frac{\pi}{2k}e^{-kt} \quad (k,\ t>0) \qquad \cdots\cdots \text{(e)}$$

(ii) $f(t)$가 기함수이므로 $A(\omega)=0$이고 이 경우

$$B(\omega) = 2\int_0^\infty e^{-kt}\sin\omega t\,dt \qquad \cdots\cdots \text{(f)}$$

이 때에도 (i)과 같은 유사한 과정을 거치면 다음 결과를 얻는다.

$$\int_0^\infty \frac{\omega\sin\omega t}{k^2+\omega^2}\,d\omega = \frac{\pi}{2}e^{-kt} \quad (k,\ t>0) \qquad \cdots\cdots \text{(g)}$$

이 경우에 식(e) 및 (g)를 Laplace 적분(Laplace integral)이라 한다. □

연습문제 4.2

문 1. 다음과 같은 적분식을 증명하라.

(1) $$\int_0^\infty \frac{\cos\omega t+\omega\sin\omega t}{1+\omega^2}\,d\omega = \begin{cases} 0 & (t<0) \\ \dfrac{\pi}{2} & (t=0) \\ \pi e^{-t} & (t>0) \end{cases}$$ 식(4.21)을 사용

(2) $$\int_0^\infty \frac{\omega^3\sin\omega t}{\omega^4+4}\,d\omega = \frac{\pi}{2}e^{-t}\cos t \quad (t>0)$$ 식(4.21)에서 우함수

(3) $$\int_0^\infty \frac{\cos\omega t}{1+\omega^2}\,d\omega = \frac{\pi}{2}e^{-t} \quad (t>0)$$ 식(4.21)에서 기함수

문 2. 다음과 같은 함수가 (i). 우함수 및 (ii). 기함수로 주어질 때, Fourier 적분식을 구하라.

(1) $f(t)=\begin{cases} 1 & (0<t<1) \\ 0 & (t>1) \end{cases}$

(2) $f(x)=\begin{cases} x^2 & (0<x<1) \\ 0 & (x>1) \end{cases}$

(3) $f(t)=\begin{cases} t & (0<t<a) \\ 0 & (t>a) \end{cases}$

■

4.3 Fourier 변환의 기초

4.3.1 Fourier 변환의 정의

Fourier 변환(Fourier transform)은 비주기성 파형에 대하여 진폭과 위상에 대한 해석적 수단을 제공해 준다. 함수 $f(t)$에 대한 Fourier 변환의 일반적인 정의를 하기 전에 Fourier 급수 전개과정으로 Fourier 변환을 유도해 보기로 하자.

함수 $f(t)$에 대한 복소 Fourier 급수는

$$f(t)=\sum_{n=-\infty}^{\infty} c_n e^{jn\omega_0 t} \quad \left(\omega_0=\frac{2\pi}{T}\right) \qquad \cdots\cdots (4.32)$$

$$c_n=\frac{1}{T}\int_{-T/2}^{T/2} f(t)\, e^{-jn\omega_0 t} dt \qquad \cdots\cdots (4.33)$$

식(4.33)을 식(4.32)에 대입하고 $T\to\infty$로 취하면

$$\begin{aligned} f(t) &= \lim_{T\to\infty}\sum_{n=-\infty}^{\infty}\left[\frac{1}{T}\int_{-T/2}^{T/2} f(t)\, e^{-jn\omega_0 t} dt\right] e^{jn\omega_0 t} \\ &= \int_{-\infty}^{\infty} df \int_{-\infty}^{\infty} f(t) e^{-j\omega t} dt\, e^{j\omega t} \\ &= \int_{-\infty}^{\infty}\left[\int_{-\infty}^{\infty} f(t)\, e^{-j\omega t} dt\right] e^{j\omega t} dt \\ &= \int_{-\infty}^{\infty} F(\omega)\, e^{j\omega t} df \end{aligned}$$

$\omega = 2\pi f$ 이므로 이 식은

$$f(t) = \frac{1}{2\pi} \int_{-\infty}^{\infty} F(\omega) e^{j\omega t} d\omega \qquad \cdots\cdots (4.34)$$

여기서

$$F(\omega) = \int_{-\infty}^{\infty} f(t) e^{-j\omega t} dt \qquad \cdots\cdots (4.35)$$

이 때, 식(4.35)는 다음 조건이 만족하는 경우에만 성립된다.

$$\int_{\infty}^{\infty} |f(t)| dt < \infty$$

이 경우, 식(4.35)를 함수 $f(t)$의 Fourier 변환이라 하고, 식(4.34)를 함수 $F(\omega)$의 역 Fourier 변환(inverse Fourier transform)이라 한다. 따라서, Fourier 변환은 시간함수 $f(t)$를 주파수함수 $F(\omega)$로 변환하는 과정이며 역 Fourier 변환은 주파수함수 $F(\omega)$를 시간함수 $f(t)$로 변환하는 과정이다. 그림 4.7은 이 과정을 나타낸다.

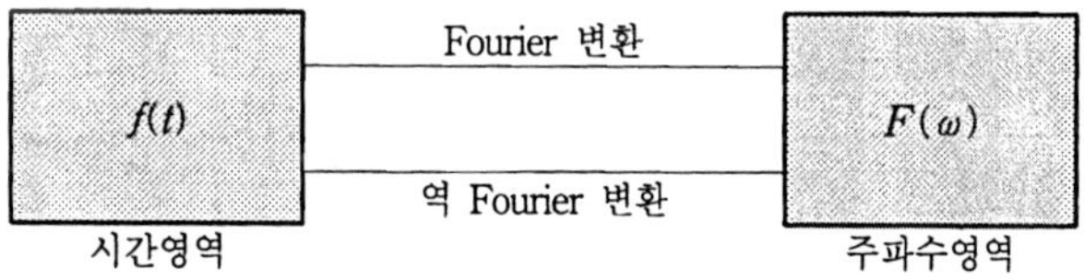

그림 4.7 Fourier 변환관계

이러한 변환, 역변환 과정은 쌍대성(duality)이 있으므로 다음과 같이 표현한다.

$$F(\omega) = \mathcal{F}[f(t)]$$

$$= \frac{1}{2\pi} \int_{-\infty}^{\infty} f(t) e^{-j\omega t} dt \qquad \cdots\cdots (4.36)$$

$$f(t) = \mathcal{F}^{-1}[F(\omega)]$$

$$= \int_{-\infty}^{\infty} F(\omega) e^{j\omega t} d\omega \qquad \cdots\cdots (4.37)$$

이 경우, 식(4.36) 및 (4.37)은 간단히

$$f(t) \Longleftrightarrow F(\omega) \quad \cdots\cdots (4.38)$$

일반적으로 $F(\omega)$는 복소함수로 진폭 및 위상스펙트럼이 연속함수로 주어진다. Fourier 변환쌍은 Laplace 변환쌍과 유사한 성질을 가짐을 주목하라.

4.3.2 기본적인 함수의 Fourier 변환

(1) 단측지수함수(unilateral exponential function)

그림 4.8(a)와 같이 주어지는 지수함수가 있다. 이 함수의 Fourier 변환쌍은 다음과 같다.

$$f(t) = e^{-at}u(t) \quad (a > 0) \;\Leftrightarrow\; F(\omega) = \frac{1}{a+j\omega} \quad \cdots\cdots (4.39)$$

여기서 $u(t)$는 단위계단함수이다.

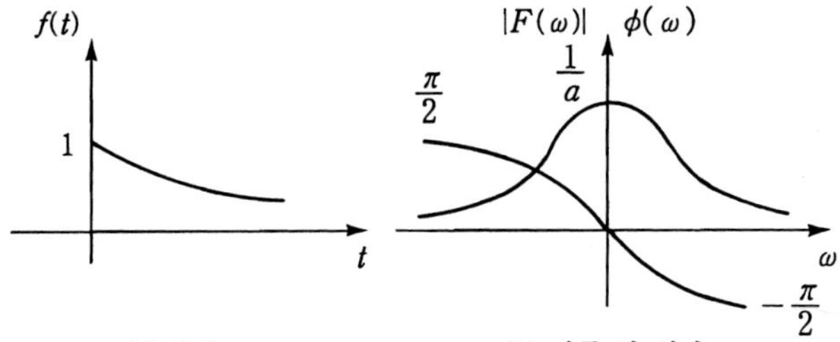

(a) 함수 (b) 진폭 및 위상

그림 4.8 단측지수함수

〔증명〕

Fourier 변환 정의식에 의하여

$$\begin{aligned} F(\omega) &= \int_{-\infty}^{\infty} e^{-at}u(t)e^{-j\omega t}dt \\ &= \int_{0}^{\infty} e^{-(a+j\omega)t}dt \\ &= -\frac{1}{a+j\omega}\, e^{-(a+j\omega)t}\Big|_{0}^{\infty} \\ &= \frac{1}{a+j\omega} \end{aligned}$$

따라서

$$\mathcal{F}[e^{-at}u(t)] = \frac{1}{a+j\omega} \qquad \cdots\cdots (4.40)$$ ■

이 경우에 식(4.40)은 복소함수이므로 진폭과 위상은

$$|F(\omega)| = \frac{1}{\sqrt{a^2+\omega^2}} \qquad \cdots\cdots (4.41)$$

$$\phi(\omega) = -\tan^{-1}\left(\frac{\omega}{a}\right) \qquad \cdots\cdots (4.42)$$

그림 4.8(b)는 $F(\omega)$의 진폭과 위상스펙트럼을 나타낸 것으로 연속함수임을 알 수 있다. 주목해야 할 것은 식(4.39)에 $a<0$이면 적분값이 유한하지 않으므로 $F(\omega)$는 정의되지 않는다.

예제 4-3

다음과 같은 함수의 Fourier 변환은?

$$f(t) = 10e^{-4t}u(t) \qquad \cdots\cdots (a)$$

식(a)에 대하여 $\omega = 4$[rad/sec]일 때 진폭과 위상을 구하고 $\omega = -4\pi \sim 4\pi$ 까지의 스펙트럼을 그려라.

☞ 정의식에 의하여

$$\begin{aligned} F(\omega) &= 10\int_{-\infty}^{\infty} e^{-4t}u(t)e^{-j\omega t}dt \\ &= 10\int_{0}^{\infty} e^{-(4+j\omega)t}dt \\ &= \frac{10}{4+j\omega} \qquad \cdots\cdots (b) \end{aligned}$$

이 식에서 $\omega = 4$일 때

$$\begin{aligned} F(\omega) &= \frac{10}{4+j4} \\ &= \frac{5}{2\sqrt{2}}\angle -45^\circ \qquad \cdots\cdots (c) \end{aligned}$$

따라서 진폭과 위상스펙트럼은 그림 4.9와 같다.

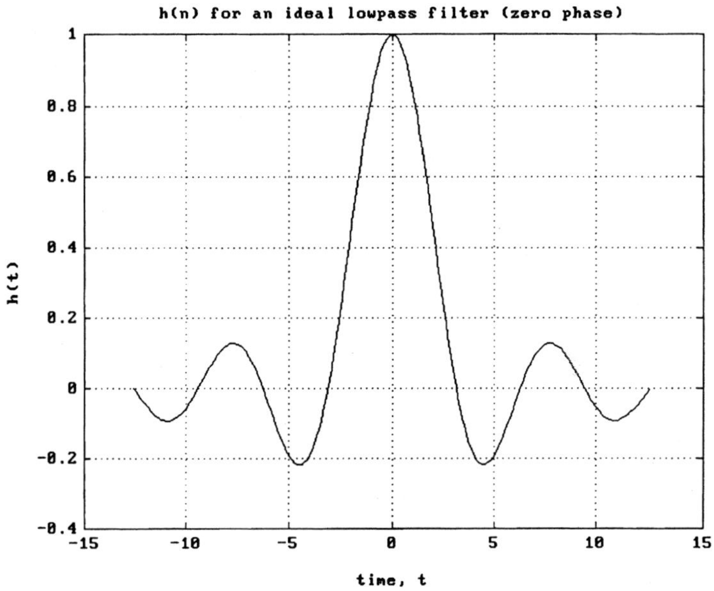

그림 4.9 진폭 및 위상스펙트럼

(2) 양측지수함수(bilateral exponential function)

그림 4.10(a)와 같은 함수의 Fourier 변환쌍은 다음과 같이 주어진다.

$$f(t) = e^{-a|t|} \ (a > 0) \ \Leftrightarrow \ F(\omega) = \frac{2a}{a^2 + \omega^2} \quad \cdots\cdots (4.43)$$

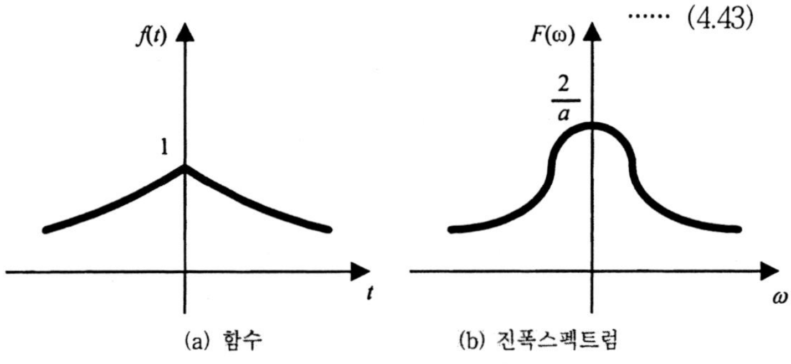

그림 4.10 양측지수함수

〔증명〕

Fourier 변환 정의식에 의하여

$$
\begin{aligned}
F(\omega) &= \int_{-\infty}^{\infty} e^{-a|t|} e^{-j\omega t} dt \\
&= \int_{-\infty}^{0} e^{(a-j\omega)t} dt + \int_{0}^{\infty} e^{-(a+j\omega)t} dt \\
&= \frac{1}{a-j\omega} e^{(a-j\omega)t} \Big|_{-\infty}^{0} - \frac{1}{a+j\omega} e^{-(a+j\omega)t} \Big|_{0}^{\infty} \\
&= \frac{2a}{a^2+\omega^2}
\end{aligned}
$$

■

이 함수 $F(\omega)$는 항상 실수이므로 위상은 0이다. 그림 4.10(b)는 진폭스펙트럼을 나타낸다.

(3) 게이트 함수(gate function)

게이트 함수는 다음과 같이 정의된다.

$$G_{\tau}(t) = \begin{cases} 1 & \left(|t| < \frac{\tau}{2}\right) \\ 0 & \left(|t| > \frac{\tau}{2}\right) \end{cases} \quad \cdots\cdots (4.44)$$

이 경우 그림 4.11(a)와 같은 게이트 함수에 대하여

$$f(t) = AG_a(t) \;\Leftrightarrow\; F(\omega) = aASa\left(\frac{\omega a}{2}\right) \cdots\cdots (4.45)$$

여기서 $Sa(.)$는 샘플링 함수이다.

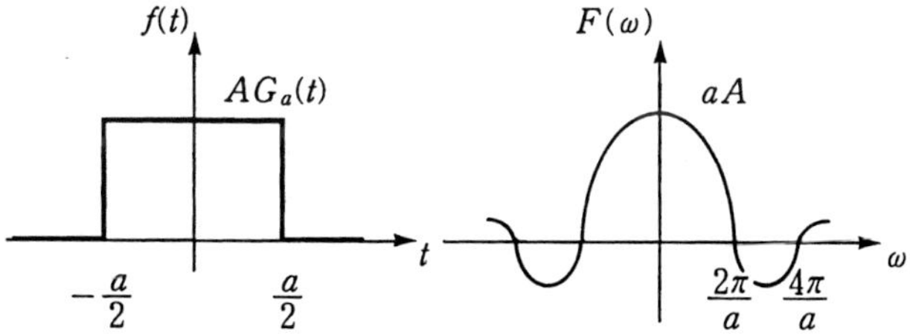

(a) 함수 (b) 진폭스펙트럼

그림 4.11 게이트 함수

〔증명〕

Fourier 정의식에 의하여

$$\begin{aligned} F(\omega) &= \int_{-a/2}^{a/2} A e^{j\omega t} dt \\ &= -\frac{A}{j\omega}\Big|_{-a/2}^{a/2} \\ &= \frac{A}{j\omega}(e^{j\omega a/2} - e^{-j\omega a/2}) \\ &= aA\frac{\sin\left(\frac{\omega a}{2}\right)}{\frac{\omega a}{2}} \\ &= aA\,Sa\left(\frac{\omega a}{2}\right) \end{aligned}$$ ■

일반적으로 그림 4.11(a)의 게이트 펄스는 단위계단함수를 사용하여 표현하면 다음과 같다.

$$G_a(t) = u\left(t+\frac{a}{2}\right) - u\left(t-\frac{a}{2}\right) \quad \cdots\cdots (4.46)$$

따라서 식(4.46)에 대해서도 식(4.45)와 같은 Fourier 변환쌍을 이용할 수 있다. 다시 말해서, 구형파의 Fourier 변환은 게이트 펄스에 대한 Fourier 변환법과 같은 방법을 사용하여 구할 수 있음을 뜻한다.

예제 4-4

다음과 같은 게이트 함수의 Fourier 변환을 구하라.

$$f(t) = \frac{1}{2}G_2(t) \quad \cdots\cdots (a)$$

☞ 식(4.45)에 의하여 $A = \frac{1}{2}$, $a = 2$이므로

$$F(\omega) = Sa(\omega) \quad \cdots\cdots (b)$$

그림 4.12는 식(b)에 대한 진폭스펙트럼을 나타낸다.

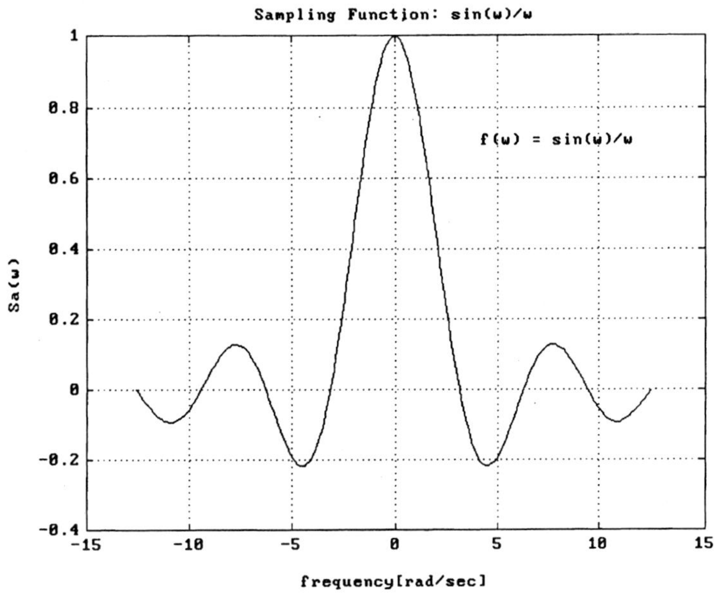

그림 4.12 게이트함수의 진폭스펙트럼

(4) 임펄스함수(impulse function)

그림 4.13(a)와 같이 주어지는 단위임펄스함수는 식(2.71)에서와 같이

$$\delta(t) = \lim_{a\to 0}\frac{1}{a}\,[\,u(t)-u(t-a)\,] = \frac{du(t)}{dt} \qquad \cdots\cdots (4.47)$$

로 표현한다. 그러나, Fourier 변환에서는 식(4.47)의 정의식 이외에 샘플링 함수를 이용하여 다른 형태의 수식으로 표현하기도 한다.

$$\delta(t) = \lim_{k\to\infty}\frac{k}{\pi}\,Sa(kt) \qquad \cdots\cdots (4.48)$$

$$\delta(t) = \lim_{k\to\infty}\frac{k}{\pi}\,Sa^2(kt) \qquad \cdots\cdots (4.49)$$

이 때, 단위임펄스함수의 Fourier 변환쌍은 다음과 같다.

$$f(t) = \delta(t) \;\Leftrightarrow\; F(\omega) = 1 \qquad \cdots\cdots (4.50)$$

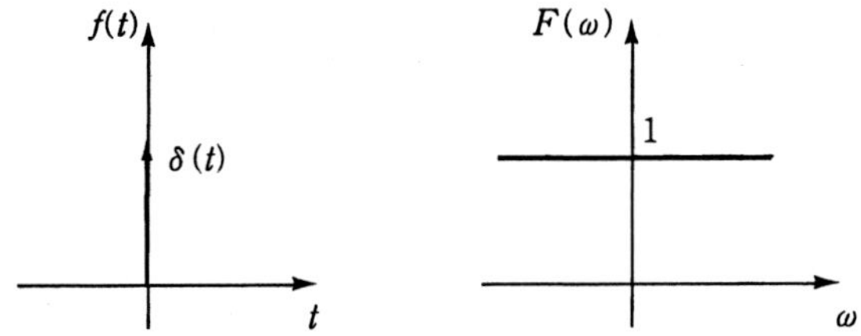

(a) 함수 (b) 진폭스펙트럼

그림 4.13 단위임펄스함수

〔증명〕

Fourier 정의식에 의하여

$$
\begin{aligned}
F(\omega) &= \int_{-\infty}^{\infty} \delta(t) e^{j\omega t} dt \\
&= \int_{0^-}^{0^+} \delta(t) dt \\
&= 1
\end{aligned}
$$

■

한편, 샘플링 함수은 다음과 같은 성질이 있다.

$$\int_{-\infty}^{\infty} \delta(t-t_0) dt = 1 \qquad \cdots\cdots (4.51)$$

$$\int_{t_1}^{t_2} f(t)\delta(t-t_0)dt = \begin{cases} f(t_0) & (t_1 < t < t_2) \\ 0 & (t_0 < t_1,\ \ t_0 > t_2) \end{cases} \qquad \cdots\cdots (4.52)$$

예제 4-5

다음과 같은 임펄스함수의 Fourier 변환은?

$$f(t) = \delta(t-a) \qquad \cdots\cdots (a)$$

☞ 정의식에 의하여

$$F(\omega) = \int_{-\infty}^{\infty} \delta(t-a)\, e^{-j\omega t} dt \qquad \cdots\cdots (b)$$

따라서, 단위임펄스함수의 샘플링 함수 성질 식(4.52)에 의하여

$$F(\omega) = e^{-j\omega a} \qquad \cdots\cdots (c)$$

이다. 식(c)에서 알 수 있듯이, $F(\omega)$의 진폭은 1이고 위상은 ωa이다.

□

(5) 상수(constant)

그림 4.14(a)와 같은 상수의 Fourier 변환은

$$f(t) = A \;\Leftrightarrow\; F(\omega) = 2\pi A\delta(\omega) \qquad \cdots\cdots (4.53)$$

이 때, 상수 A에 대한 스펙트럼은 그림 4.14(b)와 같다.

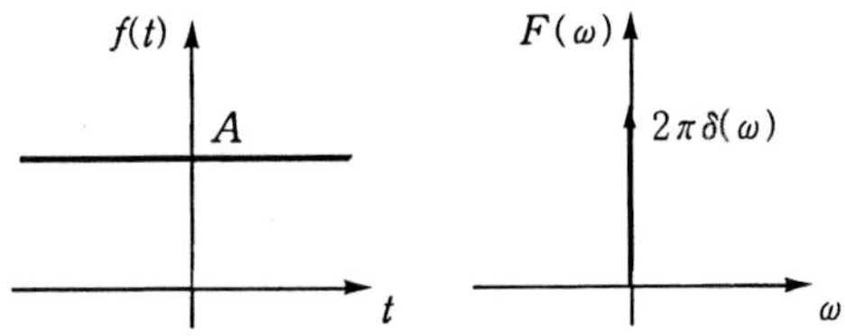

(a) 함수 (b) 스펙트럼

그림 4.14 상수

〔증명〕

상수는 그림 4.11(a)와 같은 게이트 함수에 대하여 $a\to\infty$로 취하므로써 얻어진다. 즉,

$$A = \lim_{a\to\infty} AG_a(t) \qquad \cdots\cdots (4.54)$$

따라서, 상수에 대한 Fourier 변환은 식(4.54)을 사용하여 구할 수 있다. 정의식에 의하여

$$F(\omega) = \lim_{a\to\infty}\left[\int_{-\infty}^{\infty} AG_a(t)e^{-j\omega t}dt\right] \qquad \cdots\cdots (4.55)$$

식(4.55)의 우변의 적분항은 식(4.45)로 주어지므로

$$\begin{aligned} F(\omega) &= \lim_{a\to\infty}\left[AaSa\left(\frac{\omega a}{2}\right)\right] \\ &= 2\pi A \lim_{a\to\infty}\frac{a}{2\pi}Sa\left(\frac{\omega a}{2}\right) \end{aligned}$$

이 식에 식(4.48)의 임펄스 성질을 적용하면

$$F(\omega) = 2\pi A\delta(\omega) \qquad \cdots\cdots (4.56)$$ ■

예제 4-6

$f(t)=1$의 Fourier 변환은?

☞ 식(4.53)에 의하여

$$F(\omega)=2\pi\delta(\omega) \qquad \cdots\cdots(a)$$

(6) 시그넘 함수(signum function)

시그넘 함수는 $sgn(t)$로 표기하며 다음과 같이 정의한다.

$$sgn(t)=\begin{cases}1 & (t>0)\\ -1 & (t<0)\end{cases} \qquad \cdots\cdots (4.57)$$

이 함수는 상수와 단위계단함수를 사용하여 표현하면 다음과 같다.

$$sgn(t)=2u(t)-1 \qquad \cdots\cdots (4.58)$$

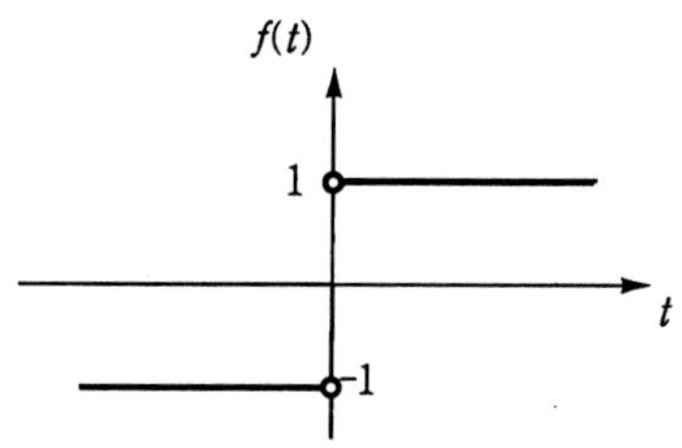

그림 4.15 시그넘 함수

그림 4.15는 시그넘 함수를 나타내며 이 함수에 대한 Fourier 변환은 다음과 같다.

$$f(t)=sgn(t) \quad \Leftrightarrow \quad F(\omega)=\frac{2}{j\omega} \qquad \cdots\cdots (4.59)$$

〔증명〕

시그넘 함수의 Fourier 변환은 주어진 함수를 다음과 같이 변환하여 구한다.

$$sgn(t) = \lim_{a \to 0} [e^{-at}u(t) - e^{at}u(-t)] \qquad \cdots\cdots (4.60)$$

따라서, 식(4.60)에 대한 Fourier 변환은

$$\begin{aligned} F(\omega) &= \lim_{a \to 0} \left[\int_0^{\infty} e^{-at} e^{-j\omega t} dt - \int_{-\infty}^{0} e^{at} e^{-j\omega t} dt \right] \\ &= \lim_{a \to 0} \left[\frac{1}{a+j\omega} - \frac{1}{a-j\omega} \right] \\ &= \lim_{a \to 0} \frac{-j2\omega}{a^2+\omega^2} \\ &= \frac{2}{j\omega} \end{aligned}$$

(7) 단위계단함수(unit step function)

그림 4.16(a)의 단위계단함수는 다음과 같이 표현된다.

$$u(t) = \begin{cases} 0 & (t < 0) \\ 1 & (t > 0) \end{cases} \qquad \cdots\cdots (4.61)$$

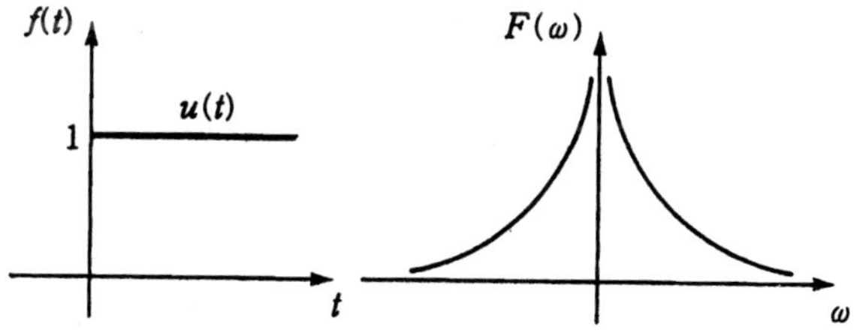

(a) 함수 (b) 진폭스펙트럼

그림 4.16 단위계단함수

식(4.61)은 시그넘 함수 관계식 (4.58)에 의하여 다음과 같이 표현할 수 있다.

$$u(t) = 0.5[1 + sgn(t)] \qquad \cdots\cdots (4.62)$$

따라서, 식(4.62)에 대한 Fourier 변환쌍은

$$f(t) = u(t) \quad \Leftrightarrow \quad F(\omega) = \pi\delta(\omega) + \frac{1}{j\omega} \qquad \cdots\cdots (4.63)$$

〔증명〕

식(4.62)는 0.5와 0.5 $sgn(t)$의 합으로 주어지므로 식(4.53)과 식(4.59)를 적용하면 쉽게 증명할 수 있다. ■

(8) 지수함수(exponential function)

지수함수 e^{jat}는 다음과 같은 Fourier 변환을 갖는다.

$$f(t) = e^{jat} \;\Leftrightarrow\; F(\omega) = 2\pi\delta(\omega - a) \qquad \cdots\cdots (4.64)$$

〔증명〕

만약, 식(4.64)의 우변을 역 Fourier 변환식에 대입하면

$$f(t) = \frac{1}{2\pi}\int_{-\infty}^{\infty} 2\pi\delta(\omega - a)\, e^{j\omega t} d\omega$$

이 식에 샘플링함수의 성질 식(4.52)를 이용하면 다음과 같다.

$$f(t) = e^{j\omega t} \qquad \cdots\cdots (4.65)$$

따라서, 식(4.64)의 관계가 성립됨을 할 수 있다. ■

(9) 정현 및 여현함수(sine and cosine function)

정현파 또는 여현파 신호가 $-\infty < t < \infty$ 구간에서 정의될 때 Fourier 변환은 다음과 같이 주어진다.

$$f(t) = A\cos\omega_0 t \;\Leftrightarrow\; F(\omega) = A\pi[\delta(\omega - \omega_0) + \delta(\omega + \omega_0)] \qquad \cdots\cdots (4.66)$$

$$f(t) = A\sin\omega_0 t \;\Leftrightarrow\; F(\omega) = jA\pi[\delta(\omega + \omega_0) - \delta(\omega - \omega_0)] \qquad \cdots\cdots (4.67)$$

〔증명〕

2개의 식 중 식(4.67)만 증명해 보자. Euler 공식에 의하여

$$A\sin\omega_0 t = \frac{A}{2j}[e^{j\omega_0 t} - e^{-j\omega_0 t}] \qquad \cdots\cdots (4.68)$$

따라서

$$F(\omega)=\frac{A}{2j}\{\mathcal{F}[e^{j\omega_0 t}]-\mathcal{F}[e^{-j\omega_0 t}]\} \quad \cdots\cdots (4.69)$$

이 식에 식(4.64)의 관계를 이용하면 식(4.66)의 우변이 쉽게 구해진다.

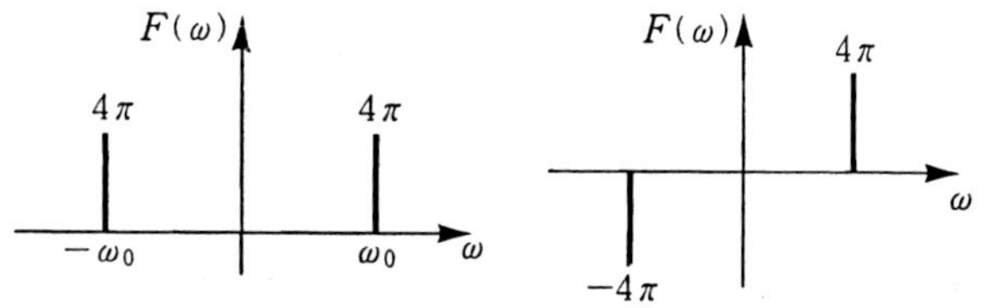

(a) $A\cos\omega_0 t$ (b) $A\sin\omega_0 t$

그림 4.17 시뉴소이덜 함수의 스펙트럼

그림 4.17에서 알 수 있는 바와 같이, $-\infty<t<\infty$ 구간에서 정의된 시뉴소이덜 함수는 $\pm\omega_0$에서 임펄스를 가지며 다른 주파수 성분은 나타나지 않는다.

한편, $0\leq t<\infty$ 구간에서 주어지는 단방성 시뉴소이덜 함수의 Fourier 변환쌍은 다음과 같이 주어진다.

$$f(t)=A\cos\omega_0 t u(t) \iff$$

$$F(\omega)=\frac{A\pi}{2}[\delta(\omega-\omega_0)+\delta(\omega+\omega_0)]+\frac{j\omega A}{\omega_0^2-\omega^2} \quad \cdots\cdots (4.70)$$

$$f(t)=A\sin\omega_0 t u(t) \iff$$

$$F(\omega)=\frac{\pi A}{2j}[\delta(\omega-\omega_0)-\delta(\omega+\omega_0)]+\frac{\omega_0 A}{\omega_0^2-\omega^2} \quad \cdots\cdots (4.71)$$

〔증명〕

이 경우에는 여현파 신호에 대해서만 증명해 보자. 주어진 함수에 대하여

$$u(t)=\frac{1}{2}[1+sgn(t)] \quad \cdots\cdots (4.72)$$

$$\cos\omega_0 t=\frac{1}{2}[e^{j\omega_0 t}+e^{-j\omega_0 t}] \quad \cdots\cdots (4.73)$$

이므로, 먼저, 식(4.72)를 사용하면

$$F(\omega) = \frac{A}{2}\int_{-\infty}^{\infty}\cos\omega_0 t\, e^{j\omega t}dt + \frac{A}{2}\int_{-\infty}^{\infty}\cos\omega_0 t\ sgn(t)\, e^{-j\omega t}dt$$
$$= \frac{A}{2}\mathcal{F}[\cos\omega_0 t] + \frac{A}{2}\mathcal{F}[\cos\omega_0 t\, sgn(t)] \quad \cdots\cdots (4.74)$$

식(4.74)의 우변 첫번째 항에 대해서는 식(4.73)을 이용하면

$$\frac{A}{2}\mathcal{F}[\cos\omega_0 t] = \frac{\pi A}{2}[\delta(\omega-\omega_0)+\delta(\omega+\omega_0)] \quad \cdots\cdots (4.75)$$

한편, 식(4.74)의 우변 2번째 항에 대해서는 식(4.73)을 이용하면

$$I = \frac{A}{2}\mathcal{F}[\cos\omega_0 t\, sgn(t)]$$
$$= \frac{A}{4}\left[\int_{-\infty}^{\infty} sgn(t)\, e^{-j(\omega-\omega_0)t}dt + \int_{-\infty}^{\infty} sgn(t) e^{-j(\omega+\omega_0)t}dt\right]$$

여기서

$$\int_{-\infty}^{\infty} sgn(t)\, e^{-j\omega t}dt = \frac{2}{j\omega}$$

이므로

$$I = \frac{A}{4}\left[\frac{2}{j(\omega-\omega_0)} + \frac{2}{j(\omega+\omega_0)}\right]$$
$$= \frac{j\omega A}{\omega_0^{\ 2}-\omega^2} \quad \cdots\cdots (4.76)$$

따라서, 식(4.75) 및 (4.76)을 식(4.74)에 대입하면 식(4.70)을 얻는다. ■

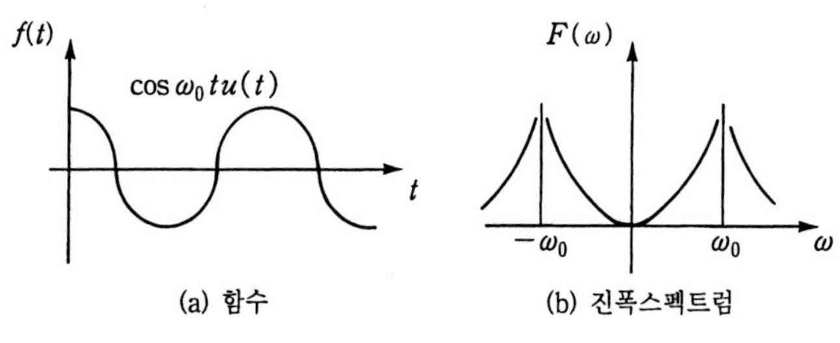

그림 4.18 $\cos\omega_0 tu(t)$의 스펙트럼

식(4.70)와 (4.71)에서 알 수 있듯이, 이 함수는 주파수가 $\pm\omega_0$에서만 존재하지 않는다. 다시 말해서, 이 경우에 대해서는 주파수의 주성분이 $\pm\omega_0$이지만, 이 값의 주변에 분포하는 주파수 성분도 포함하고 있음을 보여 준다.

(10) 주기함수(periodic function)

주기함수에 대한 복소 Fourier 급수는 다음과 같다.

$$f(t) = \sum_{n=-\infty}^{\infty} c_n e^{jn\omega_0 t} \qquad \cdots\cdots (4.77)$$

$$c_n = \frac{1}{T}\int_{-T/2}^{T/2} f(t)\, e^{-jn\omega_0 t} dt \qquad \cdots\cdots (4.78)$$

여기서 c_n은 복소수이므로 식(4.77)에 대한 Fourier 변환은 식(4.65)에 의하여 간단히 구할 수 있다. 즉,

$$f(t) = \sum_{n=-\infty}^{\infty} c_n e^{jn\omega_0 t} \Leftrightarrow F(\omega) = 2\pi \sum_{n=-\infty}^{\infty} c_n \delta(\omega - n\,\omega_0) \qquad \cdots\cdots (4.79)$$

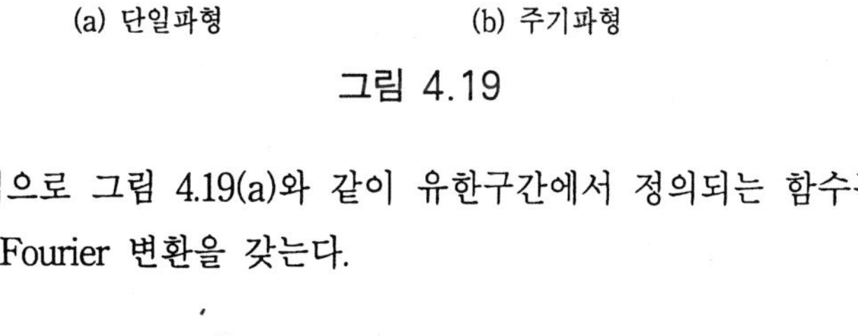

(a) 단일파형 (b) 주기파형

그림 4.19

일반적으로 그림 4.19(a)와 같이 유한구간에서 정의되는 함수는 다음과 같은 Fourier 변환을 갖는다.

$$F(\omega) = \int_{-a/2}^{a/2} f(t)\, e^{-j\omega t} dt \qquad \cdots\cdots (4.80)$$

반면, 동일한 함수가 그림 4.19(b)와 같이 주기 T를 가진 주기함수라 가정하면, 이 경우에 Fourier 계수는

$$c_n = \frac{1}{T}\int_{-a/2}^{a/2} f(t)\, e^{-jn\omega t} dt \qquad \cdots\cdots (4.81)$$

식(4.80)와 식(4.81)을 비교하면 다음 결과를 얻게 된다.

$$c_n = \frac{1}{T} F(\omega)\Big|_{\omega = n\omega_0} \qquad \cdots\cdots (4.82)$$

예를 들어, 그림 4.11(a)와 같은 펄스의 Fourier 변환은 식(4.45)와 같다. 즉,

$$F(\omega) = aA\, Sa\left(\frac{\omega a}{2}\right) \qquad \cdots\cdots (4.83)$$

또한, 동일한 주기펄스 그림 4.1에 대한 Fourier 계수는 식(4.4)로 주어진다.

$$c_n = \frac{aA}{T}\, Sa\left(\frac{n\omega_0 a}{2}\right) \qquad \cdots\cdots (4.84)$$

결국, 식(4.83)과 식(4.84)와의 사이에는 식(4.82)의 관계가 성립됨을 알 수 있다.

예제 4-7

그림 4.20과 같이, 폭이 $a(<T)$이고 진폭이 A인 게이트 펄스 $AG_a(t)$가 주기 T로 반복되는 함수의 Fourier 변환은? 여기서, $a=1$, $A=10$, $T=4$이다.

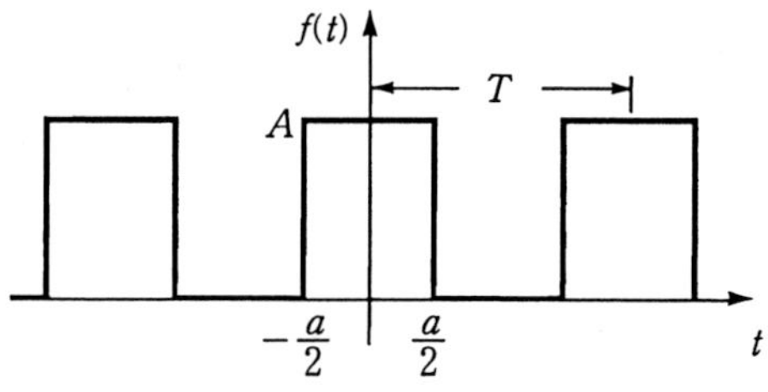

그림 4.20 주기 펄스파형

☞ 단일펄스 $f_1(t)$을

$$f_1(t) = 10\, G_1(t) \qquad \cdots\cdots (a)$$

라 하면, 이 함수에 대한 Fourier 변환은 식(4.83)에 의하여

$$F_1(\omega) = 10Sa\left(\frac{\omega}{2}\right) \qquad \cdots\cdots \text{(b)}$$

따라서 주기함수에 대한 Fourier 계수는

$$c_n = 2.5\,Sa\left(\frac{n\omega_0}{2}\right) \qquad \cdots\cdots \text{(c)}$$

식(c)를 식(4.79)에 대입하면 주어진 함수의 Fourier 변환은 다음과 같이 구해진다.

$$F(\omega) = 5\pi \sum_{n=-\infty}^{\infty} Sa\left(\frac{n\omega_0}{2}\right)\delta(\omega - n\omega_0) \qquad \cdots\cdots \text{(d)}$$

이 $F(\omega)$는 $\omega = 0,\ \pm\omega_0,\ \pm 2\omega_0, \cdots\cdots$ 등의 주파수에서 임펄스함수로 주어진다.
그림 4.21은 $-10\pi<\omega<10\pi$에서의 진폭 및 위상스펙트럼을 나타낸다.

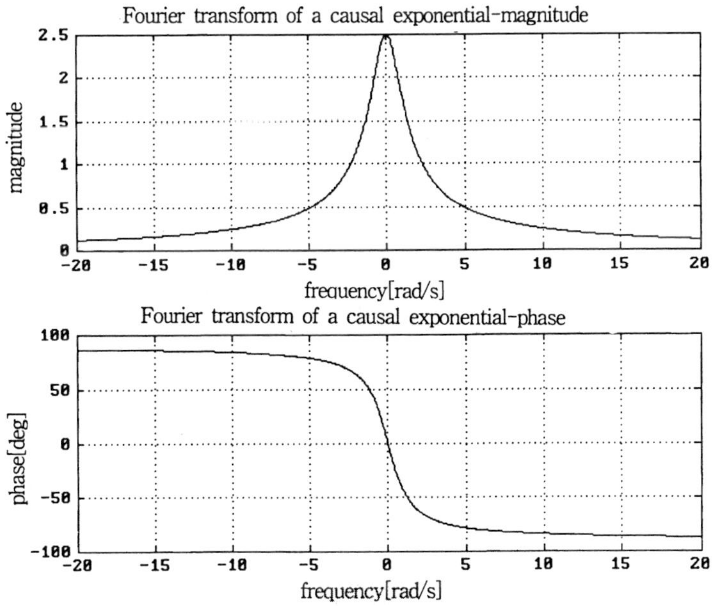

그림 4.21 주기적인 구형파의 진폭스펙트럼

예제 4-8

그림 4.22(a)와 같이 주어지는 주기 $T=0.5$인 임펄스 시이퀀스의 Fourier 변환은?

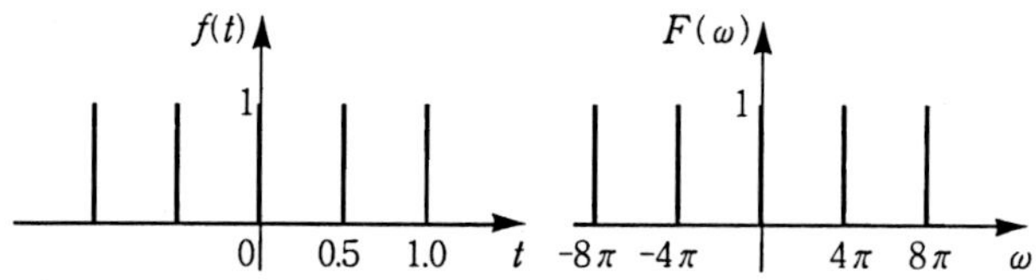

(a) 임펄스 시이퀀스　　　(b) 진폭스펙트럼

그림 4.22 임펄스 시이퀀스

☞ 단일펄스를 $f_1(t)$라 할 때

$$f_1(t) = \delta(t) \qquad \cdots\cdots \text{(a)}$$

식(a)에 대한 Fourier 변환은 식(4.50)에 의해

$$F(\omega) = 1 \qquad \cdots\cdots \text{(b)}$$

따라서, 주기함수 $f(t)$에 대한 Fourier 계수는 식(4.82)의 관계로부터

$$c_n = \frac{1}{T} = 2 \qquad \cdots\cdots \text{(c)}$$

식(c)를 식(4.79)에 적용하면 $f(t)$의 Fourier 변환을 얻는다.

$$F(\omega) = 4\pi \sum_{n=-\infty}^{\infty} \delta(\omega - n\omega_0) \qquad \cdots\cdots \text{(d)}$$

여기서 $\omega_0 = 2\pi/T = 4\pi$이면 식(d)에 대한 결과는 그림 4.22(b)와 같다. □

4.3.3 기본함수의 Fourier 변환 요약

표 4.1은 앞에서 설명한 기본함수들의 Fourier 변환에 대한 결과들을 요약한 것이다.

표 4.1 기본함수의 Fourier 변환쌍

함 수 명	$f(t)$	$F(\omega)$
(1) 단측지수함수	$e^{-at}u(t)\ (a>0)$	$\dfrac{1}{a+j\omega}$
(2) 양측지수함수	$e^{-a\|t\|}\ (a>0)$	$\dfrac{2a}{a^2+\omega^2}$

(3) 게이트 함수	$AG_a(t)$	$aASa(\omega a/2)$
(4) 임펄스 함수	$\delta(t)$	1
(5) 상수	A	$2\pi A\delta(\omega)$
(6) 시그넘 함수	$sgn(t)$	$\frac{2}{j\omega}$
(7) 단위계단함수	$u(t)$	$\pi\delta(\omega)+\frac{1}{j\omega}$
(8) 지수함수	$e^{j\omega_0 t}$	$2\pi\delta(\omega-\omega_0)$
(9) 시뉴소이덜	$A\cos\omega_0 t$ $A\sin\omega_0 t$	$\pi A[\delta(\omega-\omega_0)+\delta(\omega+\omega_0)]$ $j\pi A[\delta(\omega+\omega_0)-\delta(\omega-\omega_0)]$
(10) 단축 시뉴소이덜 함수	$A\cos\omega_0 tu(t)$ $A\sin\omega_0 tu(t)$	$\frac{\pi A}{2}[\delta(\omega-\omega_0)+\delta(\omega+\omega_0)]+\frac{j\omega A}{\omega_0^2-\omega^2}$ $\frac{\pi A}{2j}[\delta(\omega-\omega_0)-\delta(\omega+\omega_0)]+\frac{\omega_0 A}{\omega_0^2-\omega^2}$
(11) 주기함수	$f_1(t)$이 주기적	$2\pi\sum_{n=-\infty}^{\infty}c_n\delta(\omega-n\omega_0)$ $c_n=\frac{1}{T}F_1(\omega)\Big\vert_{\omega=n\omega_0}$

연습문제 4.3

문 1. 다음과 같은 함수의 Fourier 변환을 구하고, 진폭 및 위상스펙트럼을 그려라.

(1) $f(t)=10e^{-3t}u(t)$ (2) $f(t)=-5e^{-2|t|}$

(3) $f(t)=10G_{10}(t)=\begin{cases}10 & (|t|<5)\\ 0 & (|t|>5)\end{cases}$

(4) $f(t)=4u(t)-3\delta(t)$ (5) $f(t)=5$

(6) $f(t)=5sgn(t)$ (7) $f(t)=Vu(t)$

(8) $f(t)=4e^{-2t}-5e^{-3t}$ (9) $f(t)=5\cos 10t$

(10) $f(t)=10\sin 5tu(t)$ (11) $f(t)=4e^{-i\omega_0 t}u(t)$

문 2. 다음과 같이 주어지는 그래프의 Fourier 변환을 구하라.

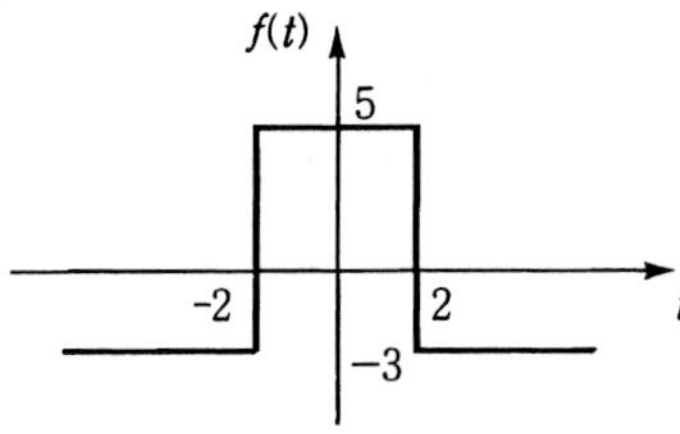

그림 4.23

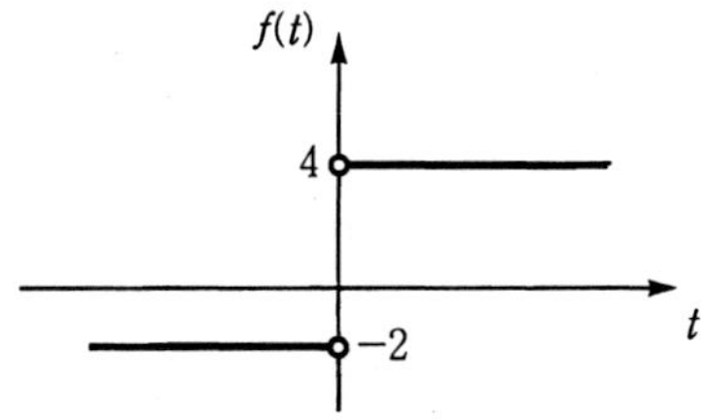

그림 4.24

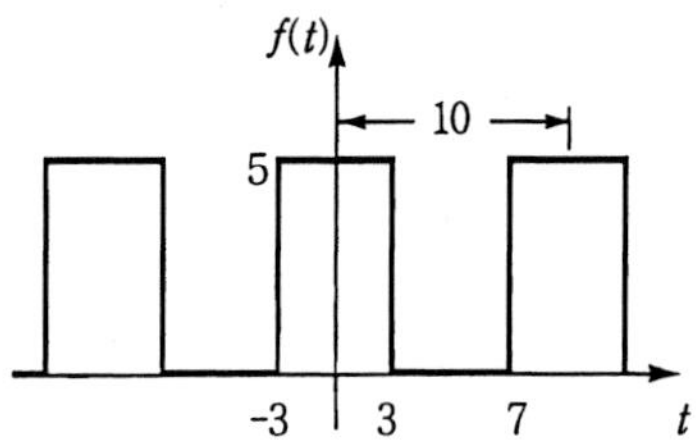

그림 4.25

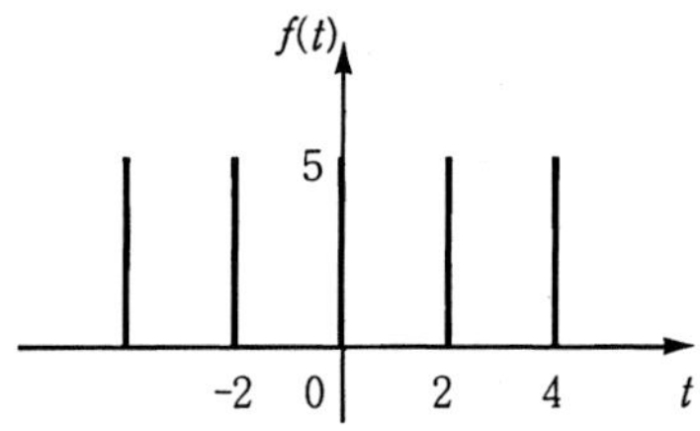

그림 4.26

문 3. 다음과 같은 함수의 Fourier 변환을 구하라.

$$f(t) = \begin{cases} t+1 & (-1 < t < 0) \\ -t+1 & (0 < t < 1) \\ 0 & (|t| > 1) \end{cases}$$

문 4. 다음과 같은 함수의 역 Fourier 변환을 구하라.

$$F(\omega) = \begin{cases} 1 & (|\omega| < 1) \\ 0 & (|\omega| > 1) \end{cases}$$

4.4 Fourier 변환 정리

4.3절에서는 간단한 기본함수의 Fourier 변환과정에 대하여 살펴 보았다. 실제로, 회로시스템이나 공학문제에서는 기본함수 뿐만 아니라 다양

한 형태의 함수가 나타나고 이 들에 대한 Fourier 변환을 구해야 하는 경우가 종종 있다. 일반적으로 복잡한 함수는 기본함수의 성분으로 분해하고 4.3절에서 얻은 결과를 확장하면 쉽게 구해진다. 이 절에서는 일반형태의 신호에 대한 Fourier 변환을 하는 경우 사용되는 몇가지 변환 정리들이 소개된다.

4.4.1 Fourier 변환의 복소 성질

함수 $f(t)$에 대한 Fourier 변환의 정의식은

$$F(\omega) = \int_{-\infty}^{\infty} f(t) e^{-j\omega t} dt \qquad \cdots\cdots (4.85)$$

이 식의 적분 항에 $e^{-j\omega t}$는 Euler 공식을 적용하면

$$\begin{aligned} F(\omega) &= \int_{-\infty}^{\infty} f(t)[\cos\omega t - j\sin\omega t]\, dt \\ &= A(\omega) + jB(\omega) \\ &= |F(\omega)| \angle \phi(\omega) \end{aligned} \qquad \cdots\cdots (4.86)$$

여기서

$$A(\omega) = \int_{-\infty}^{\infty} f(t)\cos\omega t dt \qquad \cdots\cdots (4.87)$$

$$B(\omega) = -\int_{-\infty}^{\infty} f(t)\sin\omega t dt \qquad \cdots\cdots (4.88)$$

$$|F(\omega)| = \sqrt{A^2(\omega) + B^2(\omega)} \qquad \cdots\cdots (4.89)$$

$$\phi(\omega) = \tan^{-1}\left(\frac{B(\omega)}{A(\omega)}\right) \qquad \cdots\cdots (4.90)$$

이 때, $F(\omega)$는 다음과 같은 성질이 있다.

(1) $A(-\omega) = A(\omega)$ …… (4.91)

(2) $B(-\omega) = -B(\omega)$ …… (4.92)

(3) $|F(-\omega)| = |F(\omega)|$ …… (4.93)

(4) $\phi(-\omega) = -\phi(\omega)$ …… (4.94)

(5) $F(-\omega) = F^*(\omega)$ …… (4.95)

예제 4-9

다음 함수는 단측지수함수이다. Fourier 변환을 구하고 식(4.91)~(4.95)가 만족하는지를 밝혀라.

$$f(t) = Ae^{-at} \quad (a > 0) \qquad \cdots\cdots \text{(a)}$$

☞ 식(a)의 Fourier 변환은

$$\begin{aligned} F(\omega) &= \frac{A}{a+j\omega} \\ &= \frac{A}{a^2+\omega^2}(a-j\omega) \\ &= \frac{A}{\sqrt{a^2+\omega^2}} \angle -\tan^{-1}\left(\frac{\omega}{a}\right) \qquad \cdots\cdots \text{(b)} \end{aligned}$$

식(b)로부터

$$A(\omega) = \frac{aA}{a^2+\omega^2}, \quad B(\omega) = \frac{\omega A}{a^2+\omega^2} \qquad \cdots\cdots \text{(c)}$$

따라서, $A(\omega)$는 우함수이고 $B(\omega)$는 기함수이다. 또한, 진폭 $|F(\omega)|$는 우함수이며 위상 $\varphi(\omega)$는 기함수임을 알 수 있다. $F(-\omega) = F^*(\omega)$도 쉽게 증명된다.

□

4.4.2 변환정리

(1) 상수의 곱

$$kf(t) \;\Leftrightarrow\; kF(\omega) \qquad \cdots\cdots (4.96)$$

(2) 선형성 정리(linearity theorem)

$$af(t) \pm bg(t) \;\Leftrightarrow\; aF(\omega) \pm bG(\omega) \qquad \cdots\cdots (4.97)$$

〔증명〕

정의식에 의하여

$$\begin{aligned} \mathcal{F}[af(t) \pm bg(t)] &= \int_{-\infty}^{\infty} [af(t) \pm bg(t)]e^{-j\omega t}dt \\ &= a\int_{-\infty}^{\infty} f(t)e^{-j\omega t}dt \pm b\int_{-\infty}^{\infty} g(t)e^{-j\omega t}dt \\ &= aF(\omega) \pm bG(\omega) \qquad \cdots\cdots (4.98) \end{aligned}$$

■

예제 4-10

그림 4.27과 같은 파형의 Fourier 변환을 구하라. 이 파형은

$$f(t) = \begin{cases} 4 & (t > 0) \\ -1 & (t < 0) \end{cases} \qquad \cdots\cdots \text{(a)}$$

☞ 그림 4.27과 같은 파형은 시그넘 함수를 이용하여 표현하면 다음과 같다.

$$f(t) = 2.5\,sgn(t) + 1.5 \qquad \cdots\cdots \text{(b)}$$

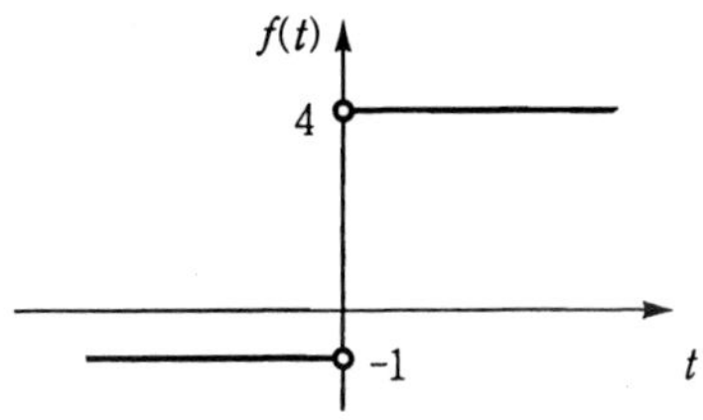

그림 4.27

따라서, 선형성 정리를 이용하면 식(b)의 Fourier 변환은 다음과 같다.

$$F(\omega) = \frac{5}{j\omega} + 3\pi\delta(\omega) \qquad \cdots\cdots \text{(c)}$$

□

(3) 주파수이동 정리(frequency shift theorem)

$$e^{j\omega_0 t} f(t) \;\Leftrightarrow\; F(\omega - \omega_0) \qquad \cdots\cdots (4.99)$$

〔증명〕

정의식에 의하여

$$\begin{aligned} \mathcal{F}[e^{j\omega_0 t} f(t)] &= \int_{-\infty}^{\infty} [e^{j\omega_0 t} f(t)] e^{-j\omega t} dt \\ &= \int_{-\infty}^{\infty} f(t) e^{-j(\omega - \omega_0)t} dt \\ &= F(\omega - \omega_0) \end{aligned}$$

■

이 정리는 $p(t) = f(t)\cos\omega_0 t$나 또는 다른 유사한 형태의 Fourier 변환을 구하는데 유용하게 이용된다. 특히, 통신시스템 해석에 있어서는 진폭변조(amplitude modulation)시 변조신호를 $f(t)$라 할 때 변조된 반

송파의 진폭은 $f(t)\cos\omega_0 t$가 되고, 이 변조된 반송파의 진폭스펙트럼은 주파수 $\pm\omega_0$의 중심선에서 $f(t)$의 진폭스펙트럼의 1/2이 된다. 즉,

$$\mathcal{F}[f(t)\cos\omega_0 t] = \frac{1}{2}[F(\omega-\omega_0)+F(\omega+\omega_0)] \qquad \cdots\cdots (4.100)$$

이러한 사실은 $f(t)$를 전송하는 경우보다 $p(t)$를 전송하는 경우에는 더 높은 주파수에서 동작하는 안테나를 설계해야 함을 제시해 준다.

예제 4-11

$f(t)=A$ 이고 $g(t)=\cos\omega_0 t$일 때, 다음 함수의 Fourier 변환을 구하라.

$$p(t) = A\cos\omega_0 t \qquad \cdots\cdots (a)$$

☞

$$F(\omega) = 2\pi\delta(\omega) \qquad \cdots\cdots (b)$$

$$g(t) = \frac{1}{2}[e^{j\omega t}+e^{-j\omega t}] \qquad \cdots\cdots (c)$$

이므로, 식(4.96)의 주파수이동 정리를 이용하면

$$P(\omega) = \pi A[\delta(\omega-\omega_0)+\delta(\omega+\omega_0)] \qquad \cdots\cdots (d)$$

□

(4) 시간이동 정리(time shift theorem)

$$f(t-a) \quad \Leftrightarrow \quad e^{-j\omega a}F(\omega) \qquad \cdots\cdots (4.101)$$

시간영역에서 시간이동은 주파수영역에서 복소지수의 곱으로 표현되며, 이 사실은 위상변위가 발생됨을 의미한다.

〔증명〕

정의식에 의하면

$$\mathcal{F}[f(t-a)] = \int_{-\infty}^{\infty} f(t-a)\,e^{-j\omega t}dt \quad \begin{cases} \tau = t-a & \rightarrow d\tau = dt \\ t=\infty & \rightarrow \tau=\infty \\ t=-\infty & \rightarrow \tau=-\infty \end{cases}$$

$$= \int_{-\infty}^{\infty} f(\tau)e^{-j\omega(\tau+a)}d\tau$$

$$= e^{-j\omega a}\int_{-\infty}^{\infty} f(\tau)\,e^{-j\omega\tau}d\tau$$

$$= e^{-j\omega a}F(\omega) \qquad \cdots\cdots (4.102) \ ■$$

예제 4-12

$f(t) = A\,u(t-a)$의 Fourier 변환을 구하라.

☞ 단위계단함수의 Fourier 변환은

$$\mathcal{F}[u(t)] = \pi\delta(\omega) + \frac{1}{j\omega} \qquad \cdots\cdots \text{(a)}$$

이므로 시간이동 정리를 사용하면

$$F(\omega) = Ae^{-j\omega a}\left[\pi\delta(\omega) + \frac{1}{j\omega}\right] \qquad \cdots\cdots \text{(b)}$$

□

예제 4-13

$f(t) = \delta(t-a)$의 Fourier 변환은?

☞

$$\mathcal{F}[\delta(t)] = 1 \qquad \cdots\cdots \text{(a)}$$

이므로 주어진 함수에 대하여 시간이동 정리를 사용하면 다음과 같다.

$$F(\omega) = e^{-j\omega a} \qquad \cdots\cdots \text{(b)}$$

□

(5) 시간 스케일링 정리(time scaling theorem)

$$f(at) \;\Leftrightarrow\; \frac{1}{a}F\left(\frac{\omega}{a}\right), \quad (a > 0) \qquad \cdots\cdots (4.103)$$

〔증명〕

정의식에 의하면

$$\mathcal{F}[f(at)] = \int_{-\infty}^{\infty} f(at)\,e^{-j\omega t}dt \quad \left\{\begin{array}{ll} \tau = at & \rightarrow d\tau = adt \\ t = \infty & \rightarrow \tau = \infty \\ t = -\infty & \rightarrow \tau = -\infty \end{array}\right.$$

$$= \frac{1}{a}\int_{-\infty}^{\infty} f(\tau)\,e^{-j(\omega/a)}d\tau$$

$$= \frac{1}{a}F\left(\frac{\omega}{a}\right)$$

■

(6) 도함수(derivative function)

함수 $f(t)$가 n차까지 미분가능하고 $\mathcal{F}[f(t)]=F(\omega)$라 할 때, n계 도함수에 대한 Fourier 변환은 다음과 같이 주어진다.

$$\frac{d^n f(t)}{dt^n} \Leftrightarrow (j\omega)^n F(\omega) \qquad \cdots\cdots (4.104)$$

여기서 $F(0)=0$ 또는 $\int_{-\infty}^{\infty} f(t)dt=0$이라 한다.

〔증명〕

함수 $f(t)$의 역 Fourier 변환 정의식에 의하여

$$f(t)=\frac{1}{2\pi}\int_{-\infty}^{\infty} F(\omega)\, e^{j\omega t} d\omega \qquad \cdots\cdots (4.105)$$

이 식으로부터 1계 도함수를 취하면

$$\begin{aligned}\frac{df(t)}{dt} &= \frac{1}{2\pi}\int_{-\infty}^{\infty} F(\omega)\frac{d}{dt}[e^{j\omega t}]d\omega \\ &= \frac{1}{2\pi}\int_{-\infty}^{\infty} [j\omega F(\omega)]\, e^{j\omega t} d\omega \qquad \cdots\cdots (4.106)\end{aligned}$$

따라서

$$\frac{df(t)}{dt} \Leftrightarrow j\omega F(\omega) \qquad \cdots\cdots (4.107)$$

이와 유사한 방법으로 n계 도함수까지 확장하면 식(4.104)를 얻을 수 있다. ■

예제 4-14

$f(t)=2e^{-3t}u(t)$의 Fourier 변환은

$$F(\omega)=\frac{2}{3+j\omega} \qquad \cdots\cdots (a)$$

이다. $f'(t)$의 Fourier 변환을 식(a)를 사용하여 구하라.

☞ 식(4.104)에 의하면 1계 도함수의 Fourier 변환은

$$\begin{aligned}\mathcal{F}\left[\frac{df(t)}{dt}\right] &= j\omega F(\omega) \\ &= \frac{j2\omega}{3+j\omega} \qquad \cdots\cdots (b)\end{aligned}$$

식(b)를 검증하기 위하여 $f'(t)$를 구하면

$$f'(t) = -6e^{-3t}u(t) + 2e^{-3t}\delta(t) \qquad \cdots\cdots \text{(c)}$$

따라서, 이 함수의 Fourier 변환을 직접 구해 보면 다음과 같다.

$$\begin{aligned}\mathcal{F}[f'(t)] &= \mathcal{F}[-6e^{-3t}u(t)] + \mathcal{F}[2e^{-3t}\delta(t)] \\ &= \frac{-6}{3+j\omega} + 2 \\ &= \frac{j2\omega}{3+j\omega} \qquad \cdots\cdots \text{(d)}\end{aligned}$$

결국, 식(b)와 (d)의 같음을 알 수 있다. □

예제 4-15

다음과 같은 미분방정식으로 주어지는 시스템이 있다. Fourier 변환을 사용하여 출력 $y(t)$를 구하라.

$$\frac{dy(t)}{dt} + 2y(t) = 2e^{-3t}u(t) \qquad \cdots\cdots \text{(a)}$$

☞ 식(a)를 Fourier 변환하면

$$j\omega Y(\omega) + 2Y(\omega) = \frac{2}{3+j\omega} \qquad \cdots\cdots \text{(b)}$$

따라서

$$Y(\omega) = \frac{2}{(2+j\omega)(3+j\omega)} \qquad \cdots\cdots \text{(c)}$$

식(c)를 부분분수 전개하면

$$\begin{aligned}Y(\omega) &= \frac{A}{2+j\omega} + \frac{B}{3+j\omega} \\ A &= \left.\frac{2}{3+j\omega}\right|_{j\omega=-2} = 2 \\ B &= -2\end{aligned}$$

$$\therefore\ Y(\omega) = 2\left[\frac{1}{2+j\omega} - \frac{1}{3+j\omega}\right] \qquad \cdots\cdots \text{(d)}$$

결국, $y(t)$는 역 Fourier 변환하면 다음과 같이 구해진다.

$$y(t) = 2(e^{-2t} - e^{-3t})u(t) \qquad \cdots\cdots \text{(e)}$$

□

(7) 적분의 Fourier 변환

$$\int_{-\infty}^{t} f(\tau)\,d\tau \;\Leftrightarrow\; \frac{F(\omega)}{j\omega} \qquad \cdots\cdots (4.108)$$

이 결과는 다음 조건이 만족하는 경우에만 성립된다.

$$\lim_{t\to\infty}\int_{-\infty}^{t} f(\tau)\,d\tau = \int_{-\infty}^{\infty} f(\tau)\,d\tau$$
$$= F(0) = 0 \qquad \cdots\cdots (4.109)$$

〔증명〕

정의식에 의하여

$$\mathcal{F}\left[\int_{-\infty}^{t} f(\tau)\,d\tau\right] = \int_{-\infty}^{\infty}\left[\int_{-\infty}^{t} f(\tau)\,d\tau\right]e^{-j\omega t}dt$$

$$\begin{cases} u = \int_{-\infty}^{t} f(\tau)d\tau & \rightarrow du = f(t)dt \\ dv = e^{-j\omega t}dt & \rightarrow v = -\frac{1}{j\omega}e^{-j\omega t} \end{cases}$$

$$= -\frac{1}{j\omega}e^{-j\omega t}\int_{-\infty}^{t} f(\tau)\,d\tau\Big|_{-\infty}^{\infty} + \frac{1}{j\omega}\int_{-\infty}^{\infty} f(t)e^{-j\omega t}dt$$

$$= \frac{1}{j\omega}F(\omega)$$

■

(8) Fourier 변환쌍의 쌍태성(duality)

역 Fourier 변환 정의식

$$f(t) = \frac{1}{2\pi}\int_{-\infty}^{\infty} F(\omega)\,e^{j\omega t}d\omega \qquad \cdots\cdots (4.110)$$

에 대하여 $\omega = x$, $t = -\omega$로 치환하면 다음 식을 얻는다.

$$2\pi f(-\omega) = \int_{-\infty}^{\infty} F(x)e^{-j\omega x}dx \qquad \cdots\cdots (4.111)$$

한편, Fourier 변환 정의식

$$F(\omega) = \int_{-\infty}^{\infty} f(t)e^{-j\omega t}dt \qquad \cdots\cdots (4.112)$$

에 대하여 $\omega = x$, $t = -\omega$로 치환하면 다음 식을 얻는다.

$$F(x) = \int_{-\infty}^{\infty} f(-\omega)\, e^{j\omega x} d\omega \qquad \cdots\cdots (4.113)$$

따라서 식(4.111)과 (4.113)에 의하여 다음과 같은 새로운 Fourier 변환쌍을 얻는다.

$$F(t) \;\Leftrightarrow\; 2\pi f(-\omega) \qquad \cdots\cdots (4.114)$$

예제 4-16

$f(t) = e^{-at}u(t)$의 Fourier 변환쌍은 다음과 같다.

$$e^{-at}u(t) \;\Leftrightarrow\; \frac{1}{a+j\omega} \qquad \cdots\cdots (a)$$

식(a)의 관계를 이용하여 다음 함수

$$g(t) = \frac{1}{a+jt} \qquad \cdots\cdots (b)$$

에 대한 Fourier 변환을 구하라.

☞ 식(b)는 식(a)의 $F(\omega)$에 대하여 ω 대신 t를 치환한 함수와 같다. 따라서, 식(a)의 상호관계를 이용하면 다음 식을 얻는다.

$$G(\omega) = 2\pi e^{\omega a} u(-\omega) \qquad \cdots\cdots (c)$$

□

예제 4-17

다음과 같은 함수의 Fourier 변환을 구하라.

$$f(t) = \frac{2}{t^2+1} \qquad \cdots\cdots (a)$$

☞ 식(a)에 대하여 $t = \omega$로 놓으면

$$f(\omega) = \frac{2}{\omega^2+1} \qquad \cdots\cdots (b)$$

식(b)에 대해서는 다음과 같은 변환쌍으로 가정한다.

$$g(t) \;\Leftrightarrow\; \frac{2}{\omega^2+1} \qquad \cdots\cdots (c)$$

이 때 식(c)의 우변은 기본적인 양측지수함수의 변환이므로

$$g(t) = e^{-|t|} \qquad \cdots\cdots \text{(d)}$$

임을 알 수 있다. 따라서, 식(4.111)에 의하면

$$F(\omega) = 2\pi g(-\omega) = 2\pi e^{-|\omega|} \qquad \cdots\cdots \text{(e)}$$

□

(9) 주파수의 미분

$$(-jt)^n f(t) \;\Leftrightarrow\; \frac{d^n F(\omega)}{d\omega^n} \qquad \cdots\cdots (4.115)$$

〔증명〕

정의식에 의하면

$$F(\omega) = \int_{-\infty}^{\infty} f(t) e^{-j\omega t} dt \qquad \cdots\cdots (4.116)$$

이 식을 ω에 대하여 미분하면

$$\begin{aligned}\frac{dF(\omega)}{d\omega} &= \int_{-\infty}^{\infty} \frac{d}{d\omega}[f(t)e^{-j\omega t}]dt \\ &= \int_{-\infty}^{\infty}[-jtf(t)]e^{-j\omega t}dt \\ &= \mathcal{F}[(-jt)f(t)]\end{aligned}$$

유사한 방법으로 계속하여 미분해가면 n계 도함수에 대한 식(4.115)를 얻게 된다. ■

(10) $t^n f(t)$의 Fourier 변환

$$t^n f(t) \;\Leftrightarrow\; (-j)^n \frac{d^n F(\omega)}{d\omega^n} \qquad \cdots\cdots (4.117)$$

〔증명〕

정의식에 의하면

$$F(\omega) = \int_{-\infty}^{\infty} f(t) e^{-j\omega t} dt$$

이 식을 ω에 대하여 미분하면

$$\frac{dF(\omega)}{d\omega} = \int_{-\infty}^{\infty} \frac{d}{d\omega}[f(t)e^{-j\omega t}]\,dt$$

$$= (-j)\int_{-\infty}^{\infty}[tf(t)]e^{-j\omega t}dt$$

$$= (-j)\mathcal{F}[tf(t)]$$

$$\mathcal{F}[tf(t)] = (-j)\frac{dF(\omega)}{d\omega} \quad \cdots\cdots (4.118)$$

따라서 유사한 방법으로 n계 도함수까지 구하면 식(4.117)의 관계를 얻는다. ■

예제 4-18

$e^{-at}u(t)$의 Fourier 변환을 이용하여 다음 함수의 Fourier 변환을 구하라.

$$f(t) = te^{-at}u(t) \quad (a > 0) \quad \cdots\cdots (a)$$

☞ 주어진 함수는

$$\mathcal{F}[e^{-at}u(t)] = \frac{1}{a+j\omega} \quad \cdots\cdots (b)$$

이므로 식(4.118)의 관계를 이용하면 식(a)의 Fourier 변환은

$$F(\omega) = (-j)\frac{d}{d\omega}\left[\frac{1}{a+j\omega}\right]$$

$$= -\frac{1}{(a+j\omega)^2} \quad \cdots\cdots (c)$$

□

4.4.3 콘볼루션 정리

콘볼루션 정리(convolution theorem)은 주파수영역에서 여러가지 해석상 편리한 수단을 제공해 준다. 일반적으로, 2개의 함수 $f_1(t)$ 및 $f_2(t)$가 주어졌을 때, 콘볼루션은 다음과 같은 적분으로 주어진다.

$$f(t) = \int_{-\infty}^{\infty} f_1(\tau)f_2(t-\tau)d\tau$$

$$= \int_{-\infty}^{\infty} f_1(t-\tau)f_2(\tau)d\tau$$

$$= f_1(t) * f_2(t) \quad \cdots\cdots (4.119)$$

여기서 $\mathcal{F}[f_1(t)] = F_1(\omega)$, $\mathcal{F}[f_2(t)] = F_2(\omega)$라 하자.

(1) 시간 콘볼루션 정리(time convolution theorem)

$$f_1(t) * f_2(t) \;\Leftrightarrow\; F_1(\omega) F_2(\omega) \qquad \cdots\cdots \ (4.120)$$

〔증명〕

정의식에 따르면

$$\begin{aligned} F(\omega) &= \int_{-\infty}^{\infty}\left[\int_{-\infty}^{\infty} f_1(\tau) f_2(t-\tau) d\tau\right] e^{-j\omega t} dt \\ &= \int_{-\infty}^{\infty} f_1(\tau)\left[\int_{-\infty}^{\infty} f_2(t-\tau) e^{-j\omega t} dt\right] d\tau \qquad \cdots\cdots \ (4.121) \end{aligned}$$

여기서

$$\int_{-\infty}^{\infty} f(t-a) e^{-j\omega t} dt = e^{-j\omega a} F(\omega)$$

이므로, 이 식을 식(4.121)에 대입하면 다음과 같다.

$$\begin{aligned} F(\omega) &= \int_{-\infty}^{\infty} f_1(\tau) F_2(\omega) e^{-j\omega\tau} d\tau \\ &= \left[\int_{-\infty}^{\infty} f_1(\tau) e^{-j\omega\tau} d\tau\right] F_2(\omega) \\ &= F_1(\omega) F_2(\omega) \qquad \cdots\cdots \ (4.122) \end{aligned}$$ ■

(2) 주파수 콘볼루션 정리(frequency convolution theorem)

$$f_1(t) f_2(t) \;\Leftrightarrow\; \begin{cases} \dfrac{1}{2\pi}\displaystyle\int_{-\infty}^{\infty} F_1(x) F_2(\omega - x) dx \\ \dfrac{1}{2\pi}\displaystyle\int_{-\infty}^{\infty} F_1(\omega - x) F_2(x) dx \end{cases} \qquad \cdots\cdots \ (4.123)$$

〔증명〕

역 Fourier 변환 정의식에 의하여

$$
\begin{aligned}
f_1(t)f_2(t) &= \mathcal{F}^{-1}\left[\frac{1}{2\pi}\int_{-\infty}^{\infty}F_1(x)F_2(\omega-x)\,dx\right] \\
&= \frac{1}{2\pi}\int_{-\infty}^{\infty}\left[\frac{1}{2\pi}\int_{-\infty}^{\infty}F_1(x)F_2(\omega-x)\,dx\right]e^{j\omega t}d\omega \\
&= \frac{1}{2\pi}\int_{-\infty}^{\infty}F_1(x)\left[\frac{1}{2\pi}\int_{-\infty}^{\infty}F_2(\omega-x)e^{j\omega t}d\omega\right]dx
\end{aligned}
$$

$$
\begin{cases}
\omega - x = \tau & \rightarrow d\omega = d\tau \\
\omega = -\infty & \rightarrow \tau = -\infty \\
\omega = \infty & \rightarrow \tau = \infty
\end{cases}
$$

$$
\begin{aligned}
&= \frac{1}{2\pi}\int_{-\infty}^{\infty}F_1(x)\left[\frac{1}{2\pi}\int_{-\infty}^{\infty}F_2(\tau)\,e^{j(x+\tau)\,t}d\tau\right]dx \\
&= \frac{1}{2\pi}\int_{-\infty}^{\infty}F_1(x)\left[\frac{1}{2\pi}\int_{-\infty}^{\infty}F_2(\tau)\,e^{j\tau t}d\tau\right]\ e^{jxt}dx \\
&= \frac{1}{2\pi}\int_{-\infty}^{\infty}F_1(x)f_2(t)\,e^{jxt}dx \\
&= \left[\frac{1}{2\pi}\int_{-\infty}^{\infty}F_1(x)\,e^{jxt}dt\right]f_2(t)
\end{aligned}
$$

따라서 식(4.123)의 관계가 성립된다. ■

예제 4-19

그림 4.28은 일반적인 선형시스템(linear system)의 입·출력 관계를 표시한 블럭선도이다.

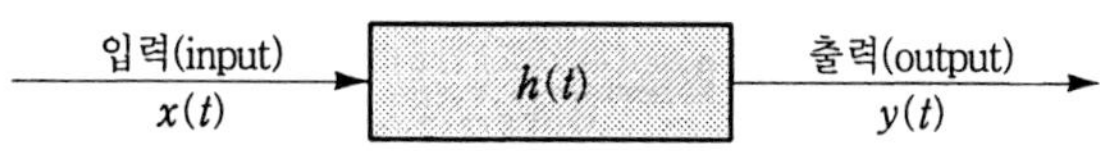

그림 4.28 선형시스템

이 시스템의 출력 $y(t)$는 다음과 같은 콘볼루션 관계를 갖는다.

$$y(t) = h(t) * x(t) \qquad \cdots\cdots \text{(a)}$$

여기서 $h(t)$는 시스템의 임펄스응답(impulse response)라 한다.

만약, 이 시스템의 임펄스응답과 입력이

$$h(t) = e^{-2t}u(t) \qquad \cdots\cdots \text{(b)}$$

$$x(t) = 6e^{-3t}u(t) \qquad \cdots\cdots \text{(c)}$$

일 경우에 응답 $y(t)$를 콘볼루션 정리를 써서 구하라.

☞ 콘볼루션 정리에 의하면

$$
\begin{aligned}
Y(\omega) &= H(\omega)X(\omega)\\
&= \frac{6}{(2+j\omega)(3+j\omega)}\\
&= 6\left(\frac{1}{2+j\omega}-\frac{1}{3+j\omega}\right) \qquad \cdots\cdots \text{(d)}
\end{aligned}
$$

여기서 $H(\omega)$, $X(\omega)$는 각각 $h(t)$ 및 $x(t)$의 Fourier 변환이다. 따라서, 식(d)로부터

$$y(t)=6(e^{-2t}-e^{-3t})u(t) \qquad \cdots\cdots \text{(e)}$$

□

4.4.4 파세발의 정리

이 정리는 시간영역의 함수와 관련된 에너지를 Fourier 변환하는데 사용된다. 파세발 정리(Paseval's theorem)은 다음과 같이 주어진다.

$$\int_{-\infty}^{\infty} f^{2}(t)dt=\frac{1}{2\pi}\int_{-\infty}^{\infty}|F(\omega)|^{2}d\omega \qquad \cdots\cdots (4.124)$$

$$\int_{-\infty}^{\infty} f^{2}(t)dt=\frac{1}{\pi}\int_{0}^{\infty}|F(\omega)|^{2}d\omega \qquad \cdots\cdots (4.125)$$

〔증명〕

식(4.124)는 다음과 같이 증명된다.

$$
\begin{aligned}
\int_{-\infty}^{\infty} f^{2}(t)dt &= \int_{-\infty}^{\infty} f(t)\left[\frac{1}{2\pi}\int_{-\infty}^{\infty}F(\omega)\,e^{j\omega t}d\omega\right]dt\\
&= \frac{1}{2\pi}\int_{-\infty}^{\infty}F(\omega)\left[\int_{-\infty}^{\infty}f(t)e^{-j(-\omega)t}dt\right]d\omega\\
&= \frac{1}{2\pi}\int_{-\infty}^{\infty}F(\omega)F(-\omega)\,d\omega\\
&= \frac{1}{2\pi}\int_{-\infty}^{\infty}F(\omega)F^{*}(\omega)\,d\omega\\
&= \frac{1}{2\pi}\int_{-\infty}^{\infty}|F(\omega)|^{2}d\omega
\end{aligned}
$$

또한, $|F(\omega)|$는 ω에 대해서 우함수이므로 식(4.125)와 같이 쓸 수 있다.

■

예제 4-20

함수 $f(t) = e^{-a|t|}$와 이 함수의 Fourier 변환이 다음과 같이 주어지는 것을 파세발의 정리를 이용하여 증명하라,

$$F(\omega) = \frac{2a}{a^2+\omega^2} \qquad \cdots\cdots \text{(a)}$$

☞ 식(4.124)를 이용하면 좌변항은 다음과 같다.

$$\begin{aligned}
\int_{-\infty}^{\infty} f^2(t)dt &= \int_{-\infty}^{\infty} e^{-2a|t|}dt \\
&= \int_{-\infty}^{0} e^{2at}dt + \int_{0}^{\infty} e^{-2at}dt \\
&= \frac{e^{2at}}{2a}\bigg|_{-\infty}^{0} - \frac{e^{-2at}}{2a}\bigg|_{0}^{\infty} \\
&= \frac{1}{a} \qquad \cdots\cdots \text{(b)}
\end{aligned}$$

또한, 우변항은 주어진 함수가 우함수이므로

$$\begin{aligned}
\frac{1}{\pi}\int_{0}^{\infty} |F(\omega)|^2 d\omega &= \frac{1}{\pi}\int_{0}^{\infty} \frac{4a^2}{(a^2+\omega^2)^2} d\omega \\
&= \frac{2}{\pi}\left[\frac{\omega}{\omega^2+a^2} + \frac{1}{a}\tan^{-1}\frac{\omega}{a}\right]_0^{\infty} \\
&= \frac{2}{\pi}\left[0 + \frac{\pi}{2a} - 0 - 0\right] \\
&= \frac{1}{a} \qquad \cdots\cdots \text{(c)}
\end{aligned}$$

따라서,

$$e^{-a|t|} \Leftrightarrow \frac{2a}{a^2+\omega^2} \qquad \cdots\cdots \text{(d)}$$

□

4.4.5 Fourier 변환과 Laplace 변환의 관계

앞에서 보았듯이, Fourier 변환과 Laplace 변환 사이에는 일종의 유사성 관계가 있음을 알 수 있다. 표 4.2는 이 2가지 변환의 정의식이며, 이들 사이의 중요한 차이점은 다음과 같다.

① Fourier 변환에서의 $j\omega$는 Laplace 변환에서의 s와 같다.

② 변환에서의 시간극한은 Laplace 변환에서는 단방성(0~∞)이지만,

Fourier 변환에서는 쌍방성($-\infty \sim \infty$)이다.

③ 역변환에서의 적분경로는 Fourier에서는 허수이며, Laplace 변환에서는 σ_1으로 대치된다.

④ $t<0$일 때, $f(t)=0$이면, $f(t)$의 Laplace 변환은 $f(t)$와 수렴인자 $e^{-\sigma t}$를 곱한 함수의 Fourier 변환과 같다. 즉,

$$\mathcal{L}[f(t)] = \mathcal{F}[f(t)e^{-\sigma t}] \qquad \cdots\cdots (4.126)$$

표 4.2 Laplace 변환과 Fourier 변환

	Laplace 변환	Fourier 변환
변 환	$F(s)=\int_0^{\infty} f(t)e^{-st}dt$	$F(\omega)=\int_{-\infty}^{\infty} f(t)e^{-j\omega t}dt$
역 변 환	$f(t)=\frac{1}{2\pi}\int_{\sigma_1-j\infty}^{\sigma_1+j\infty} F(s)e^{st}ds$	$f(t)=\frac{1}{2\pi}\int_{-\infty}^{\infty} F(\omega)e^{j\omega t}d\omega$

한편, 4.4절에서 설명하였던 Fourier 변환에 관한 정리를 표 4.3에 실었다. 표 4.1과 이 표 4.3를 이용하면 주어진 함수에 대한 Fourier 변환 및 역변환에 도움이 될 것이다.

표 4.3 Fourier 변환의 성질들

항 목	성 질
(1) Fourier 변환	$F(\omega)=\int_{-\infty}^{\infty} f(t)e^{-j\omega t}dt$
(2) Fourier 역변환	$f(t)=\frac{1}{2\pi}\int_{-\infty}^{\infty} F(\omega)e^{j\omega t}d\omega$
(3) $f(t)$가 우함수	$F(\omega)=2\int_0^{\infty} f(t)\cos\omega t dt$
(4) $f(t)$가 기함수	$F(\omega)=2j\int_0^{\infty} f(t)\sin\omega t dt$
(5) 상수의 곱	$\mathcal{F}[kf(t)]=kF(\omega)$
(6) 선형성 정리	$\mathcal{F}[af(t)\pm bg(t)]=aF(\omega)\pm bG(\omega)$
(7) 주파수이동	$\mathcal{F}[f(t)\cos\omega_0 t]=\frac{1}{2}\{\mathcal{F}[(\omega-\omega_0)]+\mathcal{F}[(\omega-\omega_0)]\}$ $\mathcal{F}[f(t)\sin\omega_0 t]=\frac{j}{2}\{\mathcal{F}[(\omega-\omega_0)]-\mathcal{F}[(\omega-\omega_0)]\}$

(8) 시간이동 정리	$\mathcal{F}[f(t-a)] = e^{-j\omega a}F(\omega)$
(9) 시간스케일링	$\mathcal{F}[f(at)] = \frac{1}{a}F\left(\frac{\omega}{a}\right) \quad (a>0)$
(10) 진폭스케일링	$\mathcal{F}[af(t)] = aF(\omega)$
(11) 미 분	$\mathcal{F}\left[\frac{d^n f(t)}{dt^n}\right] = (j\omega)^n F(\omega)$
(12) 적 분	$\mathcal{F}\left[\int_{-\infty}^{t} f(\tau)d\tau\right] = \frac{1}{j\omega}F(\omega)+\pi F(0)\delta(\omega)$
(13) 주파수 미분	$\mathcal{F}[t^n f(t)] = (-j)^n \frac{d^n F(\omega)}{d\omega^n}$ $\mathcal{F}[(-jt)^n f(t)] = \frac{d^n F(\omega)}{d\omega^n}$
(14) 시간콘볼루션	$\mathcal{F}[F_1(\omega)F_2(\omega)] = \int_{-\infty}^{\infty} f_1(\tau)f_2(t-\tau)d\tau$
(15) 주파수콘볼루션	$\mathcal{F}[f_1(t)f_2(t)] = \frac{1}{2\pi}\int_{-\infty}^{\infty} F_1(x)F_2(\omega-x)dx$

연 습 문 제 4.4

문 1. 다음과 같은 함수들의 Fourier 변환을 구하라.

(1) $f(t) = u(t) - u(t-1)$

(2) $f(t) = e^{-at}\cos\beta t u(t) \ (a>0)$

(3) $f(t) = e^{-at}[u(t) - u(t-2)]$

(4) $f(t) = e^{at}u(-t) \ (a>0)$

(5) $f(t) = \frac{1}{a+jt} \ (a>0)$

(6) $f(t) = \frac{1}{a^2+t^2}$

(7) $f(t) = e^{-at}\sin bt u(t) \ (a>0)$

(8) $f(t) = 10e^{-at}\sin bt u(-t) \ (a>0)$

(9) $f(t) = e^{-at}u(t) - e^{at}u(-t) \ (a>0)$

(10) $f(t) = 10e^{-4t}\cos 5t u(t)$

문 2. 다음과 같은 함수의 Fourier 변환을 구하라.

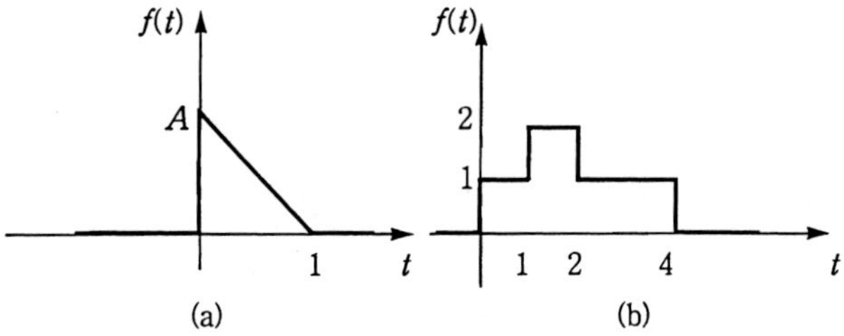

그림 4.29

문 3. $f(t) = e^{-a|t|}(a>0)$의 Fourier 변환과 표 4.3의 항목 (13)을 이용하여 $1/(t^2+1)$의 변환을 구하라.

문 4. $x(t)$가 입력이고 $y(t)$가 출력인 시스템의 동특성이 다음과 같이 주어지는 경우에 Fourier 변환법으로 출력을 구하라.

$$\frac{d^2y(t)}{dt^2}+4\frac{dy(t)}{dt}+3y(t)=4x(t)$$

문 5. 문제 4에서 $x(t)=e^{-2t}u(t)$일 경우에 출력을 Fourier 변환법으로 구하라.

문 6. 시스템의 출력에 대한 Fourier 변환이

$$Y(\omega)=\frac{4}{(j\omega+1)(j\omega+2)(j\omega+3)}$$

인 경우에 문제 5의 입력을 인가하였다. 시스템의 임펄스응답 $h(t)$를 구하라.

문 7. 다음과 같이 주어지는 변환함수의 $f(t)$를 구하라.

(1) $F(\omega)=\dfrac{2\sin[3(\omega-2\pi)]}{\omega-2\pi}$

(2) $F(\omega)=\cos\left(4\omega+\dfrac{\pi}{3}\right)$

(3) $F(\omega)=2[\delta(\omega-1)-\delta(\omega+1)]+3[\delta(\omega-2\pi)+\delta(\omega+2\pi)]$

문 8. 표 4.3을 이용하여 다음 함수의 Fourier 변환을 구하라.

(1) $f(t) = te^{-2t}u(t)$　　(2) $f(t) = te^{-2t}\cos 3tu(t)$

(3) $f(t) = t^2e^{-3t}u(t)$　　(4) $f(t) = te^{2t}u(-t)$

(5) $f(t) = 10e^{2t}\sin 3tu(-t)$　　(6) $f(t) = t^n e^{-2|t|}$

문 9. 표 4.3을 이용하여 다음 함수의 Fourier 변환을 구하라.

$$f(t) = \begin{cases} 2 & (|t| < 2) \\ 0 & (|t| > 2) \end{cases}$$

문 10. 다음과 같은 함수의 Fourier 변환을 구하라.

(1) $f(t) = Sa(t) = \dfrac{\sin t}{t}$　　(2) $f(t) = [Sa(t)]^2$

문 11. 표 4.3의 (13)을 이용하여 다음 함수의 Fourier 변환을 구하라.

(1) $f(t) = 10t^3e^{-5t}u(t)$　　(2) $f(t) = |t|e^{-3|t|}$

문 12. $f(t) = f_1(t)f_2(t)$에서

$$f_1(t) = \cos\omega_0 t$$

$$f_2(t) = \begin{cases} 1 & \left(-\frac{\tau}{2} < t < \frac{\tau}{2}\right) \\ 0 & \left(|t| > \frac{\tau}{2}\right) \end{cases}$$

이 경우에 주파수 콘볼루션 정리를 이용하여 $F(\omega)$를 구하라.

문 13. 다음 식을 증명하라.

$$\frac{t^{n-1}}{(n-1)!}e^{-at}u(t) \;\Leftrightarrow\; \frac{1}{(a+j\omega)^2}$$

문 14. 변환함수가 다음과 같다.

$$F(\omega) = \frac{1+j\omega}{6-\omega^2+j5\omega} = \frac{2}{j\omega+3} - \frac{1}{j\omega+2}$$

$f(t)$를 구하지 않고 다음 함수의 Fourier 변환을 구하라.

(1) $f(t-2)$ (2) $e^{-2t}f(t)$

(3) $f(2t)$ (4) $f(-t)$

또한, $f(t)$를 구한 다음 위의 결과와 비교하라.

4.5 Fourier 변환의 응용

Fourier 변환법은 미분방정식의 해, 회로망 특성 해석, 필터설계 등에 다양하게 응용된다. 이 절에서는 회로특성 해석, 필터설계 및 통신시스템의 신호변조 예를 들어 Fourier 변환법의 용도를 설명한다.

4.5.1 회로망 해석

그림 4.30과 같은 일반적인 4단자 회로망을 생각해 보자.

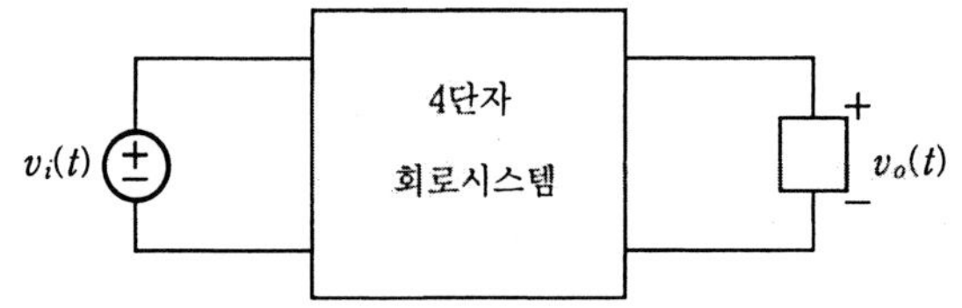

그림 4.30 회로시스템

입력을 $v_i(t)$라 하고 출력을 $v_o(t)$라 할 때, 이 회로는 선형시스템이므로 입출력 사이의 특성은 다음과 같은 미분방정식으로 표현할 수 있다.

$$a_n\frac{d^n v_o}{dt^n}+a_{n-1}\frac{d^{n-1}v_o}{dt^{n-1}}+\cdots+a_0 v_o=b_m\frac{d^m v_i}{dt^m}+b_{m-1}\frac{d^{m-1}v_i}{dt^{m-1}}+\cdots+b_o v_i \quad \cdots\cdots (4.127)$$

이 식의 양변을 Fourier 변환을 취하여 정리하면

$$H(\omega)=\frac{V_o(\omega)}{V_i(\omega)} \quad \cdots\cdots (4.128)$$

여기서 회로망함수 $H(\omega)$는 다음과 같다.

$$H(\omega)=\frac{b_m(j\omega)^m+b_{m-1}(j\omega)^{m-1}+\cdots+b_o}{a_n(j\omega)^n+a_{n-1}(j\omega)^{n-1}+\cdots+a_o} \quad \cdots\cdots (4.129)$$

이 식에서 $j\omega$는 2장에서의 s를 치환한 성질을 가지며, 식(4.129)의 분모 다항식을 특성다항식(characteristic polynomial)이라 한다.

다음은 Fourier 변환법이 회로 해석에 어떻게 사용되는가를 보여 준다. 물론, 식(4.127)에서 알 수 있듯이, 이 식은 선형미분방정식 형태로 미분방정식의 해를 구하기 위하여 Fourier 변환을 적용한 예이기도 하다.

예제 4-21

그림 4.30과 같은 회로시스템에 있어서, 입, 출력 사이의 관계가 다음과 같은 미분방정식으로 기술될 때 출력 $v_o(t)$를 구하라.

$$\frac{dv_o(t)}{dt}+2v_o(t)=6v_i(t) \quad \cdots\cdots (a)$$

여기서 입력은 $v_i(t)=e^{-3t}u(t)$이고 모든 초기조건은 0이라 가정한다.

☞ 주어진 식(a)를 Fourier 변환하면

$$(j\omega+2)V_o(\omega)=6V_i(\omega)$$

따라서 회로망함수는 다음과 같이 구해진다.

$$H(\omega)=\frac{V_o(\omega)}{V_i(\omega)}=\frac{6}{j\omega+2} \quad \cdots\cdots (b)$$

이 때, 입력함수를 Fourier 변환하면

$$V_i(\omega)=\frac{1}{j\omega+3} \quad \cdots\cdots (c)$$

식(b)와 식(c)로부터 출력은

$$V_o(\omega) = \frac{6}{(j\omega+2)(j\omega+3)}$$
$$= 6\left[\frac{1}{j\omega+2} - \frac{1}{j\omega+3}\right]$$

결국, 출력은 다음과 같이 구해진다.

$$v_o(t) = 6(e^{-2t} - e^{-3t})u(t) \qquad \cdots\cdots \text{(d)}$$

□

예제 4-22

그림 4.31과 같은 회로가 있다. 입력 전류가 다음과 같은 경우에 출력전류 $i_o(t)$를 구하라.

(1) $i(t) = 20\,sgn(t)[\text{A}]$

(2) $i(t) = 50\cos 3t\,[\text{A}]$

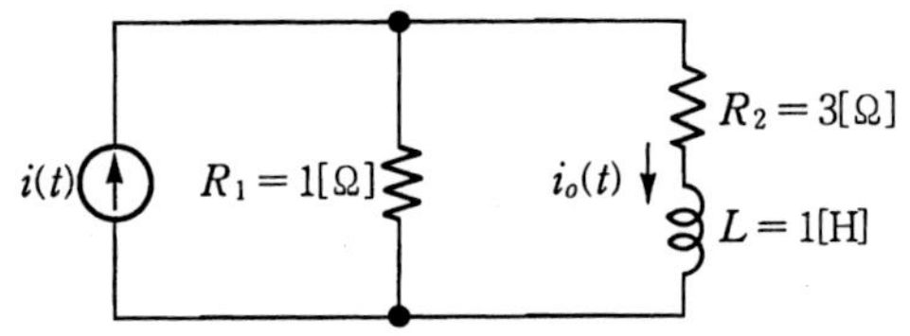

그림 4.31

☞ (1) 전류원을 Fourier 변환하면

$$I(\omega) = \frac{40}{j\omega} \qquad \cdots\cdots \text{(a)}$$

이고, 이 경우 회로망함수는 분로법칙에 의하여

$$H(\omega) = \frac{I_o(\omega)}{I(\omega)} = \frac{1}{j\omega+4} \qquad \cdots\cdots \text{(b)}$$

따라서,

$$I_o(\omega) = H(\omega)I(\omega) = \frac{40}{j\omega(j\omega+4)} \qquad \cdots\cdots \text{(c)}$$

식(c)를 부분분수 전개법으로 전개하면

$$I_o(\omega) = 10\left(\frac{1}{j\omega} - \frac{1}{j\omega+4}\right)$$

따라서 전류는 간단히

$$i_o(t) = [5\,sgn(t) - 10\,e^{-4t}u(t)] \qquad \cdots\cdots \text{(d)}$$

(2) 유사한 방법으로 전류의 Fourier 변환은

$$I(\omega) = 50\pi[\delta(\omega-3)+\delta(\omega+3)] \quad \cdots\cdots \text{(e)}$$

결국 출력 $I_o(\omega)$는 다음과 같다.

$$I_o(\omega) = 50\pi\frac{\delta(\omega-3)+\delta(\omega+3)}{j\omega+4} \quad \cdots\cdots \text{(f)}$$

따라서, 식(f)를 Fourier 변환하면

$$\begin{aligned} i_o(t) &= \frac{1}{2\pi}\int_{-\infty}^{\infty}\left[50\pi\frac{\delta(\omega-3)+\delta(\omega+3)}{j\omega-4}\right]e^{j\omega t}d\omega \\ &= 25\int_{-\infty}^{\infty}\frac{\delta(\omega-3)+\delta(\omega+3)}{j\omega-4}e^{j\omega t}d\omega \\ &= 25\left[\frac{e^{j3t}}{4+j3}+\frac{e^{-j3t}}{4-j3}\right] \\ &= 25\left[\frac{e^{j3t}e^{-j36.7^\circ}}{5}+\frac{e^{-j3t}e^{j36.7^\circ}}{5}\right] \\ &= 5[2\cos(3t-36.7^\circ)] \end{aligned}$$

$$\therefore\ i_o(t) = 10\cos(3t-36.7^\circ) \quad \cdots\cdots \text{(g)}$$

□

예제 4-23

그림 4.32는 저역통과 RC 필터로서 입력전압이 $v_i(t) = 15e^{-5t}u(t)$이다.

(1) 입력으로 1[Ω]에 전달되는 에너지가 가해진다고 할 때, 이 입력에너지에 의한 출력에너지는 몇 [%]인가?

(2) 주파수 대역이 $0 \le \omega \le 10$[rad/sec]인 곳에서 출력에너지는 전체 출력에너지의 몇 [%]인가?

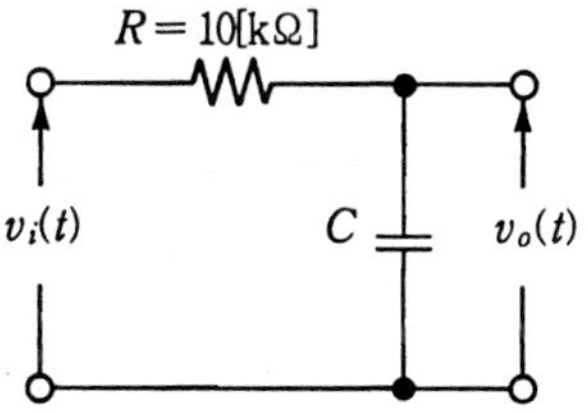

그림 4.32 저역통과필터

☞ (1) 그림 4.32의 필터회로의 입력에 1[Ω]에 전달되는 에너지는

$$\begin{aligned} W_i &= \int_0^{\infty}[15e^{-5t}]^2dt \\ &= 225\left.\frac{e^{-10t}}{-10}\right|_0^{\infty} \\ &= 22.5\,[\text{J}] \end{aligned} \quad \cdots\cdots \text{(a)}$$

주어진 회로에 대하여 입력은

$$V_i(\omega) = \frac{15}{j\omega+5} \qquad \cdots\cdots \text{(b)}$$

이고 회로망함수는

$$H(\omega) = \frac{\frac{1}{RC}}{\frac{1}{RC}+j\omega} = \frac{10}{j\omega+10} \qquad \cdots\cdots \text{(c)}$$

이므로, 출력은 다음과 같다.

$$V_o(\omega) = H(\omega)\,V(\omega) = \frac{150}{(j\omega+5)(j\omega+10)} \qquad \cdots\cdots \text{(d)}$$

따라서

$$|V_o(\omega)|^2 = \frac{22500}{(\omega^2+25)(\omega^2+100)} \qquad \cdots\cdots \text{(e)}$$

이므로 1[Ω]에 전달되는 에너지로부터 출력에 나타나는 에너지는

$$\begin{aligned} W_o &= \frac{1}{\pi}\int_0^{\infty}\frac{22500}{(\omega^2+25)(\omega^2+100)}\,d\omega \\ &= \frac{300}{\pi}\left[\int_0^{\infty}\frac{1}{\omega^2+25}\,d\omega - \int_0^{\infty}\frac{1}{\omega^2+100}\,d\omega\right] \\ &= 15\,[\text{J}] \end{aligned}$$

따라서, 출력에너지와 입력에너지에 대한 효율은

$$\eta = \frac{15}{22.5}\times 100 = 66.7[\%] \qquad \cdots\cdots \text{(f)}$$

(2) 주파수대역 $0 \le \omega \le 10$[rad/sec]인 곳에서 출력에너지는

$$\begin{aligned} W_o' &= \frac{300}{\pi}\left[\int_0^{10}\frac{1}{\omega^2+25}\,d\omega - \int_0^{10}\frac{1}{\omega^2+100}\,d\omega\right] \\ &= \frac{300}{\pi}\left[\frac{1}{5}\tan^{-1}\left(\frac{10}{5}\right) - \frac{1}{10}\tan^{-1}\left(\frac{10}{10}\right)\right] \\ &= \frac{30}{\pi}\left[\frac{\pi}{2.84} - \frac{\pi}{4}\right] \\ &= 13.64\,[\text{J}] \qquad \cdots\cdots \text{(g)} \end{aligned}$$

따라서, 이 경우의 출력에너지는 15[J]에 비해 90.97[%]의 에너지가 나타난다. □

4.5.2 필터의 설계

통신시스템이나 반도체회로에서는 신호를 전송하거나 또는 재생하는 기능을 가진 회로들이 있다. 이와 같은 회로들을 광범위한 뜻으로 필터

(filter)라 하는데, 특히, 필터는 시스템에 필요한 신호만을 추려내고 불필요한 신호성분들을 제거하는 용도로 사용된다. 필터의 해석 및 설계는 Laplace 변환, Fourier 급수 및 Fourier 변환 등이 매우 중요하게 이용된다. 이 절에서는 Fourier 변환이 필터해석 및 설계에 사용되는 예를 설명한다.

예제 4-24

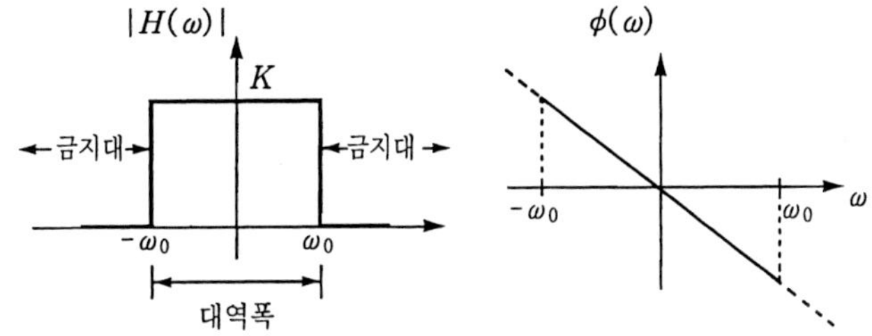

그림 4.33 이상적인 필터의 주파수응답 특성

그림 4.33은 이상적인 저역통과필터(lowpass filter)에 대한 진폭 및 위상특성을 나타낸다. 이득은 $|F(\omega)| = K$이며 위상은 $\varphi(\omega) = -\omega a$이며 차단주파수(cutoff frequency)는 $\omega_c = \pm\,\omega_0$[rad/sec]이다.

(1) 필터의 주파수응답 $H(\omega)$를 해석적 방법으로 기술하라. 또한, 위상 $\varphi(\omega) = 0°$일 경우에 필터의 단위임펄스응답, $h(t)$를 구하라. $\omega_0 = 1$이고 $K = \pi$일 때 응답을 도시하라.

(2) $\varphi(\omega) = -\omega a$를 고려하는 경우에 $h(t)$를 구하고 이 특성을 도시하라. 여기서 $a = 5$이라 가정한다.

(3) Butterworth 형태의 실제 저역통과필터에 대한 주파수응답 및 임펄스응답을 고찰하라. 전달함수를 참고하여 주파수응답을 그리고 적당한 저역통과필터를 선정한 후, 임펄스응답 $h(t)$를 구하라. 이 필터와 (1) 및 (2)의 이상적인 필터를 비교하라.

☞ (1) 주파수영역에서 계단함수를 사용하여 $H(\omega)$의 진폭을 표현하면 다음과 같다.

$$|H(\omega)| = K[u(\omega+\omega_0) - u(\omega-\omega_0)] \quad \cdots\cdots \text{(a)}$$

또한, 위상은 $\phi(\omega) = -\omega a$이므로

$$H(\omega) = K[u(\omega+\omega_0) - u(\omega-\omega_0)]e^{-ja\omega} \quad \cdots\cdots \text{(b)}$$

$a = 0$인 경우에, 다음 Fourier 변환쌍

$$\tau A\,Sa\left(\frac{\tau t}{2}\right) \Leftrightarrow 2\pi A\left[u\left(\omega+\frac{\tau}{2}\right) - u\left(\omega-\frac{\tau}{2}\right)\right] \quad \cdots\cdots \text{(c)}$$

의 관계를 식(b)에 적용하면

$$h(t) = \frac{\omega_0 K}{\pi} Sa(\omega_0 t) \qquad \cdots\cdots \text{(d)}$$

식(d)에 $\omega_0 = 1$, $K = \pi$를 대입하면

$$h(t) = Sa(t) \qquad \cdots\cdots \text{(e)}$$

식(e)는 샘플링 함수로서 그림 4.34와 같은 특성을 갖는다.

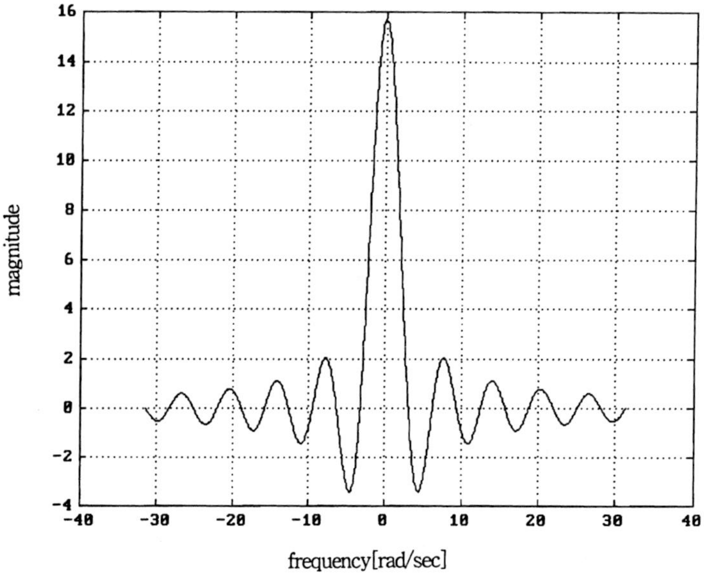

그림 4.34 영 위상일때 이상적인 저역통과필터의 임펄스응답

(2) 식(e)에 대하여 위상이 a만큼 이동된 임펄스응답을 구하기 위하여 시간이동 정리를 이용하면

$$h_1(t) = Sa(t-a) \qquad \cdots\cdots \text{(f)}$$

$a = 5$이므로 그림 4.35와 같은 특성을 얻는다. 이 결과로부터 주파수영역에서 $\varphi(\omega) = -a\,\omega$인 선형적인 위상특성이 시간영역에서는 a[sec]만큼 시간지연으로 나타남을 알 수 있다.

(3) -3[dB]의 주파수가 $\omega = 1000$[rad/sec]인 3차 Butterworth 저역통과필터를 가정해 보자. 이 경우, 차단주파수가 1[rad/sec]인 필터의 전달함수는

$$H_L(s) = \frac{1}{s^3+2s^2+2s+1} \qquad \cdots\cdots \text{(g)}$$

이 필터의 설계는 여기서 생략한다. 차단주파수가 $\omega = 1000$[rad/sec]이기 위하여 식(g)의 s 대신 $s/1000$을 치환하면

$$H(s)=\frac{10^9}{s^3+2\times10^3s^2+2\times10^2s+10^9} \qquad \cdots\cdots \text{(h)}$$

이에 대한 주파수 응답은 그림 4.35~36과 같다.

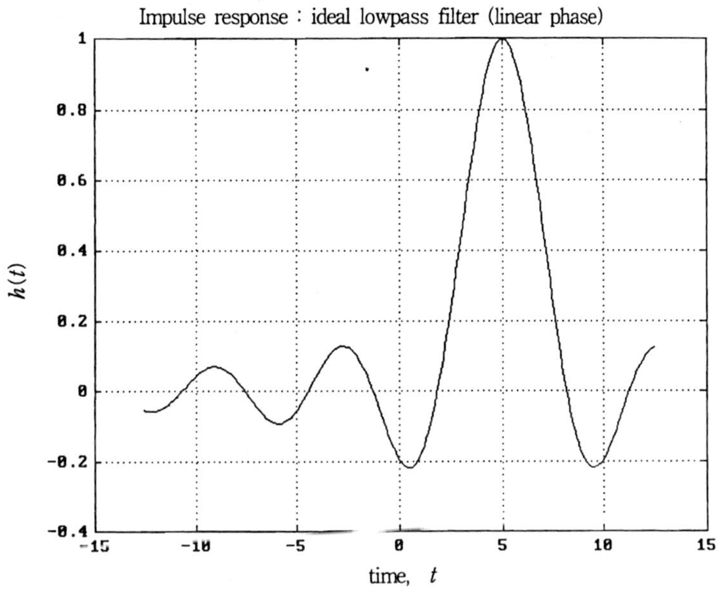

그림 4.35 선형위상을 가진 이상적인 필터의 임펄스응답

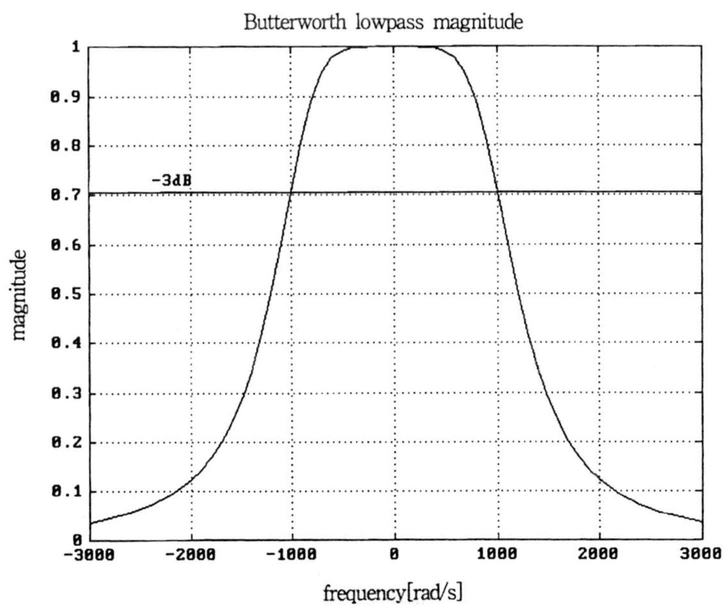

그림 4.36 Butterworth 저역통과필터의 진폭특성

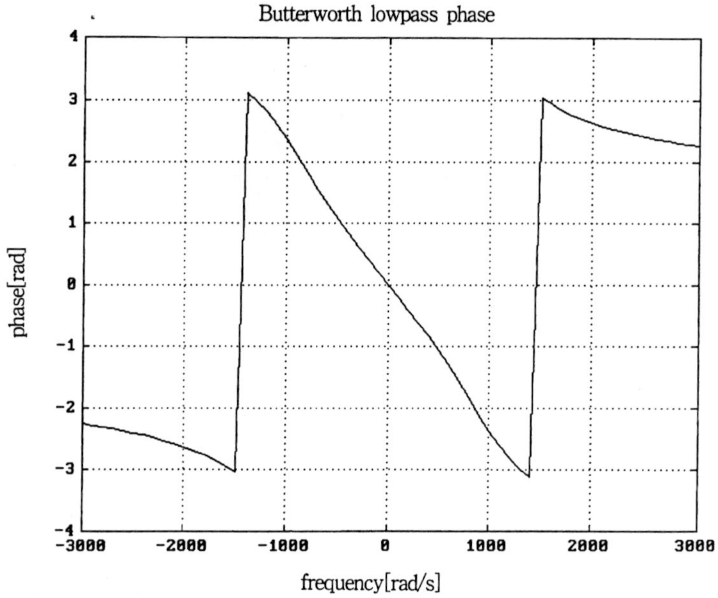

그림 4.37 Butterworth 저역통과필터의 위상특성

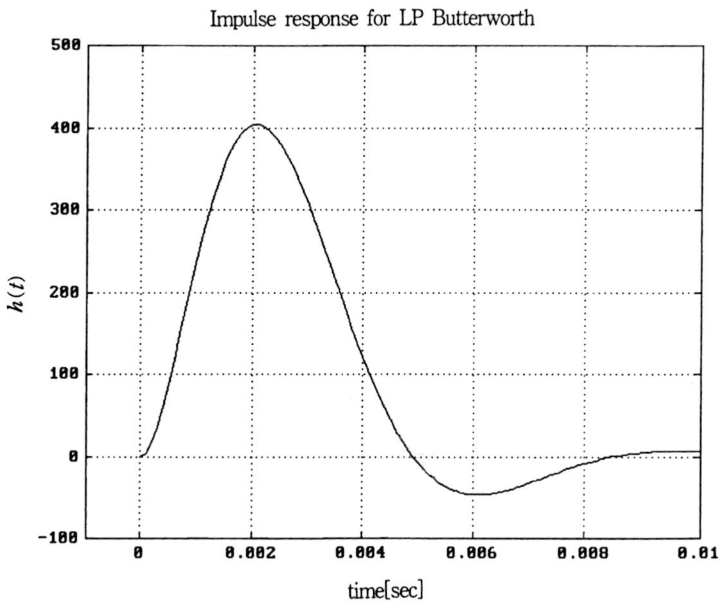

그림 4.38 Butterworth 저역통과필터의 임펄스응답

그림 4.37과 4.38에 나타난 Butterworth 필터와 그림 4.33의 이상적인 필터특성을 비교하면 다음과 같다.

a) 통과대역(passband) 및 금지대(stopband)이 존재하는 이상적인 필터와는 달리, Butterworth 필터에서는 이 두 대역 사이에 천이영역(transition band)이 존재한다.

b) 통과영역의 임의의 선택은 진폭이 필터의 가장 큰 주파수응답 진폭의 -3[dB]를 초과하는 주파수 범위에 있어야 한다. 이 경우, Butterworth 필터는 대역폭이 100[rad/sec]이므로 약 500[rad/sec]에서 거의 평평하게 된다.

c) 필터의 금지대역도 임으로 지정하여 설계할 수 있다. 진폭이 20[dB] 이하가 되는 주파수 대역으로 2000[rad/sec]로, $1000 \le \omega \le 2000$[rad/sec]가 천이대역으로 볼 수 있다. 그림 4.38은 식(h)에 대한 임펄스응답을 나타낸다.

□

다음은 진폭변조의 문제에 Fourier 변환이 사용되는 예를 보여 준다.

예제 4-24

통신시스템에서 변조와 주파수이동은 매우 중요한 설계조건이 된다.

(1) 신호 $f(t)$가 주어질 때, $f(t)e^{j\omega 0t}$의 Fourier 변환을 유도하라.

(2) 변조신호

$$p(t) = f(t)\cos\omega_c t \qquad \cdots\cdots \text{(a)}$$

를 발생시키기 위하여 그림 4.39와 같이 신호 $f(t)$와 $c(t) = \cos\omega_c t$를 곱하는 시스템을 생각해 보자. 이 프로세스는 원신호 $f(t)$가 반송신호 $c(t)$의 진폭을 변조하거나 변화시키기 때문에 진폭변조(amplitude modulation) 시스템이라 한다. (1)의 결과를 이용하여 $p(t)$의 Fourier 변환을 구하라.

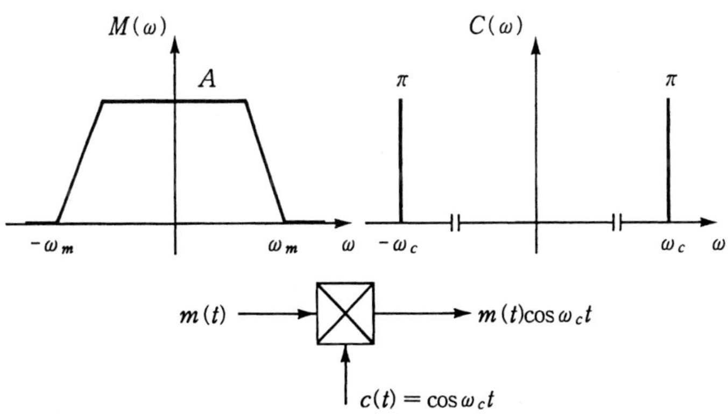

그림 4.39 변조 프로세스 및 원 스펙트럼

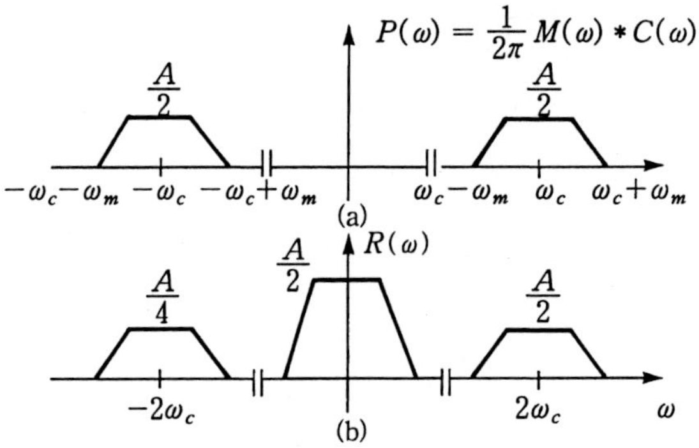

(a) 변조결과 스펙트럼

(b) 반송기에 의해 수신파를 곱한 후의 스펙트럼

그림 4.40

(3) 그림 4.40(a)는 $P(\omega)$의 스펙트럼을 나타낸다. 변조신호를 원거리에 전송하여 원신호 $f(t)$를 재생한다고 가정해 보자.

$$r(t) = m(t)\cos^2\omega_c t \quad \cdots\cdots \text{(b)}$$

를 얻기 위하여 변환영역에서 $p(t)$와 $\cos\omega_c t$를 곱한 결과를 유도하라. 이 경우, 주파수 콘볼루션 정리를 이용하라.

(4) (3)의 결과로 $F(\omega)$를 재생할 수 있는 방법을 설명하라.

☞ (1) 이 과정은 4.4절에서 증명하였으므로 그 결과만 쓰면 다음과 같다.

$$f(t)e^{j\omega_o t} \Leftrightarrow F(\omega-\omega_o) \quad \cdots\cdots \text{(c)}$$

(2) Euler 공식과 주파수이동 정리를 식(a)에 대해 적용하면

$$\cos\omega_c t \Leftrightarrow \pi[\delta(\omega-\omega_c)+\delta(\omega-\omega_c)] \quad \cdots\cdots \text{(d)}$$

$$f(t) \Leftrightarrow F(\omega) \quad \cdots\cdots \text{(e)}$$

따라서 주파수 콘볼루션을 이용하면

$$\mathcal{L}[m(t)\cos\omega_c t] = \frac{1}{2\pi}\{[M(\omega)] * [\pi\delta(\omega+\omega_c)+\pi\delta(\omega-\omega_c)]\}$$
$$= \frac{M(\omega+\omega_c)+M(\omega-\omega_c)}{2} \quad \cdots\cdots \text{(f)}$$

(3) 식(b)의 Fourier 변환은 식(d)와 식(f)를 이용하면

$$R(\omega) = \frac{1}{2\pi}\left[\frac{M(\omega+\omega_c)+M(\omega-\omega_c)}{2}\right] * [\pi\delta(\omega+\omega_c)+\pi\delta(\omega-\omega_c)]$$
$$= \frac{1}{4}[M(\omega+2\omega_c)+2M(\omega)+M(\omega-2\omega_c)]$$
$$= \frac{1}{2}M(\omega)+\frac{1}{4}[M(\omega+2\omega_c)+M(\omega-2\omega_c)] \quad \cdots\cdots \text{(g)}$$

식(g)에 대한 스펙트럼은 그림 4.40과 같다. 이 결과는 스펙트럼 $P(\omega)$ 및 $R(\omega)$에 관련된 위상감쇠에 대한 정보를 제공해 주지는 못한다. 좀더 실제 측면에서 단말에 있는 $\cos\,\omega_c t$는 송신기의 신호 $\cos\omega_c t$와 동상이 되어야 한다. 이 문제에서는 두 신호를 동상이라 가정하였으나 실제 문제에서는 이 조건을 고려해야 한다.

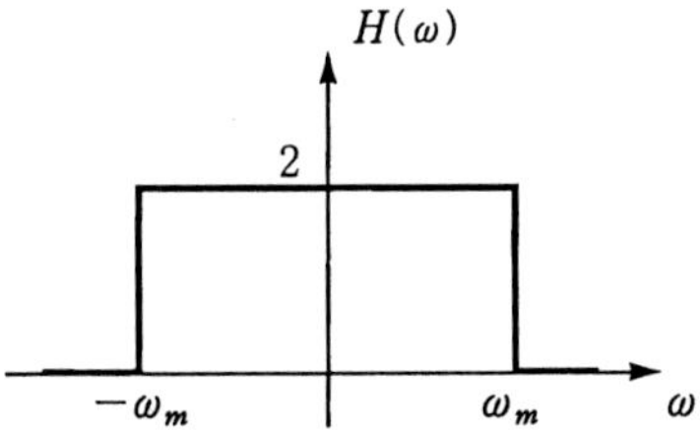

그림 4.41 저역통과필터 특성

(4) 그림 4.39와 그림 4.40을 비교해 보면, 그림 4.40의 불필요한 중심부 스펙트럼이 나타나고 이 스펙트럼을 제거해야 한다. 그림 4.41은 이러한 기능을 가진 필터의 특성으로 $\omega=0$에서 진폭은 2이다.

□

연 습 문 제 4.5

문 1. 이상적인 저역통과필터의 입력전압이 다음과 같이 주어진다.

$$v_i(t) = 120\,e^{-24t}u(t)$$

이 때 이상적인 대역필터가 0~48[rad/sec]에 있는 주파수를 감쇠없이 통과시키는 특성을 갖고 기타의 주파수는 모두 감쇠시킨다고 가정한다. 이 경우에 다음 물음에 답하라.

(1) 필터 입력전압에 대한 $|V_i(\omega)|^2$과 ω와의 관계를 그려라.

(2) 필터 출력전압에 대한 $|V_o(\omega)|^2$과 ω와의 관계를 그려라.

(3) 이 때 1[Ω]에 전달되는 에너지로서 필터입력으로 주어질 때, 1[Ω]에 전달되는 출력에너지는 이 필터 입력에너지의 몇 [%]인가?

문 2. 입력이 $x(t)$이고 출력이 $y(t)$인 회로망의 동특성이 다음과 같이 표현된다.

$$\frac{d^2y(t)}{dt^2} + 5\frac{dy(t)}{dt} + 4y(t) = 2\frac{dx(t)}{dt}$$

이 경우에 출력에 대한 진폭과 위상응답을 구하라.

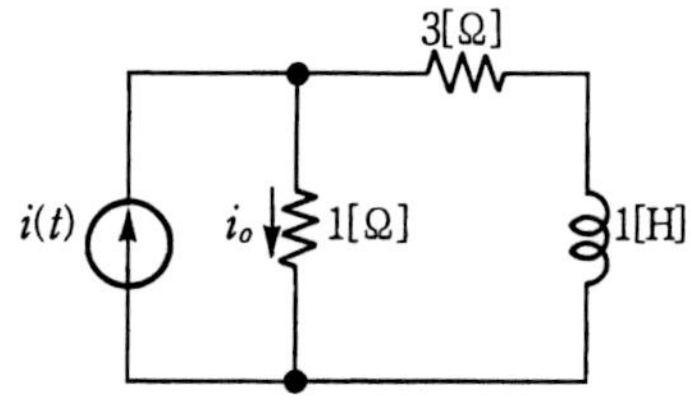

그림 4.42

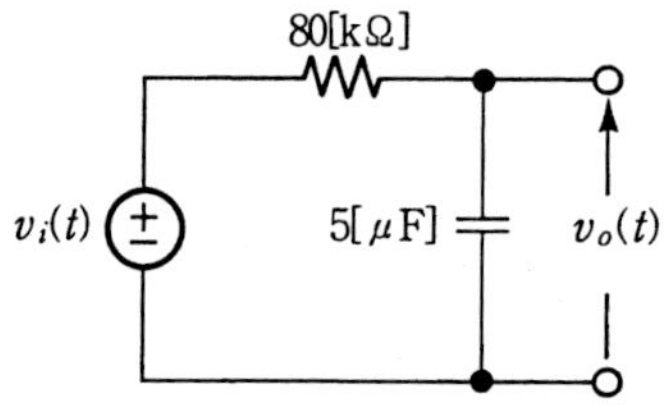

그림 4.43

문 3. 그림 4.42에서 입력전류원의 초기치는 0이고 전류원은 $i(t)=10u(t)$[A]라 한다. Fourier 변환을 사용하여 $i_o(t)$를 구하고 그 특성을 그려라.

문 4. 그림 4.43과 같은 회로에서 $v_i(t)=40\mathrm{sgn}(t)$[V]라 할 때, Fourier 변환을 사용하여 출력 $v_o(t)$를 그리고 그 특성을 그려라.

문 5. 변환함수가 다음과 같다.

$$F(\omega)=e^{\omega}u(-\omega)+e^{-\omega}u(\omega)$$

(1) $f(t)$를 구하라.
(2) $f(t)$에 의해 1[Ω]에 전달되는 에너지를 구하라.
(3) 주파수영역에서의 함수 $F(\omega)$에 의해 1[Ω]에 전달되는 에너지를 구하라.
(4) 주파수대역이 $0\le\omega\le\omega_1$인 곳에서 $f(t)$가 전체 에너지의 90[%]를 차지한다고 할 때 ω_1의 값을 구하라.

문 6. 그림 4.44와 같은 고역통과필터 회로가 있다. 이 회로의 입력전압은

$$v_i(t)=Ae^{-at}u(t)$$

이다. 이 필터의 차단주파수를 $a=1/RC$이라 할 경우에 다음 물음에 답하라.

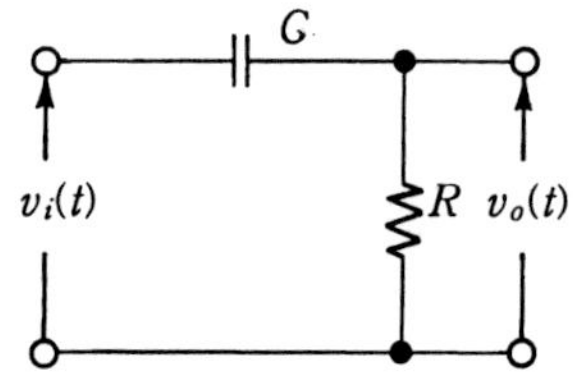

그림 4.44 고역통과필터

(1) 이 필터의 출력에서 만약, $a=\alpha$이면 몇 [%]의 에너지가 주파수 대역 $0 \leq \omega \leq \alpha$에 나타나겠는가?

(2) $a=\sqrt{3}a$와 $\alpha=a/\sqrt{3}$인 경우를 반복하라.

문 7. 저역통과 Butterworth 필터의 전달함수가 다음과 같이 주어진다.

$$H(s)=\frac{Y(s)}{X(s)}=\frac{500}{s+500}$$

이 필터의 입력으로 진폭 $A=5$이고 펄스폭이 $W=0.01$[sec]인 신호를 인가하였다. 출력 $y(t)$의 진폭 $|Y(\omega)|$를 구하고 그 특성을 그려라.

문 8. 이상적인 저역통과필터 특성이 그림 4.45와 같이 주어진다. 이 경우, 위상변위는 0이라 가정한다. 입력신호가 다음과 같은 경우에 정규화에너지(1[Ω] 저항 기준)를 구하라.

(1) $x(t)=\delta(t)$ (2) $x(t)=10e^{-4t}u(t)$

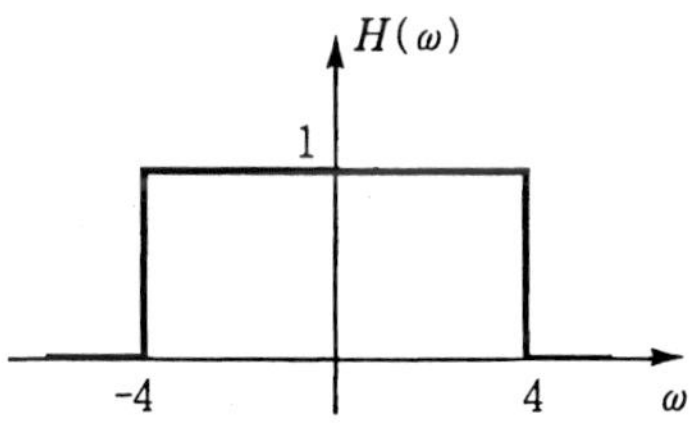

그림 4.45

문 9. 구형파 펄스가

$$x_1(t)=u(t-1)-u(t-2)$$

로 주어진다. $x_2(t)=\cos(20\pi t)$로서 새로운 파형 $x_3(t)=x_1(t)x_2(t)$를 구성하려고 한다. 주파수의 함수로서 $X_1(f)$, $X_2(f)$ 및 $X_3(f)$를 구하라.

부록 A. 연습문제 해답

제1장 미분방정식

연습문제 1.1

문 1. 미분방정식의 작성

(1) $y' = ae^x$ 이 식을 본식에 대입하여 정리하면

$$y' - y = 0$$

(2) $y' = -\cos(x+c)$, $y'' = -\sin(x+c)$ 따라서

$$y'' + y = 0$$

(3) $y' = m$, 따라서, $y'' = 0$

(4) $\dfrac{2x}{a^2+\lambda} + \dfrac{2yy'}{b^2+\lambda} = 0$

$$\lambda = -\frac{b^2x + a^2yy'}{x+yy'}$$

$$\therefore\ (x+yy')(xy'-y) = (a^2-b^2)y'$$

(5) $y' = m$, 따라서, $y'' = 0$

(6) $y' = a - \dfrac{b}{x^2}$, $y'' = \dfrac{2b}{x^3} \to b = \dfrac{x^3y''}{2}$

$$\therefore\ x^2y'' + xy' - y = 0$$

(7) $v' = -am\sin(mt+b)$,

$$v'' = -am^2\cos(mt+b)$$

$$\therefore\ v'' + m^2v = 0$$

(8) $y' = a - \dfrac{b}{x^2}$, $y'' = \dfrac{2b}{x^3}$, $y''' = -\dfrac{6b}{x^4}$

$$\therefore\ xy''' + 3y'' = 0$$

(9) $(y+z)dx + (z+x)dy + (x+y)dz = 0$

(10) $x\dfrac{\partial u}{\partial x} + y\dfrac{\partial u}{\partial y} + z\dfrac{\partial u}{\partial z} = u$

문 2. 특이해

$y = \dfrac{x^2}{4}$ 을 주어진 방정식에 대입하면 성립된다. 이 해는 미분방정식을 푸는 과정에서는 나오지 않는 특이해이다.

연습문제 1.2

문 1. 미분방정식의 일반해(변수분리형)

(1) $\int dx - 2\int dy = c \to x - 2y = c$

(2) $\int ydy + \int xdx = c \to x^2 + y^2 = a^2\,(a^2 = 2c)$

(3) $\int \dfrac{dy}{y} + \int \dfrac{dx}{x^2} = c \to y = ae^{1/x}$

(4) $\int \dfrac{dy}{\cot y} - \int \dfrac{dx}{\tan x} = c$

$$\ln|\cos y| + \ln|\sin x| = -c$$

$$\therefore\ \sin x \cos y = a$$

(5) $\int\left(1+\dfrac{1}{x}\right)dx + \int\left(\dfrac{1}{y} - 1\right)dy = c$

$$\therefore\ \ln|xy| + x - y = c$$

(6) $\int \dfrac{\sec^2\theta}{\tan\theta}\,d\theta + \int \dfrac{\sec^2\phi}{\tan\phi}\,d\phi = c$

$$\therefore\ \tan\theta\tan\phi = a$$

(7) $\int \dfrac{dx}{1+x^2} + \int \dfrac{dy}{1+y^2} = c$

$$\therefore\ \tan^{-1}x + \tan^{-1}y = c$$

(8) $\int \dfrac{dx}{\sqrt{1+x}} - \int \dfrac{dy}{\sqrt{1+y}} = c$

$$\therefore\ \sqrt{1+x} - \sqrt{1+y} = a$$

(9) $\int \frac{x}{\sqrt{1-x^2}}dx + \int \frac{y}{\sqrt{1-y^2}}dy = c$

$\therefore \sqrt{1-x^2}+\sqrt{1-y^2} = a$

(10) $\int \frac{2x}{\sqrt{1+x^2}}dx + \int \frac{1+y^2}{1-y^2}dy = c$

$\therefore (1-y)(1+x^2) = a(1+y)e^y$

문 2. 회로문제

이 회로에 전압법칙을 적용하면

$$Ri(t)+\frac{1}{C}\int_{-\infty}^{t} i(t)dt = 0 \rightarrow \frac{di}{dt}+\frac{1}{RC}i = 0$$

$$\therefore i(t) = Ke^{-\frac{1}{RC}t}$$

따라서 초기조건을 적용하여 완전해를 구하면

$$i(t) = -\frac{V}{R}e^{-\frac{1}{RC}t}(t\geq 0)$$

문 3. 동차형 미분방정식

본문의 절차대로 해석하면 일반해를 얻을 수 있으므로 미분방정식의 형태와 결과만 기술한다.

(1) $\left(1+\frac{y}{x}\right)+\left(1-\frac{y}{x}\right)\frac{dy}{dx} = 0$

$\therefore y^2+2xy-x^2 = K$

(2) $\left(\frac{y}{x}\right)^2+\left(1-\frac{y}{x}\right)\frac{dy}{dx} = 0$

$\therefore ye^{-\frac{y}{x}} = a(a = e^c)$

(3) $\left(\frac{y^2}{x^2}+\frac{y}{x}\right)dx-dy = 0$

$\therefore x = ke^{-x/y}$

(4) 완전미분방정식의 형태임.

$\frac{\partial P}{\partial y} = 1 = \frac{\partial Q}{\partial x}$

$\int(y+3x)dx = xy+\frac{3}{2}x^2$

$\int xdy = xy$

$\therefore 3x^2+2xy = a$

(5) $\left(1-2\frac{y}{x}\right)\frac{dy}{dx}+\left\{1+2\left(\frac{y}{x}\right)^2\right\} = 0$

$\therefore x\left(\frac{y}{x}+1\right)^3 e^{-2\frac{y}{x}} = K$

(6) $\left(\frac{y}{x}\right)^2\frac{dy}{dx} = 1+\left(\frac{y}{x}\right)^3$

$\therefore y^3 = 3x^3\ln|ax|$

(7) $1-2\left(\frac{y}{x}\right)^2+3\frac{y}{x}\frac{dy}{dx} = 0$

$\therefore (x^2+y^2)^3 = x^4a^2$

(8) $\cos\left(\frac{y}{x}\right)\frac{dy}{dx} = \frac{y}{x}\cos\left(\frac{y}{x}\right)-1$

$\therefore xe^{\sin(y/x)} = k$

(9) $\left(15+11\frac{y}{x}\right)\frac{dy}{dx}+\left(5\frac{y}{x}+9\right) = 0$

$\therefore (x+y)^2(3x+y)^3 = k\ (k = a^5)$

(10) $\frac{dy}{dx} = \frac{\frac{y}{x}+1}{\frac{y}{x}-1}$

$\therefore y^2-2xy-x^2 = a^2$

문 4. 완전미분방정식의 일반해

(1) $\frac{\partial P}{\partial y} = -1 = \frac{\partial Q}{\partial x}$

$\int(1-y)dx = x-xy$

$\int(1-x)dy = y-xy$

$\therefore x-xy+y = c$

(2) $\frac{\partial P}{\partial y} = -a = \frac{\partial Q}{\partial x}$

$\int(x^2-ay)dx = \frac{1}{3}x^3-axy$

$\int(y^2-ax)dy = \frac{1}{3}y^3-axy$

$\therefore \frac{1}{3}x^3-axy+\frac{1}{3}y^3 = c$

(3) $\frac{\partial P}{\partial y} = 20xy^3 = \frac{\partial Q}{\partial x}$

$\int(5xy^4+x)dx = \frac{5}{2}x^2y^4+\frac{1}{2}x^2$

$$\int(10x^2y^3-3y^2-2)dy = \frac{5}{2}x^2y^4-y^3-2y$$

$$\therefore\ \frac{5}{2}x^2y^4+\frac{1}{2}x^2-y^3-2y=c$$

(4) $\dfrac{\partial P}{\partial y} = \dfrac{-x^2-4xy+y^2}{(x^2+y^2)^2} = \dfrac{\partial Q}{\partial x}$

$$\int\frac{2x-y}{x^2+y^2}dx = \ln(x^2+y^2)-\tan^{-1}\left(\frac{x}{y}\right)$$

$$\int\frac{2y+x}{x^2+y^2}dy = \ln(x^2+y^2)+\tan^{-1}\left(\frac{y}{x}\right)$$

$$\therefore\ \ln(x^2+y^2)-\tan^{-1}\left(\frac{x}{y}\right)+\tan^{-1}\left(\frac{y}{x}\right)=c$$

(5) $\dfrac{\partial P}{\partial y} = 2y+e^x\cos y = \dfrac{\partial Q}{\partial x}$

$$\int(y^2+e^x\sin y)dx = xy^2+e^x\sin y$$

$$\int(2xy+e^x\cos y)dy = xy^2+e^x\sin y$$

$$\therefore\ xy^2+e^x\sin y = C$$

(6) $\dfrac{\partial P}{\partial y} = \sec^2 y = \dfrac{\partial Q}{\partial x}$

$$\int(\tan y+x)dx = x\tan y+\frac{1}{2}x^2$$

$$\int(x\sec^2 y-3y)dy = x\tan y-\frac{3}{2}y^2$$

$$\therefore\ x\tan y+\frac{1}{2}x^2-\frac{3}{2}y^2=c$$

(7) $\dfrac{\partial P}{\partial i} = 0 = \dfrac{\partial Q}{\partial t}$

$$\int\frac{R}{i}di = R\ln|i|$$

$$\int\frac{1}{C}dt = \frac{1}{C}t$$

$$\therefore\ i(t) = Ke^{-\frac{1}{RC}t}$$

(8) $\dfrac{\partial P}{\partial y} = -2\sin 2x\sin 2y = \dfrac{\partial Q}{\partial x}$

$$\int\sin 2x\cos 2y\,dx = -\frac{1}{2}\cos 2x\cos 2y$$

$$\int\cos 2x\sin 2y\,dy = -\frac{1}{2}\cos 2x\cos 2y$$

$$\therefore\ \cos 2x\cos 2y = c$$

(9) $\dfrac{\partial P}{\partial y} = 2ye^{xy^2}+2xy^3e^{xy^2} = \dfrac{\partial Q}{\partial x}$

$$\int(y^2e^{xy^2}+4x^3)dx = e^{xy^2}+x^4$$

$$\int(2xye^{xy^2}-3y^2)dy = e^{xy^2}-y^3$$

$$\therefore\ e^{xy^2}+x^4-y^3=c$$

(10) $\dfrac{\partial P}{\partial y} = 6xy = \dfrac{\partial Q}{\partial x}$

$$\int x(x^2+3y^2)dx = \frac{1}{4}x^4+\frac{3}{2}x^2y^2$$

$$\int y(y^2+3x^2)dy = \frac{1}{4}y^4+\frac{3}{2}x^2y^2$$

$$\therefore\ \frac{1}{4}x^4+\frac{3}{2}x^2y^2+\frac{1}{4}y^4=c$$

연습문제 1.3

문 1. 1계 선형미분방정식

(1) $y_c = Ke^{-x}$

$$y_p = e^{-x}\int x^3e^x dx = x^3-3x^2+6x-6$$

$$\therefore\ y = Ke^{-x}+x^3-3x^2+6x-6$$

(2) $y_p = e^{-\int\frac{1}{x}dx}\int(1-x^2)e^{\int\frac{1}{x}dx}dx$

$$= \frac{1}{2}x-\frac{1}{4}x^3$$

$$\therefore\ y = \frac{k}{x}+\frac{1}{2}x-\frac{1}{4}x^3$$

(3) $y_c = Ke^{\int 2x dx} = Ke^{2x}$

$$y_p = e^{2x}\int xe^{3x}e^{-2x}dx = (x-1)e^{3x}$$

$$\therefore\ y = Ke^{2x}+(x-1)e^{3x}$$

(4) $y_c = Ke^{-\int\cos x dx} = Ke^{-\sin x}$

$$y_p = e^{-\sin x}\int e^{-\sin x}e^{\sin x}dx = xe^{-\sin x}$$

$$\therefore\ y = e^{\sin x}[x+K]$$

(5) $y_c = Ke^{\int 1/x dx} = Kx$

$$y_p = x\int\frac{x^2}{1-x^2}\frac{1}{x}dx = -\frac{1}{2}x\ln|1-x^2|$$

$$\therefore\ y = Kx-\frac{1}{2}x\ln|1-x^2|$$

(6) $y_c = Ke^{-\int 1/x dx} = \frac{K}{x}$

$y_p = \frac{1}{x}\int \frac{1}{x} x dx = 1$

$\therefore\ xy - x = K$

(7) $y_c = Ke^{-\int \frac{1}{x\ln|x|}dx} = \frac{K}{\ln|x|}$

$y_p = \frac{1}{\ln|x|}\int \frac{1}{x}\ln|x| dx = \frac{1}{2}\ln|x|$

$\therefore\ 2y\ln|x| = (\ln|x|)^2 + K$

(8) $y_c = Ke^{ax}$

$y_p = e^{ax}\int \sin x e^{-ax} dx$

$= \frac{1}{1-a^2}(\cos x + a\sin x)$

$\therefore\ (1-a^2)(y - Ke^{ax}) = \cos x + a\sin x$

문 2. 상수계수 1계 선형미분방정식

(1) $y = Ke^{-5x},\ y(0) = K \equiv 3$

$\therefore\ y = 3e^{-5x}$

(2) $y = Ke^{-5x}+2,\ y(0) = K+2 \equiv 3$

$\therefore\ y = e^{-5x}+2$

(3) $y = e^{-5t}\left(\int 4e^{-3t}e^{5t}dt + K\right)$

$\therefore\ y = Ke^{-5t}+2e^{-3t}$

$y(0) = K+2 \equiv 0 \rightarrow K = -2$

$\therefore\ y = 2(e^{-3t}-e^{-5t})$

(4) $i(t) = Ke^{-\frac{R}{L}t}$

$i(0) = K \equiv \frac{V}{R} \rightarrow K = \frac{V}{R}$

$\therefore\ i(t) = \frac{V}{R}e^{-\frac{R}{L}t}$

(5) $q(t) = Ke^{-\frac{1}{RC}t}+CV$

$q(0) = K+CV \equiv 0 \rightarrow K = -CV$

$\therefore\ q(t) = CV\left(1-e^{-\frac{1}{RC}t}\right)$

문 3. 회로문제

$i(t) = Ke^{-\frac{1}{kc}t}$

$i(0) = K \equiv \frac{V}{R} \rightarrow K = \frac{V}{R}$

$\therefore\ i(t) = \frac{V}{R}e^{-\frac{1}{kc}t}$

주어진 파라미터를 대입하면

$i(t) = e^{-5t}$[mA]

연습문제 1.4

문 1. 보조해

(1) $D^2 - D - 2 = (D+1)(D-2) = 0$

$D = -1,\ 2$

$\therefore\ y = K_1e^{-x}+K_2e^{2x}$

(2) $D^2+4D+5 = (D+2)^2+1^2 = 0$

$D = -2 \pm j1$

$\therefore\ y = e^{-2x}(K_1\cos x + K_2\sin x)$

(3) $D^2+4 = 0 \rightarrow D = \pm j2$

$\therefore\ y = K_1\cos 2x + K_2\sin 2x$

(4) $D^2+8D+16 = (D+4)^2 = 0$

$D = -4,\ -4$

$\therefore\ y = (K_0+K_1x)e^{-4x}$

(5) $D^2+3D+10 = \left(D+\frac{3}{2}\right)^2 + \left(\frac{\sqrt{31}}{2}\right)^2 = 0$

$D = -\frac{3}{2} \pm j\frac{\sqrt{31}}{2}$

$\therefore\ y = e^{-3x/2}\left(K_1\cos\frac{\sqrt{31}}{2}x + K_2\sin\frac{\sqrt{31}}{2}x\right)$

[초기치 문제]

(6) $D^2+5D+4 = (D+1)(D+4) = 0$

$D = -1,\ -4$

$\therefore\ y = K_1e^{-x}+K_2e^{-4x}$

초기치를 적용하면 완전해는

$y = \frac{8}{3}e^{-x} - \frac{2}{3}e^{-4x}$

(7) $D^2+0.5D+0.125=(D+0.25)^2+0.25^2=0$

$D=-0.25\pm j0.25$

$\therefore\ y=e^{-0.25x}(K_1\cos 0.25x+K_2\sin 0.25x)$

초기치를 적용하면 완전해는

$y=-4e^{-0.25x}\sin 0.25x$

(8) $D^2+4D+4=(D+2)^2=0$

$D=-2,\ -2$

$\therefore\ y=(K_0+K_1x)e^{-2x}$

초기치를 적용하면 완전해는

$y=-(x+1)e^{-2x}$

(9) $D^2+3D+2=(D+1)(D+2)=0$

$D=-1,\ -2$

$\therefore\ i(t)=K_1e^{-t}+K_2e^{-2t}$

초기치를 적용하면 완전해는

$i(t)=e^{-t}-e^{-2t}$

(10) $D^2+101D+100=(D+1)(D+100)=0$

$D=-1,\ -100$

$\therefore\ x(t)=K_1e^{-t}+K_2e^{-100t}$

문 2. 고계 상미분방정식의 보조해

(1) $D(D^2-1)=0\rightarrow D=0,\ -1,\ 1$

$y=K_0+K_1e^{-x}+K_2e^{x}$

(2) $D^4-4=0\rightarrow D=\pm\sqrt{2},\ \pm j\sqrt{2}$

$y=K_1e^{-\sqrt{2}x}+K_2e^{\sqrt{2}x}$
$+K_3\cos\sqrt{2}x+K_4\sin\sqrt{2}x$

(3) $D^4-13D^2+36=0\rightarrow D=\pm\sqrt{2},\ \pm 3$

$y=K_1e^{-\sqrt{2}x}+K_2e^{\sqrt{2}x}+K_3e^{-3x}+K_4e^{3x}$

(4) $D^3+6D^2+11D+6=0$

$D=-1,\ -2,\ -3$

$y=K_1e^{-x}+K_2e^{-2x}+K_3e^{-3x}$

(5) $D^4-5D^2+4=0\rightarrow D=\pm 1,\ \pm 2$

$y=K_1e^{-x}+K_2e^{x}+K_3e^{-2x}+K_4e^{2x}$

(6) $D=2,\ 4,\ 4,\ 4,\ -5,\ -5$

$y=K_1e^{2x}+(K_2+K_3x+K_4x^2)e^{4x}$
$+(K_5+K_6x)e^{-5x}$

(7) $D=0,\ 1,\ 2\pm j0.5$

$y=K_0+K_1e^{x}+e^{2x}(K_2\cos 0.5x+K_3\sin 0.5x)$

(8) $D=\pm j2,\ \pm j2$

$y=(K_1+K_2x)\cos 2x+(K_3+K_4x)\sin 2x$

(9) $D=\pm 1,\ \pm j1$

$y=K_1e^{-x}+K_2e^{x}+K_3\cos x+K_4\sin x$

(10) $D=0,\ -3\pm j1$

$y=K_1+e^{-3x}(K_2\cos x+K_3\sin x)$

문 3. 미분방정식의 일반해

(1) (a) $D^2+3D+2=0$

$y_c=K_1e^{-x}+K_2e^{-2x}$

(b) $y_p=5$

(c) $y=K_1e^{-x}+K_2e^{-2x}+5$

(2) (a) $D+2=0,\ y_c=Ke^{-2x}$

(b) $y_p=\frac{4}{D+2}\sin 3x$

$=-\frac{4}{13}(3\cos 3x-2\sin 3x)$

(c) $y=Ke^{-2x}-\frac{4}{13}(3\cos 3x-2\sin 3x)$

(3) (a) $(D+1)(D+2)(D+3)=0$

$y_c=K_1e^{-x}+K_2e^{-2x}+K_3e^{-3x}$

(b) $y_p=\frac{1}{3}x^2-\frac{31}{3}x+\frac{329}{3}$

(c) $y=K_1e^{-x}+K_2e^{-2x}+K_3e^{-3x}$
$+\frac{1}{3}x^2-\frac{31}{18}x+\frac{449}{108}$

(4) (a) $D^2+4=0$

$y_c=K_1\cos 2x+K_2\sin 2x$

(b) $y_p=\frac{5}{D^2+5}e^{-3x}=\frac{5}{13}e^{-3x}$

(c) $y=K_1\cos 2x+K_2\sin 2x+\frac{5}{14}e^{-3x}$

(5) (a) $D^2-D-6=0$

$y_c=K_1e^{-2x}+K_2e^{3x}$

(b) $y_p=\frac{2}{(D+2)(D-3)}e^{-5x}\cos 6x$

$$= -\frac{1}{375}e^{-5x}(2\cos 6x + 11\sin 6x)$$

(c) $y = y_c + y_p$

문 4. 특수해

(1) $y_p = \frac{3}{D^2-1}e^{2x} = e^{2x}$

(2) $y_p = \frac{-4}{(D+1)(D-2)}x$

$$= \frac{2}{(1+D)(1-D/2)}x$$

$$= 2(1-D)\left(1+\frac{D}{2}\right)x$$

$$= 2\left(1-\frac{D}{2}-\frac{D^2}{2}\right)x$$

$$= 2x-1$$

(3) $y_p = \frac{1}{(D-1)(D+2)}(14+2x-2x^2)$

$$= (1+D+D^2+\cdots)\left(1-\frac{D}{2}+\frac{D^2}{4}-\cdots\right)$$

$$\times(x^2-x-7)$$

$$= x^2-6$$

(4) $y_p = -\frac{3}{D^2+1}\sin 2x = \sin 2x$

(5) $y_p = -\frac{12}{D^2+2^2}\sin 2x$

$$= -6\sin 2x\int \cos 2x \sin 2x dx$$

$$+6\cos 2x\int \sin^2 2x dx$$

$$= \left(\frac{3}{2}+9x\right)\cos 2x - \frac{21}{4}\sin 2x$$

☞ $F(-a^2)=0$인 경우

$$\frac{1}{D^2+b^2}\phi(x) = \frac{1}{b}\sin bx\int \cos bx\,\phi(x)dx$$

$$-\frac{1}{b}\cos bx\int \sin bx\,\phi(x)dx$$

(6) $y_p = \frac{17}{D^2+9}e^{-5x} = \frac{1}{2}e^{-5x}$

(7) $y_p = -\frac{6.8}{D^2+3D-4}\sin x$

$$= \frac{6.8}{34}(3\cos x + 5\sin x)$$

(8) $y_p = \frac{10}{D^2+3D-4}e^x = \frac{10}{(D-1)(D+4)}e^x$

$$= \frac{2}{D-1}e^x = 2xe^x$$

(9) $y_p = \frac{2}{(D-1)(D-3)}e^{3x} = -\frac{1}{D-3}e^{3x}$

$$= -e^{3x}\int e^{-3x}e^{3x}dx$$

$$= -xe^{3x}$$

(10) $y_p = \frac{2}{(D-3)^2}e^{3x}$

$$= 2e^{3x}\int\int e^{-3x}e^{3x}dxdx$$

$$= x^2e^{3x}$$

문 5. 완전해

(1) $y = K_1e^{-x} + (K_2+x)e^{2x}$

$K_1 = 1,\ K_2 = -1$

$\therefore\ y = e^{-x} + (x-1)e^{2x}$

(2) $y = K_1e^{-2x} + K_2e^x + x^2 - 6$

$K_1 = 2,\ K_2 = 4$

$y = 2e^{-2x} + 4e^x + x^2 - 6$

(3) $y = K_1e^x + K_2e^{3x} + 2xe^{3x}$

$K_1 = -2,\ K_2 = 1$

$y = -2e^x + (2x+1)e^{3x}$

(4) $y = (K_0 + K_1x)e^{-2x} + \sin x$

$K_0 = 1,\ K_1 = 0$

$y = e^{-2x} + \sin x$

(5) $y = K_1e^{-2x} + K_2e^x + \frac{3}{10}(\cos 2x + 3\sin 2x)$

$K_1 = \frac{1}{2},\ K_2 = \frac{6}{5}$

$y = \frac{1}{2}e^{-2x} + \frac{6}{5}e^x + \frac{3}{10}(\cos 2x + 3\sin 2x)$

연습문제 1.5

문 1. 시정수 예 : 설명 본문 참조

문 2.

(1) 특성방정식 $s-5=0$

특성근 : $s=5$

시정수 : $\tau=0.2[\text{sec}]$

(2) 특성방정식 : $s^2+5s+6=0$

특성근 : $s=-2, -3$

시정수 : $\tau=\frac{1}{2}, \frac{1}{3}[\text{sec}]$

(3) 특성방정식 : $s^2+4s+13=0$

특성근 : $s=-2\pm j3$

시정수 : $\tau=\frac{1}{\sqrt{13}}[\text{sec}]$

문 3. 시정수 계산

(1) $\tau=\frac{1}{4}[\text{sec}]$

(2) $\tau=\frac{L}{R}[\text{sec}]$

(3) $\tau=RC[\text{sec}]$

문 4. 회로문제

전압법칙에 의하여 회로방정식을 구하면

$$L\frac{di}{dt}+Ri+\frac{1}{C}\int idt=V$$

이 식을 미분하여 정리하면

$$\frac{d^2i}{dt^2}+\frac{R}{L}\frac{di}{dt}+\frac{1}{LC}i=0 \qquad \cdots\cdots(\text{i})$$

특성방정식은

$$s^2+\frac{R}{L}s+\frac{1}{LC}=0 \qquad \cdots\cdots(\text{ii})$$

(1)의 파라미터를 사용하면 특성근은 s = -2, -3이다. 따라서, 식(i)에 대한 일반해는

$$i(t)=K_1e^{-2t}+K_2e^{-3t} \qquad \cdots\cdots(\text{iii})$$

초기조건을 적용하면 완전해는

$$i(t)=10(e^{-2t}-e^{-3t}) \qquad \cdots\cdots(\text{iv})$$

한편, 식(ii)에서 고유주파수와 제동비는

$$\omega_n=\frac{1}{\sqrt{LC}}=\sqrt{6}[\text{rad/sec}]$$

$$\zeta=\frac{R}{2}\sqrt{\frac{C}{L}}=\frac{5}{2\sqrt{6}}$$

또한, 코일 Q는

$$Q=\frac{\omega_n L}{R}=\frac{\sqrt{6}}{5}$$

(2)~(4)에 대한 결과는 생략함.

제 2 장 Laplace 변환

연습문제 2.1

문 1. 정의식에 의한 Laplace 변환

(1) $F(s)=\int_0^\infty 2e^{-4t}e^{-st}dt$

$$=\frac{2}{s+4}e^{-(s+4)t}dt$$

$$=\frac{2}{s+4}$$

(2) $F(s)=\int_0^\infty (5t-3)e^{-st}dt$

$$=5\int_0^\infty te^{-st}dt-3\int_0^\infty e^{-st}dt$$

$$=\frac{5}{s^2}-\frac{3}{s}$$

(3) $F(s)=3\int_0^\infty \cos 2te^{-st}dt$

$$=\frac{3s}{s^2+4}$$

(4) $G(s)=\int_0^\infty (a^2t^2+2abt+b^2)e^{-st}dt$

$$=\frac{2a^2}{s^3}+\frac{2ab}{s^2}+\frac{b^2}{s}$$

(5) $F(s)=3\int_0^\infty (\sin\omega t\cos\phi+\cos\omega t\sin\phi)e^{-st}dt$

$$=\frac{3\omega\cos\phi+3s\sin\phi}{s^2+\omega^2}$$

(6) $G(s)=\int_0^\infty (1-\cos 6t)e^{-st}dt$

$$=\frac{1}{s}+\frac{s}{s^2+6^2}$$

(7) $Y(s)=4\int_0^\infty e^6e^{5t}e^{-st}dt$

$$= \frac{4e^6}{s-5}$$

(8) $X(s) = \int_0^\infty (2f(t) - 3y(t) + 4)e^{-st}dt$

$$= 2F(s) - 3Y(s) + \frac{4}{s}$$

문 2. 그래프의 Laplace 변환

(1) $f(t) = 10(u(t) - u(t-20))$

$F(s) = \frac{10}{s}(1 - e^{-20s})$

(2) $f(t) = \frac{3}{2}t(u(t) - u(t-2))$

$+3(u(t-2) - u(t-5))$

$F(s) = \frac{3}{2s^2}(1 - e^{-2s} - 2se^{-2s}) + \frac{3}{s}(e^{-2s} - e^{-5s})$

문 3. 기본함수의 Laplace 변환

(1) $F(s) = \frac{2}{s} - \frac{4}{s+3} + \frac{30}{s^4}$

(2) $G(s) = \frac{4s}{s^2+3^2} + \frac{30}{s^2-6^2}$

(3) $V(s) = \frac{V}{s+2}$

(4) $I(s) = \frac{V}{R}\left(\frac{1}{s} - \frac{1}{s+\frac{R}{L}}\right)$

문 4. Gamma 함수

(1) $\Gamma(5) = 4! = 24$

(2) $\Gamma\left(\frac{5}{2}\right) = \Gamma\left(\frac{3}{2}+1\right) = \frac{3}{2}\Gamma\left(\frac{3}{2}\right)$

$= \frac{3}{2} \times \frac{1}{2}\sqrt{\pi} = \frac{3}{4}\sqrt{\pi}$

(3) $\frac{\Gamma(3)\Gamma(4)}{\Gamma(7)} = \frac{2! \times 3!}{6!} = \frac{1}{60}$

(4) $\frac{\frac{1}{2}\sqrt{\pi} \times 3!}{\frac{9}{2} \times \frac{7}{2} \times \frac{5}{2} \times \frac{3}{2} \times \frac{1}{2} \times \sqrt{\pi}} = \frac{32}{315}$

문 5. Gamma 함수의 Laplace 변환

(1) $F(s) = \frac{1}{2s}\sqrt{\frac{\pi}{s}} - \sqrt{\frac{\pi}{s}}$

(2) $F(s) = \frac{\Gamma\left(\frac{7}{2}\right)}{s^{3.5}} = \frac{15}{8} \cdot \frac{1}{s^3}\sqrt{\frac{\pi}{s}}$

(3) $F(s) = \frac{1}{s} + \frac{1}{2s}\sqrt{\frac{\pi}{s}}$

(4) $F(s) = \frac{1}{s} + \frac{1}{s}\sqrt{\frac{\pi}{s}} + \frac{1}{s^2}$

문 6. 증명 생략

연습문제 2.2

문 1. 정리의 이용예

(1) $F(s) = \frac{10}{s} - \frac{4}{s+3} + \frac{12}{s^4} - \frac{10}{s^2+25}$

(2) $F(s) = \frac{4(s+2)}{(s+2)^2+3^2}$

(3) $F(s) = \frac{2}{(s-1)^3} + \frac{4}{(s-1)^2} + \frac{4}{(s-1)}$

(4) $F(s) = \frac{6}{(s+4)^2-4}$

(5) $F(s) = \frac{1}{2}\left(\frac{1}{s+1} - \frac{s+1}{(s+1)^2+2^2}\right)$

(6) $f(t) = (t-1)^2 u(t-1)$

$F(s) = \frac{2}{s^3}e^{-s}$

문 2. 정리의 이용(1)

(1) $\frac{1}{2}F\left(\frac{s}{2}\right) = \frac{1}{2}\frac{\left(\frac{s}{2}\right)^2 - \frac{s}{2} + 1}{\left(\frac{2s}{2}+1\right)^2\left(\frac{s}{2}-1\right)}$

$= \frac{1}{4}\frac{s^2-2s+4}{(s+1)^2(s-2)}$

(2) $3F(3s) = 3\frac{(3s)^2-3s+1}{(6s+1)^2(3s-1)}$

문 3. 정리의 이용(2)

(1) $\frac{1}{2}F\left(\frac{s}{2}\right) = \frac{1}{2}\frac{1}{\frac{s}{2}}e^{-3/2s} = \frac{1}{s}e^{-3/2s}$

(2) $3F(3s) = 3\frac{1}{3s}e^{-9s} = \frac{1}{s}e^{-9s}$

문 4. 정리의 이용(3)

$$F(s) = 2\frac{10}{2s+3} = \frac{10}{s+\frac{3}{2}}$$

문 5. 미분방정식의 Laplace 변환

$y(t)$를 구하는 역변환과정은 2.3절을 학습한 후에 참조할 것.

(1) $\{s^2Y(s) - sy(0) - y'(0)\} + 4\{sY(s) - y(0)\} + 3Y(s) = 0$

$$Y(s) = \frac{s+4}{s^2+4s+3} = \frac{\frac{3}{2}}{s+1} - \frac{\frac{1}{2}}{s+3}$$

$$y(t) = \frac{3}{2}e^{-t} - \frac{1}{2}e^{-3t}$$

(2) $\{s^2Y(s) - sy(0) - y'(0)\} + 5\{sY(s) - y(0)\} + 6Y(s) = \frac{12}{s}$

$$Y(s) = \frac{12}{s(s+2)(s+3)} = \frac{2}{s} - \frac{6}{s+2} + \frac{4}{s+3}$$

$$y(t) = 2 - 6e^{-2t} + 4e^{-3t}$$

(3) $Y(s) = \frac{s+7}{(s+4)^2} = \frac{3}{(s+4)^2} + \frac{1}{s+4}$

$$y(t) = (3t+1)\cdot e^{-4t}$$

(4) $Y(s) = \frac{s^2+1}{s^2(s+1)^2}$

$$= \frac{1}{s^2} - \frac{2}{s} + \frac{2}{(s+1)^2} - \frac{2}{s+1}$$

$$y(t) = t - 2 + 2(t-1)e^{-t}$$

(5) $Y(s) = \frac{2s+8}{s^2+4s+10}$

$$= \frac{2(s+2) + \frac{4}{\sqrt{6}} \times \sqrt{6}}{(s+2)^2 + (\sqrt{6})^2}$$

$$y(t) = e^{-2t}\left(2\cos\sqrt{6}t + \frac{4}{\sqrt{6}}\sin\sqrt{6}t\right)$$

(6) $Y(s) = \frac{2}{(s+3)(s^2+5s+20)}$

$$= \frac{\frac{1}{7}}{s+3} - \frac{1}{7}\frac{\left(s+\frac{5}{2}\right) + \frac{1}{\sqrt{55}} \times \frac{\sqrt{55}}{2}}{\left(s+\frac{5}{2}\right)^2 + \left(\frac{\sqrt{55}}{2}\right)^2}$$

$$y(t) = \frac{1}{7}e^{-3t} - \frac{1}{7}e^{-5/2t}\left(\cos\frac{\sqrt{55}}{2}t + \frac{1}{\sqrt{55}}\sin\frac{\sqrt{55}}{2}t\right)$$

(7) $Y(s) = \frac{s^2-5s+10}{(s-1)(s-2)^2}$

$$= \frac{6}{s-1} + \frac{4}{(s-2)^2} - \frac{5}{s-2}$$

$$y(t) = 6e^{t} + e^{2t}(4t-5)$$

문 6. Laplace 변환의 미분

(1) $F(s) = (-1)\frac{d}{ds}\frac{s}{s^2+a^2}$

$$= \frac{s^2-a^2}{(s^2+a^2)^2}$$

(2) $F(s) = (-1)^2\frac{d^2}{ds^2}\frac{3}{s^2+9}$

$$= \frac{6(3s^2-9)}{(s^2+9)^3}$$

(3) $F(s) = (-1)\frac{d}{ds}\frac{1}{s^2+2s+2}$

$$= \frac{2s+2}{(s^2+2s)^2}$$

문 7. 특수신호의 표현

(a) $f(t) = 2tu(t) - 2(t-2)u(t-2) - 5u(t-5) + u(t-7)$

$$F(s) = \frac{2}{s^2}(1-e^{-2s}) - \frac{1}{s}(5e^{-5s} - e^{-7s})$$

(b) $f(t) = 4\delta(t) + 5\delta(t-3) - 1.5\delta(t-6)$

$$F(s) = 4 + 5e^{-3s} - 1.5e^{-6s}$$

문 8. 주기함수의 Laplace 변환

(a) $f_1(t) = 2u(t) - 4u(t-1) + 2u(t-2)$

$$F_1(s) = \frac{2}{s}(1-2e^{s}+e^{-2s})$$

$$F(s) = \frac{1}{1-e^{-2s}}F_1(s)$$

$$= \frac{2}{s}\tanh\left(\frac{s}{2}\right)$$

(b) $f_1(t) = A\sin\omega t[u(t)-u(t-\pi)]$

$$= A\sin\omega t u(t) - A\sin(\omega t-\pi)u(t-\pi)$$

$$F_1(s) = \frac{A}{s^2+\omega^2}(1-e^{-\pi s})$$

$$F(s) = \frac{1}{1-e^{-2\pi s}}F_1(s)$$

$$= \frac{A}{s^2+\omega^2}\tanh\left(\frac{\pi s}{2}\right)$$

문 9. 초기치 및 최종치

(1) 초기치 $f(0) = \lim_{s\to\infty} s\frac{s+20}{s(s^2+3s+10)} = 0$

최종치 $f(\infty) = \lim_{s\to 0} s\frac{s+20}{s(s^2+3s+10)} = 2$

(2) 초기치 $f(0) = \lim_{s\to\infty} s\frac{s^2+2s+10}{(s+1)(s^2+3s+15)}$

$= 1$

최종치 $f(\infty) = \lim_{s\to 0} s\frac{s^2+2s+10}{(s+1)(s^2+3s+15)}$

$= 0$

연습문제 2.3

문 1. 역 Laplace 변환(1)

☞ 연습문제 2.2 중 문 1.의 결과 참조

(1) $f(t) = 10-4e^{-3t}+2t^3-2\sin 5t$

(2) $F(s) = \frac{4(s+2)}{(s+2)^2+3^3}$

$f(t) = 4e^{-2t}\cos 3t$

(3) $F(s) = \frac{2}{(s-1)^3}+\frac{4}{(s-1)^2}+\frac{4}{s-1}$

$f(t) = e^t(t+2)^2$

(4) $F(s) = \frac{6}{(s+2)(s+6)}$

$f(t) = \frac{3}{2}(e^{-2t}-e^{-6t})$

(5) $F(s) = \frac{2}{s^3}e^{-s}$

$f(t) = (t-1)^2u(t-1)$

문 2. 역 Laplace 변환(2)

☞ 연습문제 2.2 중, 문 5. 참조

(1) $F(s) = \frac{(s+2)+\frac{2}{3}3}{(s+2)^2+3^3}$

$f(t) = e^{-2t}\left[\cos 3t+\frac{2}{3}\sin 3t\right]$

(2) $F(s) = \frac{12}{s(s+2)(s+3)}$

$f(t) = 2(1-3e^{-2t}+2e^{-3t})$

(3) $F(s) = \frac{s+7}{(s+4)^2}$

$f(t) = e^{-4t}(3t+1)$

(4) $F(s) = \frac{s^2+1}{s^2(s+2)^2}$

$f(t) = t-2+2(t-1)e^{-t}$

(5) $F(s) = \frac{2(s+2)+\frac{4}{\sqrt{6}}\sqrt{6}}{(s+2)^2+(\sqrt{6})^2}$

$f(t) = e^{-2t}\left(\cos\sqrt{6}t+\frac{4}{\sqrt{6}}\sin\sqrt{6}t\right)$

(6) $F(s) = \frac{2}{(s+3)(s^2+5s+20)}$

$f(t) = \frac{1}{7}e^{-3t}-\frac{1}{7}e^{-5/2t}\times$

$\left(\cos\frac{\sqrt{55}}{2}t+\frac{1}{\sqrt{55}}\sin\frac{\sqrt{55}}{2}t\right)$

(7) $F(s) = \frac{-3s^2+20s-24}{(s-1)(s-2)^2}$

$f(t) = -7e^t+4e^{2t}(t+1)$

(8) $F(s) = \frac{\frac{1}{3}}{s^2+2s+2}+\frac{\frac{2}{3}}{s^2+2s+5}$

$f(t) = \frac{1}{3}e^{-t}(\sin t+\sin 2t)$

문 3. 역 Laplace 변환(3)

(1) $F(s) = \frac{3}{s} - \frac{2}{s+4}$

$$f(t) = 3-2e^{-4t}$$

(2) $F(s) = \frac{s-3}{s^2-1}$

$$f(t) = \cosh t - 3\sinh t$$

(3) $F(s) = \frac{1}{s-2} - \frac{2}{s+4}$

$$f(t) = e^{2t} - 2e^{-4t}$$

(4) $F(s) = \frac{2}{s} + \frac{1}{s-1} - \frac{2}{s-2}$

$$f(t) = 2+e^{t} - 2e^{2t}$$

(5) $F(s) = \frac{2}{s-3} + \frac{s+1}{s^2+1}$

$$f(t) = 2e^{3t} + \cos t + \sin t$$

(6) $F(s) = \frac{(s+2) - \frac{1}{3}3}{(s+2)^2+3^2}$

$$f(t) = e^{-2t}\left(\cos 3t - \frac{1}{3}\sin 3t\right)$$

(7) $F(s) = \frac{2}{(s-2)^2} - \frac{4}{s-2}$

$$f(t) = 2e^{-2t}(t-2)$$

(8) $F(s) = \frac{s^4+1}{s^4(s+1)^3}$

$$f(t) = \frac{1}{2}t^3 - \frac{9}{2}t^2 + 18t - 30 + 2e^{-t}(t^2+6t+15)$$

연습문제 2.4

문 1. 미분방정식 해석

☞ 여기서 (1)~(6)은 연습문제 2.2 중, 문 5의 (1)~(6)과 동일하므로 참조.

(7) $Y(s) = \frac{-3s^2+10s-4}{(s-1)(s-2)^2}$

$$= \frac{3}{s-1} + \frac{4}{(s-2)^2} - \frac{6}{s-2}$$

$$y(t) = 3e^{-t} + 2e^{2t}(2t-3)$$

(8) $Y(s) = \frac{s^2+2s+3}{(s^2+2s+2)(s^2+2s+5)}$

이 예는 연습문제 2.3 중, 문 2의 (8)과 동일함.

문 2. 회로해석

☞ 여기에서는 (a)의 과정만 설명함.

(1)

전압방정식 : $L\frac{di}{dt} + Ri + \frac{1}{C}\int_0^t i dt = v_i(t)$

$$\frac{di}{dt} + 3i + 2\int_0^t i dt = 10 \qquad \cdots\cdots(i)$$

출력방정식 : $v_c(t) = \frac{1}{C}\int_0^t i(t)dt \qquad \cdots\cdots(ii)$

(i) 및 (ii)의 해는

$$i(t) = 10(e^{-t} - e^{-2t})$$

$$v_c(t) = 10(1-2e^{-t}+e^{-2t})$$

(2) 생략

(3) 전달함수 :

$$H_1(s) = \frac{s}{s^2+3s+2}$$

$$H_2(s) = \frac{2}{s^2+3s+2}$$

(4) $H_1(s)$ 및 $H_2(s)$의 특성근, 시정수

특성근 : $s = -1, \ -2$

시정수 : $\tau = 1, \ 0.5$[sec]

(5) 생략

(6) 주파수 전달함수 :

$$H_1(j\omega) = \frac{j\omega}{(2-\omega^2)+j3\omega}$$

$$H_2(j\omega) = \frac{2}{(2-\omega^2)+j3\omega}$$

(7) 생략

(8) 지연회로, 2차저역통과필터

문 3. 시스템 해석

(1) $\frac{C(s)}{X(s)} = \frac{2s-1}{s^2+4s+13} \equiv H(s)$

$$H(j\omega) = \frac{j2\omega-1}{(13-\omega^2)+j4\omega}$$

(2) $C(s) = \frac{26(2s-1)}{s(s^2+4s+13)}$

$$c(t) = 1-e^{-2t}\left(2\cos 3t + \frac{40}{3}\sin 3t\right)$$

(3) $H(j\omega) = 0.342\angle -145.6^\circ$

$$c(t) = 4.84\sin(2t - 145.6^\circ)$$

(4) 극 : $s = -2 \pm j3$, 영점 : $s = 0.5$

(5) (a) $M(s) = \dfrac{2s-1}{s^2+2s+12}$

(b) $M(s) = \dfrac{K_1(2s-1)}{s^2+(4-2K_2)s+(12+K_2)}$

$$K_1 = \frac{11}{13},\ K_2 = -1$$

(c) $C(s) = \dfrac{\frac{110}{13}(2s-1)}{s(s^2+6s+11)}$

$$c(t) = \frac{10}{13}\left[e^{-3t}\left(\cos\sqrt{2}t - \frac{19}{\sqrt{2}}\sin\sqrt{2}t\right) - 1\right]$$

제 3 장 Fourier 급수

연습문제 3.1

문 1. 적분문제

(1) $\displaystyle\int_0^\pi \sin nx dx = -\frac{1}{n}\cos nx\Big|_0^\pi$

$$= \frac{1}{n}[1-(-1)^n]$$

(2) $\displaystyle\int_{-\pi/2}^0 \cos nx dx = \frac{1}{n}\sin nx\Big|_{-\pi/2}^0$

$$= -\sin\frac{n\pi}{2}$$

(3) $\displaystyle\int_{-\pi/2}^{\pi/2} x\sin nx dx = 2\int_0^{\pi/2} x\sin nx dx$

$$= -\frac{\pi}{n}\cos\frac{n\pi}{2} + \frac{2}{n^2}\sin\frac{n\pi}{2}$$

(4) $\displaystyle\int_{-\pi/2}^{\pi/2} x\cos nx dx = 0$

(5) $\displaystyle\int_{-\pi}^0 e^x \sin nx dx = \frac{n}{1+n^2}[(-1)^n e^{-\pi} - 1]$

(6) $\displaystyle\int_0^\pi e^x \cos nx dx = \frac{1}{1+n^2}[(-1)^n e^\pi - 1]$

문 2. 그래프의 Fourier 변환

(a) $a_0 = \dfrac{1}{\pi}\displaystyle\int_0^{\pi/2} dx = \frac{1}{2}$

$$a_n = \frac{2}{\pi}\int_0^{\pi/2}\cos nx dx = \frac{2}{n\pi}\sin\frac{n\pi}{2}$$

$$b_n = \frac{2}{\pi}\int_0^{\pi/2}\sin nx dx = 0$$

$$f(x) = \frac{1}{2} + \frac{2}{\pi}\left[\cos x - \frac{1}{3}\cos 3x + \frac{1}{5}\cos 5x - \cdots\right]$$

(b) $a_0 = \dfrac{1}{2\pi}\displaystyle\int_0^{\pi/2}\frac{\pi}{2}dt = \frac{\pi}{8}$

$$a_n = \frac{1}{\pi}\int_0^{\pi/2}\frac{\pi}{2}\cos ntdt = \frac{1}{2n}\sin\frac{n\pi}{2}$$

$$b_n = \frac{1}{\pi}\int_0^{\pi/2}\frac{\pi}{2}\sin ntdt = \frac{1}{2n}\left(1-\cos\frac{n\pi}{2}\right)$$

$$f(t) = \frac{\pi}{8} + \frac{1}{2}\left[\cos t - \frac{1}{3}\cos 3t + \quad -\cdots\right]$$

$$+\frac{1}{2}[\sin t + 2\sin 2t + \sin 3t + \cdots]$$

(c) $a_0 = \dfrac{1}{2\pi}\displaystyle\int_0^\pi dx = \frac{1}{2}$

$$a_n = \frac{1}{\pi}\int_0^\pi \cos nx dx = 0$$

$$b_n = \frac{1}{\pi}\int_0^\pi \sin nx dx = \frac{1}{n\pi}[1-(-1)^n]$$

$$f(t) = \frac{1}{2} + \frac{2}{\pi}\left[\sin x + \frac{1}{3}\sin 3x + \frac{1}{5}\sin 5x + \cdots\right]$$

(d) $a_0 = \dfrac{1}{2\pi}\left[\displaystyle\int_0^{\pi/2}(-1)dt + \int_{\pi/2}^\pi dt\right] = 0$

$$a_n = \frac{1}{\pi}\left[-\int_0^{\pi/2}\cos ntdt + \int_{\pi/2}^\pi \cos ntdt\right]$$

$$= \frac{2}{n\pi}\sin\frac{n\pi}{2}$$

$$b_n = \frac{1}{\pi}\left[-\int_0^{\pi/2}\sin ntdt + \int_{\pi/2}^\pi \sin ntdt\right]$$

$$= \frac{1}{n\pi}\left[2\cos\frac{n\pi}{2} - 1 - (-1)^n\right]$$

$$f(t) = \frac{2}{\pi}\left[\cos t - \sin 2t - \frac{1}{3}\cos 3t + \frac{1}{5}\sin 5t + \cdots\right]$$

문 3. Fourier 급수 계산

(1) $a_0 = \dfrac{1}{2\pi}\displaystyle\int_{-\pi}^\pi x^3 dx = 0$

$$a_n = \frac{1}{\pi}\int_{-\pi}^\pi x^3\cos nx dx = 0$$

$$b_n = \frac{1}{\pi}\int_{-\pi}^\pi x^3\sin nx dx = \frac{2}{\pi}\int_0^\pi x^3\sin nx dx$$

$$= 2\left(\frac{\pi^2}{n} - \frac{6}{n^3}\right)(-1)^{n+1}$$

$$f(x)=2\left[\left(\frac{\pi^2}{1}-\frac{6}{1^3}\right)\sin x-\left(\frac{\pi^2}{2}-\frac{6}{2^3}\right)\sin 2x+\cdots\right]$$

(2) $a_0=\frac{1}{2\pi}\left[\int_{-\pi}^{0}(-x)\,dx+\int_0^{\pi}x\,dx\right]=\frac{\pi}{2}$

$$a_n=\frac{1}{\pi}\left[\int_{-\pi}^{0}(-x)\cos nx\,dx+\int_0^{\pi}x\cos nx\,dx\right]$$
$$=\frac{2}{n^2\pi}[(-1)^n-1]$$

$$b_n=\frac{1}{\pi}\left[\int_{-\pi}^{0}(-x)\sin nx\,dx+\int_0^{\pi}x\sin nx\,dx\right]=0$$

$$f(x)=\frac{\pi}{2}-\frac{4}{\pi}\left[\cos x+\frac{1}{3^2}\cos 3x+\frac{1}{5^2}\cos 5x+\cdots\right]$$

(3) $a_0=\frac{1}{2\pi}\int_0^{\pi}x\,dx=\frac{\pi}{4}$

$$a_n=\frac{1}{\pi}\int_0^{\pi}x\cos nx\,dx$$
$$=\frac{1}{n^2\pi}[(-1)^n-1]$$

$$b_n=\frac{1}{\pi}\int_0^{\pi}x\sin nx\,dx$$
$$=\frac{1}{n\pi}(-1)^{n+1}$$

$$f(x)=\frac{\pi}{4}+\frac{1}{\pi}\left[\sin x-\frac{1}{2}\sin 2x+\frac{1}{3}\sin 3x-\cdots\right]$$
$$-\frac{2}{\pi}\left[\cos x+\frac{1}{3}\cos 3x+\frac{1}{5}\cos 5x+\cdots\right]$$

(4) $a_0=\frac{1}{2\pi}\left[\int_{-\pi/2}^{\pi/2}x\,dx-\int_{\pi/2}^{3\pi/2}(\pi-x)\,dx\right]$
$=0$

$$a_n=\frac{1}{\pi}\left[\int_{-\pi/2}^{\pi/2}x\cos nx+\int_{\pi/2}^{3\pi/2}(\pi-x)\cos dx\right]=0$$

$$b_n=\frac{1}{\pi}\left[\int_{-\pi/2}^{\pi/2}x\sin nx\,dx+\int_{\pi/2}^{3\pi/2}(\pi-x)\sin nx\,dx\right]$$
$$=\frac{2}{n\pi}\left[\frac{2}{n}\sin\frac{n\pi}{2}-\pi\cos\frac{n\pi}{2}\right]$$

$$f(x)=\frac{2}{\pi}\left[2\sin x+\frac{1}{2}\sin 2x-\frac{2}{3}\sin 3x\right.$$
$$\left.-\frac{1}{4}\sin 4x\cdots\right]$$

(5) $a_0=\frac{1}{4}\int_{-1}^{1}k\,dt=\frac{k}{2}$

$$a_n=\frac{1}{2}\int_{-1}^{1}k\cos\frac{2n\pi}{4}t\,dt$$
$$=\frac{2k}{n\pi}\sin\frac{n\pi}{2}$$

$$b_n=\frac{1}{2}\int_{-1}^{1}k\sin\frac{2n\pi}{4}t\,dt=0$$

$$f(t)=\frac{k}{2}+\frac{2k}{\pi}\left[\cos\frac{\pi}{2}t-\frac{1}{3}\cos\frac{3\pi}{2}t\right.$$
$$\left.+\frac{1}{5}\cos\frac{5\pi}{2}t-\cdots\right]$$

(6) $a_0=\frac{1}{4}\left[k\int_{-2}^{1}dt-\frac{k}{2}\int_1^2 dt\right]=\frac{5k}{8}$

$$a_n=\frac{1}{2}\left[k\int_{-2}^{1}\cos\frac{n\pi}{2}t\,dt-\frac{k}{2}\int_1^2\cos\frac{n\pi}{2}t\,dt\right]$$
$$=\frac{3k}{2n\pi}\sin\frac{n\pi}{2}$$

$$b_n=\frac{1}{2}\left[k\int_{-2}^{1}\sin\frac{n\pi}{2}t\,dt-\frac{k}{2}\int_1^2\sin\frac{n\pi}{2}t\,dt\right]$$
$$=\frac{3k}{2n\pi}\left[(-1)^n-\cos\frac{n\pi}{2}\right]$$

$$f(t)=\frac{5k}{8}+\frac{3k}{2\pi}\left[\cos\frac{\pi}{2}t-\frac{1}{3}\cos\frac{3\pi}{2}t+\cdots\right]$$
$$-\frac{3k}{2\pi}\left[\sin\frac{\pi}{2}t-\frac{2}{2}\sin\frac{2\pi}{2}t-\frac{1}{3}\sin\frac{3\pi}{2}t+\cdots\right]$$

(7) $a_0=\frac{1}{2}\int_{-1}^{1}(1-t^2)\,dt=\frac{2}{3}$

$$a_n=\int_{-1}^{1}(1-t^2)\cos n\pi t\,dt=\frac{4}{n^2\pi^2}(-1)^{n+1}$$

$$b_n=\int_{-1}^{1}(1-t^2)\sin n\pi t\,dt=0$$

$$f(t)=\frac{2}{3}+\frac{4}{\pi^2}\left[\cos\pi t-\frac{1}{2^2}\cos 2\pi t\right.$$
$$\left.+\frac{1}{3^2}\cos 3\pi t-\cdots\right]$$

(8) $a_0=\int_0^1\sin\pi t\,dt=\frac{\pi}{2}$

$$a_n=2\int_0^1\sin\pi t\cos 2n\pi t\,dt$$
$$=-\frac{1}{\pi}\left\{\frac{[\cos\pi(2n+1)-1]}{2n+1}\right.$$
$$\left.+\frac{[\cos\pi(1-2n)-1]}{1-2n}\right\}$$

$$b_n=2\int_0^1\sin\pi t\sin n\pi t\,dt=0$$

$$f(t)=\frac{2}{\pi}-\frac{4}{\pi}\left[\frac{1}{3}\cos\pi t+\frac{1}{15}\cos 2\pi t\right.$$
$$\left.+\frac{1}{35}\cos 2\pi t+\cdots\right]$$

연습문제 3.2

문 1. 우함수와 기함수의 합

☞ 이 문제의 풀이 중, f_E 및 f_O는 각각 우함수(Even Function)과 기함수(Odd Function)을 나타낸다.

(1) $f(x) = f_E(x) + f_O(x)$

$= \dfrac{x^2+1}{(1-x^2)^2} + \dfrac{2x}{(1-x^2)^2}$

(2) $f(t) = f_E(t) + f_O(t)$

$= \cosh 2t + j\sinh 2t$

(3) $f(x) = f_E(x) + f_O(x)$

$= \dfrac{-x^2}{1-x^2} + \dfrac{x}{1-x^2}$

(4) $f(t) = f_E(t) + f_O(t)$

$= -t^2 + 2t$

(5) $f(x) = f_E(x)$

$= x\sin x$ (기함수×기함수 = 우함수)

(6) $f(t) = f_E(t) + f_O(t)$

$= -jt\sinh t + t\cosh t$

문 2. 우함수 및 기함수의 Fourier 변환

(1) 기함수이므로 $a_0 = a_n = 0$

$$b_n = \frac{2}{\pi}\int_0^{\pi} x\sin nx\,dx = \frac{2}{n}(-1)^n$$

$$f(x) = 2\left[\sin x - \frac{1}{2}\sin 2x + \frac{1}{3}\sin 3x - \cdots\right]$$

(2) 우함수이므로 $b_n = 0$

$$a_0 = \frac{1}{\pi}\int_0^{\pi} t^2 dt = \frac{\pi^2}{3}$$

$$a_n = \frac{2}{\pi}\int_0^{\pi} t^2\cos nt\,dt = \frac{4}{n^2}(-1)^n$$

$$f(t) = \frac{\pi^2}{3} - 4\left[\cos t - \frac{1}{2^2}\cos 2t + \frac{1}{3^2}\cos 3t - \cdots\right]$$

(3) 우함수도 기함수도 아님

$$a_0 = \frac{1}{2\pi}\int_0^{\pi} x\,dx = \frac{\pi}{4}$$

$$a_n = \frac{1}{\pi}\int_0^{\pi} x\cos nx\,dx = \frac{1}{n^2\pi}[(-1)^n - 1]$$

$$b_n = \frac{1}{\pi}\int_0^{\pi} x\sin nx\,dx = \frac{1}{n}(-1)^{n+1}$$

$$f(x) = \frac{\pi}{4} - \frac{2}{\pi}\left[\cos x + \frac{1}{3^2}\cos 3x + \frac{1}{5^2}\cos 5x + \cdots\right]$$

$$+\left[\sin x - \frac{1}{2}\sin 2x + \frac{1}{3}\sin 3x - \cdots\right]$$

(4) 우함수이므로 $b_n = 0$

$$a_0 = \frac{1}{\pi}\int_0^{\pi} t\,dt = \frac{\pi}{2}$$

$$a_n = \frac{2}{\pi}\int_0^{\pi} t\cos nt\,dt = \frac{2}{n^2\pi}[(-1)^n - 1]$$

$$f(t) = \frac{\pi}{2} - \frac{4}{\pi}\left[\cos t + \frac{1}{3^2}\cos 3t + \frac{1}{5^2}\cos 5t + \cdots\right]$$

(5) 우함수이므로 $b_n = 0$

$$a_0 = \frac{1}{\pi}\int_0^{\pi/2} dx = \frac{1}{2}$$

$$a_n = \frac{2}{\pi}\int_0^{\pi/2} \cos nx\,dx = \frac{2}{n\pi}\sin\frac{n\pi}{2}$$

$$f(x) = \frac{1}{2} + \frac{2}{\pi}\left[\cos x - \frac{1}{3}\cos 3x + \frac{1}{5}\cos 5x - \cdots\right]$$

(6) 우함수이므로 $b_n = 0$

$$a_0 = \frac{1}{\pi}\int_0^{\pi} \sin t\,dt = \frac{2}{\pi}$$

$$a_n = \frac{2}{\pi}\int_0^{\pi} \sin t\cos nt\,dt$$

$$= -\frac{1}{\pi}\left[\frac{\cos\pi(2n+1) - 1}{2n+1} + \frac{\cos\pi(1-2n) - 1}{1-2n}\right]$$

$$f(t) = \frac{2}{\pi} - \frac{4}{\pi}\left[\frac{1}{3}\cos t + \frac{1}{15}\cos 3t + \frac{1}{35}\cos 5t + \cdots\right]$$

연습문제 3.3

문 1. 반구간 전개

(1) $f(t) = t,\ (0 < t < \pi)$

(a) 기주기 확장

$$b_n = \frac{2}{\pi}\int_0^{\pi} t\sin nt\,dt = \frac{2}{n\pi}[1 - (-1)^n]$$

$$f(t)=\frac{4}{\pi}\left[\sin t+\frac{1}{3}\sin 3t+\frac{1}{5}\sin 5t+\cdots\right]$$

(b) 우주기 확장

$$a_0=\frac{1}{\pi}\int_0^{\pi} t\,dt=\frac{\pi}{2}$$

$$a_n=\frac{2}{\pi}\int_0^{\pi} t\cos nt\,dt=\frac{2}{n^2\pi}[(-1)^n-1]$$

$$f(t)=\frac{\pi}{2}-\frac{4}{\pi}\left[\cos t-\frac{1}{3^2}\cos 3t+\frac{1}{5^2}\cos 5t-\cdots\right]$$

(2) $f(t)=1,\ (0<t<l)$

(a) 기주기 확장

$$b_n=\frac{2}{l}\int_0^{l}\sin\frac{n\pi}{l}t\,dt=\frac{2}{n\pi}[1-(-1)^n]$$

$$f(t)=\frac{4}{\pi}\left[\sin\frac{\pi}{l}t+\frac{1}{3}\cos\frac{3\pi}{l}t+\frac{1}{5}\cos\frac{5\pi}{l}t+\frac{1}{7}\cos\frac{7\pi}{l}t+\cdots\right]$$

(b) 우주기 확장

$$a_0=\frac{1}{l}\int_0^{l}dt=1$$

$$a_n=\frac{2}{l}\int_0^{l}\cos\frac{n\pi}{l}t\,dt=0$$

$$f(t)=1$$

(3) $f(t)=t$

(a) 기주기 확장

$$b_n=2\int_0^1 t\sin n\pi t\,dt=\frac{2}{n}[1-(-1)^2]$$

$$f(t)=4\left[\sin\pi t+\frac{1}{3}\sin 3\pi t+\frac{1}{5}\sin 5\pi t+\cdots\right]$$

(b) 우주기 확장

$$a_0=\int_0^1 t\,dt=\frac{1}{2}$$

$$a_n=2\int_0^1 t\cos n\pi t\,dt=\frac{1}{n^2}[(-1)^n-1]$$

$$f(t)=\frac{1}{2}-4\left[\sin\pi t-\frac{1}{3^2}\sin 3\pi t+\frac{1}{5^2}\sin 5\pi t-\cdots\right]$$

(4) $f(t)=t^2$

(a) 기주기 확장

$$b_n=\int_0^1 t^2\sin\frac{n\pi}{2}t\,dt$$

$$f(t)=\frac{8}{\pi}\left[\left(1-\frac{4}{\pi^2}\right)\sin\frac{\pi}{2}t-\frac{1}{2}\sin\frac{2\pi}{2}t+\left(\frac{1}{3}-\frac{4}{3^2\pi^2}\right)\sin\frac{3\pi}{2}t+\cdots\right]$$

(5) $f(t)=\begin{cases} t \\ \pi/2 \end{cases}$

(a) 기주기 확장

$$b_n=\frac{2}{\pi}\left[\int_0^{\pi/2} t\sin nt\,dt+\int_{\pi/2}^{\pi}\sin nt\,dt\right]$$

$$=\frac{2}{n\pi}\left[\frac{1}{n}\sin\frac{n\pi}{2}-\frac{\pi}{2}(-1)^n-\frac{\pi}{2}\cos\frac{n\pi}{2}\right]$$

$$f(t)=\frac{2}{\pi}\left[\left(1+\frac{\pi}{2}\right)\sin t+\left(1-\frac{\pi}{2}\right)\sin 2t+\frac{1}{3}\left(-\frac{1}{3}+\frac{\pi}{2}\right)\sin 3t+\cdots\right]$$

(6)~(8) 생략

연습문제 3.4

문 1. 복소 Fourier 급수 전개

(1) $c_n=\frac{1}{2\pi}\int_{\pi}^{\pi} xe^{-jnx}dx=\frac{1}{jn}(-1)^{n+1}$

$$f(x)=2\left[\sin x-\frac{1}{2}\sin 2x+\frac{1}{3}\sin 3x-\cdots\right]$$

(2) $c_0=1$

$$c_n=\frac{1}{4}\int_{-2}^{2}(-t)e^{-j\frac{n\pi}{2}t}dt=\frac{2}{jn\pi}(-1)^n$$

$$f(t)=1-\frac{4}{\pi}\left[-\sin t+\frac{1}{3}\sin 3t-\frac{1}{5}\sin 5t+\cdots\right]$$

(3) $c_n=\frac{1}{2\pi}\left[-\int_{-\pi}^{0}e^{-jnx}dx+\int_0^{\pi}e^{-jnx}dx\right]$

$$=\frac{1}{jn\pi}[1-(-1)^n]$$

$$f(x)=\frac{4}{\pi}\left[\sin x+\frac{1}{3}\sin 3x+\frac{1}{5}\sin 5x+\cdots\right]$$

(4) $c_0=\frac{1}{4}\int_0^2 t\,dt=\frac{1}{2}$

$$c_n=\frac{1}{4}\int_0^2 te^{-j\frac{n\pi}{2}t}dt$$

$$=\frac{1}{jn\pi}(-1)^{n+1}+\frac{1}{n^2\pi^2}[(-1)^n-1]$$

$$f(t)=\frac{1}{2}-\frac{2}{\pi^2}\left[\cos\frac{\pi}{2}t+\frac{1}{3^2}\cos\frac{3\pi}{2}t+\cdots\right]+\frac{2}{\pi}\left[\sin\frac{\pi}{2}t-\frac{1}{2}\sin\frac{2\pi}{2}t+\cdots\right]$$

연습문제 3.5

문 1. 적분하지 않는 방법

☞ 문제수가 많으므로 지면상 대표적인 2개의 풀이과정만 싣는다.

◉ 우함수의 경우 : 연습문제 3.1, 문 2.의 (a)

우함수이므로 $b_n = 0$이고 또한,

$$a_0 = \frac{1}{\pi}\int_0^{\pi/2} dx = \frac{1}{2}$$

	$x_1 = -\frac{\pi}{2}$의 도약	$x_2 = \frac{\pi}{2}$의 도약
f	$j_1 = 1$	$j_2 = -1$
f'	0	0

$$a_n = \frac{1}{n\pi}\left[-j_1 \sin nx_1 - j_2 \sin nx_2\right]$$

$$= \frac{2}{n\pi}\sin\frac{n\pi}{2}$$

$$f(x) = \frac{1}{2} + \frac{2}{\pi}\left[\cos x - \frac{1}{3}\cos 3x + \frac{1}{5}\cos 5x - \cdots\right]$$

◉ 기함수인 경우 : 연습문제 3.1, 문 3.의 (4)

기함수이므로 $a_0 = a_n = 0$

	$x_1 = -\frac{\pi}{2}$의 도약	$x_2 = \frac{\pi}{2}$의 도약
f	$j_1 = -\frac{\pi}{2}$	$j_2 = -\frac{\pi}{2}$
f'	$j_1' = 2$	$j_2' = -2$
f''	0	0

$$b_n = \frac{1}{n\pi}\left[\sum_1^2 j_s \cos nx_s - \frac{1}{n}\sum_1^2 j_s' \sin nx_s\right]$$

$$= \frac{2}{\pi}\left[\frac{2}{n^2}\sin\frac{n\pi}{2} - \frac{\pi}{n}\cos\frac{n\pi}{2}\right]$$

$$f(x) = \frac{2}{\pi}\left[2\sin x + \frac{1}{2}\sin 2x - \frac{2}{3}\sin 3x - \cdots\right]$$

문 2. 증명 생략

문 3. 생략

연습문제 3.6

문 1. 미분방정식의 정상상상태해

☞ 여기에서는 $\omega = 0.5$인 경우에 대해 정상해 $y_p(t)$만 구한다.

(1) $y'' + 0.25y = \sin t$

$$y_p(t) = \frac{1}{D^2 + 0.25}\sin t$$

$$= -\frac{4}{3}\sin t$$

(2) $y'' + 0.25y = \sin t + \frac{1}{3}\sin 3t + \frac{1}{5}\sin 5t$

$$y_p(t) = \frac{1}{D^2 + 0.25}\left[\sin t + \frac{1}{3}\sin 3t + \frac{1}{5}\sin 5t\right]$$

$$= -[1.333\sin t + 0.038\sin 3t + 0.008\sin 5t]$$

(3) $y'' + 0.25y = \sum_{n=1}^{5}\frac{4}{n\pi}\cos nt$

$$y_p(t) = \frac{1}{D^2 + 0.25}\sum_{n=1}^{5}\cos nt$$

$$= -\frac{4}{\pi}[1.333\cos t + 0.133\cos 2t$$

$$+ 0.038\cos 3t + 0.016\cos 4t + 0.008\cos 5t]$$

(4) $a_0 = \frac{1}{2\pi}\int_{-\pi}^{0} dt = \frac{1}{2}$

$$a_n = \frac{1}{\pi}\int_{-\pi}^{0}\cos nt\,dt = 0$$

$$b_n = \frac{1}{\pi}\int_{-\pi}^{0}\sin nt\,dt = \frac{1}{n\pi}[(-1)^n - 1]$$

$$f(t) = \frac{1}{2} + \frac{1}{\pi}\sum_{n=1}^{\infty}\frac{1}{n}[(-1)^n - 1]\sin nt$$

$$y'' + 0.25y = f(t)$$

$$y_p(t) = \frac{1}{D^2 + 0.25}f(t)$$

$$= 2 + \frac{1}{\pi}\sum_{n=1}^{\infty}\frac{1}{n}[(-1)^n - 1]\frac{1}{0.25 - n^2}\sin nt$$

(5) 기함수 ($a_0 = a_n = 0$)

$$b_n = \frac{2}{\pi}\int_0^{\pi}(-1)\sin nt\,dt$$

$$= \frac{2}{n\pi}[(-1)^n - 1]$$

$$f(t) = \frac{2}{\pi}\sum_{n=1}^{\infty}\frac{1}{n}[(-1)^n - 1]\sin nt$$

$$y_p(t) = \frac{1}{D^2+0.25}\left\{\frac{2}{\pi}\sum_{n=1}^{\infty}\frac{1}{n}[(-1)^n-1]\sin nt\right\}$$

$$= \frac{2}{\pi}\sum_{n=1}^{\infty}\frac{1}{n}[(-1)^n-1]\frac{1}{0.25-n^2}\sin nt$$

문 2. 회로해석

전압방정식 : $\frac{di}{dt}+3i+2\int_0^t i dt = v$ ......(i)

출력방정식 : $\frac{d^2v_c}{dt^2}+3\frac{dv_c}{dt}+2v_c = 2v$ ......(ii)

☞ 식(i), (ii) 각각에 대해 정상값을 문 1.과 같이 구할 수 있으나 여기에서는 식(ii)에 대해서만 3.6.2절의 해석법을 적용한다.

초기치를 무시하고 Laplace 변환하면

$$\frac{V_c(s)}{V(s)} \equiv H(s) = \frac{2}{s^2+3s+2}$$

주파수 전달함수는

$$H(j\omega) = \frac{2}{(2-\omega^2)+j3\omega}$$

$$= \frac{2}{\sqrt{(2-\omega^2)^2+9\omega^2}}\angle -\tan^{-1}\left(\frac{3\omega}{2-\omega^2}\right)$$ ......(iii)

(1) $\omega = 1$이므로

$$H(j\omega) = \frac{2}{\sqrt{10}}\angle -71.6^\circ$$

$$v_c(t) = 4\sqrt{5}\sin t(t-71.6^\circ)$$

(2) (1)의 결과 이용

$$v_c(t) = 4\sqrt{5}\sin(t-101.6^\circ)$$

(3) $H(0) = 1$

$$H(j2) = \frac{1}{\sqrt{10}}\angle -108.4^\circ$$

$$v_c(t) = 5+2\sqrt{5}\sin(2t-108.4^\circ)$$

(4) (3)의 결과를 이용

$$H(j6) = \frac{1}{\sqrt{370}}\angle -152.1^\circ$$

$$v_c(t) = 5+2\sqrt{5}\sin(2t-108.4^\circ) + \frac{20}{\sqrt{185}}\sin(6t-152.1^\circ)$$

(5) 생략

(6) 우함수이므로 $b_n = 0$

$$a_0 = \frac{2}{4}\int_0^1 10dt = 5$$

$$a_n = \frac{4}{4}\int_0^1 10\sin\frac{n\pi}{2}tdt$$

$$= \frac{20}{n\pi}\left[1-\cos\frac{n\pi}{2}\right]$$

$$v_c(t) = 5+\frac{20}{\pi}\sum_{n=1}^{\infty}\frac{1}{n}\left(1-\cos\frac{n\pi}{2}\right)\cos\frac{n\pi}{2}t$$

여기서 $H(0) = H(j\omega)|_{\omega=n\pi/2}$라 하고 $|H(j\omega_n)|$ 및 $\angle H(j\omega_n)$을 $H(j\omega_n) = H(j\omega)|_{\omega=n\pi/2}$의 이득과 위상이라 하면

$$v_c(t) = 5H(0)+\frac{20}{\pi}\sum_{n=1}^{\infty}\left[\frac{1}{n}\left(1-\cos\frac{n\pi}{2}\right)\times|H(j\omega_n)|\cos\left(\frac{n\pi}{2}t+\angle H(j\omega_n)\right)\right]$$

문 3. 생략

문 4. 실효치의 계산

☞ 문 2에서 $v_c(t)$에 대해서 해석하였으므로 여기에서는 V, V_c만을 구하고 역율 및 전력 계산은 독자에게 맡긴다.

(1) $V = 10[V]$

$V_c = 2\sqrt{10}[V]$

(2) $V = 10[V]$

$V_c = 2\sqrt{10}[V]$

(3) $V = \sqrt{5^2+10^2} = 11.180[V]$

$V_c = \sqrt{5^2+(\sqrt{10})^2} = 3.873[V]$

(4) $V = \sqrt{5^2+10^2+20^2} = 22.9[V]$

$V_c = \sqrt{5^2+(\sqrt{10})^2+\left(\frac{10}{\sqrt{370}}\right)^2} = 11.2[V]$

(5) $V = \sqrt{5^2+\sum_{n=1}^{\infty}\left\{\frac{10\sqrt{2}}{n\pi}\left(1-\cos\frac{n\pi}{2}\right)\right\}^2}$

$$V_c = \sqrt{(5H(0))^2+\sum_{n=1}^{\infty}\left\{\frac{10\sqrt{2}}{n\pi}\left(1-\cos\frac{n\pi}{2}\right)|H(j\omega_n)|\right\}^2}$$

제 4 장 Fourier 변환

연습문제 4.2

문 1. 증명과정 생략

(1) (i) 우함수인 경우

$$A(\omega) = 2\int_0^1 \cos \omega t dt = 2Sa(\omega)$$

$$f(t) = \frac{2}{\pi}\int_0^\infty Sa(\omega)\cos \omega t d\omega$$

(ii) 기함수인 경우

$$B(\omega) = 2\int_0^1 \sin \omega t dt = -\frac{2\cos\omega}{\omega}$$

$$f(t) = -\frac{2}{\pi}\int_0^\infty \frac{\cos\omega \sin \omega t}{\omega} d\omega$$

(2) (i) 우함수인 경우

$$A(\omega) = 2\int_0^1 x^2 \cos \omega x dx$$

$$= 2\left[Sa(\omega)\left(1-\frac{2}{\omega^2}\right)+\frac{2\cos\omega}{\omega^2}\right]$$

$$f(t) = \frac{2}{\pi}\int_0^\infty \left[Sa(\omega)\left(1-\frac{2}{\omega^2}\right)+\frac{2\cos\omega}{\omega^2}\right] \times \cos \omega x d\omega$$

(ii) 기함수인 경우

$$B(\omega) = 2\int_0^1 x^2 \sin \omega x dx$$

$$= 2\left[\frac{2(\omega^2 Sa(\omega)+\cos\omega-1)-\omega^2\cos\omega}{\omega^3}\right]$$

$$f(t) = \frac{2}{\pi}\int_0^\infty \left[\frac{2(\omega^2 Sa(\omega)+\cos\omega-1)-\omega^2\cos\omega}{\omega^3}\right] \times \sin \omega x d\omega$$

(3) (i) 우함수인 경우

$$A(\omega) = 2\int_0^a t\cos \omega t dt$$

$$= 2\left[\frac{a\omega \sin a\omega + \cos a\omega - 1}{\omega^2}\right]$$

$$f(t) = \frac{2}{\pi}\int_0^\infty \left[\frac{a\omega \sin a\omega + \cos a\omega - 1}{\omega^2}\right] \times \cos \omega t d\omega$$

(ii) 기함수인 경우

$$B(\omega) = 2\int_0^a t\sin \omega t dt$$

$$= 2\left[\frac{\sin a\omega - a\omega\cos a\omega}{\omega^2}\right]$$

$$f(t) = \frac{2}{\pi}\int_0^\infty \left[\frac{\sin a\omega - a\omega\cos a\omega}{\omega^2}\right] \times \sin \omega t d\omega$$

연습문제 4.3

문 1. Fourier 변환, 이득 및 위상

☞ 이득 및 위상은 각각 $g(\omega)$ 및 $\phi(\omega)$로 표기

(1) $F(\omega) = \dfrac{10}{3+j\omega}$

$g(\omega) = \dfrac{10}{\sqrt{3^3+\omega^2}}$, $\phi(\omega) = -\tan^{-1}\left(\dfrac{\omega}{3}\right)$

(2) $F(\omega) = -\dfrac{20}{4+\omega^2}$

$g(\omega) = \dfrac{20}{4+\omega^2}$, $\phi(\omega) = -180^\circ$

(3) $F(\omega) = 100Sa(5\omega)$

$g(\omega) = F(\omega)$, $\phi(\omega) = 0^\circ$

(4) $F(\omega) = 4\left[\pi\delta(\omega)+\dfrac{1}{j\omega}\right]-3$

(5) $F(\omega) = 10\pi\delta(\omega)$

$g(\omega) = 10\pi\delta(\omega)$, $\phi(\omega) = 0^\circ$

(6) $F(\omega) = \dfrac{10}{j\omega}$

$g(\omega) = \dfrac{10}{\omega}$, $\phi(\omega) = -90^\circ$

(7) $F(\omega) = V\left[\pi\delta(\omega)+\dfrac{1}{j\omega}\right]$

(8) $F(\omega)$가 정의되지 않음

(9) $F(\omega) = 5\pi[\delta(\omega-10)+\delta(\omega+10)]$

(10) $F(\omega) = j5\pi[\delta(\omega+5)-\delta(-5)]+\dfrac{50}{25-\omega^2}$

(11) $F(\omega) = \dfrac{4}{j(\omega_0+\omega)}$

$g(\omega) = \dfrac{4}{\omega_0+\omega}$, $\phi(\omega) = -90^\circ$

문 2. Fourier 변환

(1) $f(t) = 8G_4(t) - 3$

$F(\omega) = 32Sa(2\omega) - 6\pi\delta(\omega)$

(2) $f(t) = 3sgn(t) + 1$

$F(\omega) = \dfrac{6}{j\omega} + 2\pi\delta(\omega)$

(3) $f_1(t) = 5G_6(t)$

$F_1(\omega) = 30Sa(3\omega)$

$$c_n = \frac{1}{T}F_1(\omega)\Big|_{\omega = n\omega_0} = 3Sa(3n\omega_0)$$

$$F(\omega) = 6\pi\sum_{n=-\infty}^{\infty} Sa(3n\omega_0)\delta(\omega - n\omega_0)$$

(4) $f_1(t) = 5\delta(t)$

$F_1(\omega) = 5$

$$c_n = \frac{1}{T}F_1(\omega)\Big|_{\omega = n\omega_0} = 2.5$$

$$F(\omega) = 5\pi\sum_{n=-\infty}^{\infty}\delta(\omega - n\omega_0)$$

문 3.

$$f(t) = \begin{cases} t+1 & (-1 < t < 0) \\ -t+1 & (0 < t < 1) \\ 0 & (|t| > 1) \end{cases}$$

$$F(\omega) = \int_{-1}^{0}(t+1)\cos\omega t\,dt + \int_0^1(-t+1)\cos\omega t\,dt = Sa^2\left(\frac{\omega}{2}\right)$$

문 4. 역 Fourier 변환

$$f(t) = \frac{1}{\pi}Sa(t)$$

연습문제 4.4

문 1. 기본함수의 Fourier 변환

(1) $F(\omega) = e^{-j\omega/2}Sa\left(\dfrac{\omega}{2}\right)$

(2) $\cos\beta t u(t) \Leftrightarrow \dfrac{j\omega}{(j\omega)^2 + \beta^2}$

$e^{-at}f(t) \Leftrightarrow F(\omega + a)$

$$F(\omega) = \frac{a + j\omega}{(a + j\omega)^2 + \beta^2}$$

(3) $e^{-at}f(t) \Leftrightarrow F(\omega + a)$

$$F(\omega) = \frac{1}{a + j\omega}\left[1 - e^{-j(\omega + a)}\right]$$

(4) $2\pi e^{\omega a}u(-\omega) \Leftrightarrow \dfrac{1}{1 + jt}$

$F(t) \Leftrightarrow 2\pi f(-\omega)$

$F(\omega) = \dfrac{1}{a - j\omega}$

(5) $F(\omega) = 2\pi e^{\omega a}u(-\omega)$

(6) $F(\omega) = \dfrac{\pi}{a}e^{-a|\omega|}$

(7) $F(\omega) = \dfrac{b}{(j\omega + a)^2 + b^2}$

(8) $F(\omega) = \dfrac{10b}{(j\omega + a)^2 + b^2}$

(9) $F(\omega) = -\dfrac{j2\omega}{a^2 + \omega^2}$

(10) $F(\omega) = \dfrac{10(j\omega + 4)}{(j\omega + 4)^2 + 5^2}$

문 2. Fourier 변환(2)

(a) $F(\omega) = \displaystyle\int_0^1 A(1-t)e^{-j\omega t}dt$

$$= \frac{A}{j\omega}\left[1 - e^{-j\frac{\omega}{2}}Sa\left(\frac{\omega}{2}\right)\right]$$

(b) $f(t) = u(t) + u(t-1) - u(t-2) - u(t-4)$

$$F(\omega) = \frac{1}{j\omega}\left[1 + e^{-j\omega} - e^{-j2\omega} - e^{-j4\omega}\right]$$

문 3.

$f(t) = e^{-a|t|}\ (a > 0) \Leftrightarrow \dfrac{2a}{\omega^2 + a^2}$

$2\pi f(-\omega) \Leftrightarrow F(t)$

$\dfrac{1}{t^2 + 1} \Leftrightarrow \pi e^{-|\omega|}$

문 4.

$$Y(\omega) = \frac{4}{(3 - \omega^2) + j4\omega}X(\omega)$$

문 5.

$$X(\omega) = \frac{1}{j\omega+2}$$

$$Y(\omega) = \frac{4}{(j\omega+1)(j\omega+2)(j\omega+3)}$$

문 6.

$$Y(\omega) = \frac{2}{j\omega+1} - \frac{4}{j\omega+2} + \frac{2}{j\omega+3}$$

$$y(t) = (2e^{-t} - 4e^{-2t} + 2e^{-3t})u(t)$$

문 8.

(1) $e^{-2t}u(t) \Leftrightarrow \frac{1}{j\omega+2}$

$$F(\omega) = -j\frac{d}{d\omega}\frac{1}{j\omega+2} = -\frac{1}{(j\omega+2)^2}$$

(2) $e^{-2t}\cos 3tu(t) \Leftrightarrow \frac{j\omega+2}{(j\omega+2)^2+3^2}$

$$F(\omega) = -j\frac{d}{d\omega}\frac{j\omega+2}{(j\omega+2)^2+3^2} = \frac{(5-3\omega^2)-j4\omega}{[(13-\omega^2)+j4\omega]^2}$$

(3) $e^{-3t}u(t) \Leftrightarrow \frac{1}{j\omega+3}$

$$F(\omega) = (-j)^2\frac{d^2}{d\omega^2}\frac{1}{j\omega+3} = \frac{2}{(j\omega+3)^3}$$

(4) $e^{2t}u(-t) \Leftrightarrow \frac{1}{2-j\omega}$

$$F(\omega) = -j\frac{d}{d\omega}\frac{1}{2-j\omega} = \frac{1}{(2-j\omega)^2}$$

(5) $\sin 3tu(-t) \Leftrightarrow \frac{3}{3^2-\omega^2}$

$$F(\omega) = \frac{30}{3^2-(\omega-2)^2}$$

(6) $e^{-2|t|} \Leftrightarrow \frac{4}{4-\omega^2}$

$$F(\omega) = (-j)^n\frac{d^n}{d\omega^n}\frac{4}{4-\omega^2}$$

문 9.

$$F(\omega) = \int_{-2}^{2} 2e^{-j\omega t}dt = 8Sa(2\omega)$$

문 11.

(1) $e^{-5t}u(t) \Leftrightarrow \frac{1}{j\omega+5}$

$$F(\omega) = -\frac{60}{(j\omega+5)^4}$$

(2) $e^{-3|t|} \Leftrightarrow \frac{2a}{a^2+\omega^2}$

문 12.

$$F_1(\omega) = \frac{\omega}{{\omega_0}^2-\omega^2}$$

$$F_2(\omega) = \tau Sa\left(\omega\frac{\tau}{2}\right)$$

$$F(\omega) = \frac{\tau}{2}\left[\frac{\sin\left\{(\omega+\omega_0)\frac{\tau}{2}\right\}}{(\omega+\omega_0)\frac{\tau}{2}} + \frac{\sin\left\{(\omega-\omega_0)\frac{\tau}{2}\right\}}{(\omega-\omega_0)\frac{\tau}{2}}\right]$$

문 13. 증명생략

문 14.

(1) $f(t-2) \Leftrightarrow e^{-j2\omega}F(\omega)$

$\Leftrightarrow 2e^{-3(t-2)} - e^{-2(t-2)}$

(2) $e^{-2t}f(t) \Leftrightarrow F(\omega+2)$

$\Leftrightarrow 2e^{-5t} - e^{-4t}$

(3) $f(2t) \Leftrightarrow \frac{1}{2}F\left(\frac{\omega}{2}\right)$

$\Leftrightarrow 2e^{-6t} - e^{-4t}$

(4) $f(-t) \Leftrightarrow F(-\omega)$

$\Leftrightarrow 2e^{3t} - e^{2t}$

연습문제 4.5

문 1.

(a) $V_i(\omega) = \frac{120}{j\omega+24}$

$$= \frac{120}{\sqrt{\omega^2+24^2}} \angle -\tan^{-1}\left(\frac{\omega}{24}\right)$$

$$|V_i(\omega)|^2 = \frac{120^2}{\omega^2+24^2}$$

(b) $H(j\omega) = \dfrac{48}{j\omega+48}$

$$V_o(\omega) = H(j\omega)V_i(\omega)$$

$$|V_o(\omega)|^2 = \frac{48^2}{\omega^2+48^2}\,\frac{120^2}{\omega^2+24^2}$$

(c) $W_i = \int_0^\infty [120e^{-24t}]^2 dt$

$$= 300[\text{J}]$$

$$W_o = \frac{1}{\pi}\int_0^\infty \frac{48^2\times 120^2}{(\omega^2+48^2)(\omega^2+24^2)}\,d\omega$$

$$= 200[\text{J}]$$

$$\eta = \frac{W_o}{W_i}\times 100 = 66.7[\%]$$

문 2.

$$\frac{Y(\omega)}{X(\omega)} \equiv H(j\omega) = \frac{j2\omega}{(j\omega+1)(j\omega+4)}$$

$$= \frac{2\omega}{\sqrt{(\omega^2+1)(\omega^2+16)}}$$

$$\angle 90^\circ - \tan^{-1}(\omega) - \tan^{-1}\left(\frac{\omega}{4}\right)$$

문 3.

$$I(\omega) = \frac{10}{j\omega}$$

$$I_o(\omega) = \frac{10(j\omega+3)}{j\omega(j\omega+4)}$$

$$i_o(t) = (7.5+2.5e^{-4t})u(t)$$

문 4.

$$V_i(\omega) = \frac{80}{j\omega}$$

$$V_o(\omega) = \frac{200}{j\omega(j\omega+2.5)}$$

$$v_o(t) = 40sgn(t) - 80e^{-2.5t}u(t)$$

문 5.

(a) $f(t) = \dfrac{\frac{1}{\pi}}{1+t^2}$

(b) $\dfrac{1}{2\pi}$ [J]

(c) $\dfrac{1}{2\pi}$ [J]

(d) $\omega_1 = 1.15$[rad/sec]

문 6.

(a) $V_i(\omega) = \dfrac{A}{j\omega+a}$

$$H(j\omega) = \frac{j\omega}{j\omega+a}$$

$$W_i = \frac{1}{\pi}\int_0^\infty \frac{A}{\omega^2+a^2}\,d\omega$$

$$W_o = \frac{1}{\pi}\int_0^\infty \frac{A}{\omega^2+a^2}\times\frac{\omega}{\omega^2+a^2}\,d\omega$$

$$\eta = \frac{W_o}{W_i}\times 100 = 18.17[\%]$$

(b) 27.13[%]

(c) 10.57[%]

문 7.

$$x(t) = 5[u(t) - u(t-0.01)]$$

$$X(\omega) = \frac{5}{j\omega}[1-e^{-j}0.01\omega]$$

$$Y(\omega) = \frac{25000}{j\omega(j\omega+500)}[1-e^{-j}0.01\omega]$$

$$y(t) = 5[1-e^{-500t}][u(t)-u(t-0.01)]$$

문 8.

(a) $\dfrac{4}{\pi}$ [J] (b) $\dfrac{1}{16}$ [J]

문 9.

(a) $X_1(f) = \dfrac{\sin(2\pi f)}{\pi f} = 2Sa(2\pi f)$

$$X_2(f) = 0.5[\delta(f+10)+\delta(f-10)]$$

$$X_3(f) = \sin c2\pi(f-10) + \sin c2\pi(f+10)$$

찾 아 보 기

(ㅂ)

(ㅅ)

(ㅇ)

(ㅌ)

(ㅍ)

(ㅎ)

저자와의
협의에 의해
인지 생략

전기/전자/통신 계열

공업수학

2판 5쇄 2024년 3월 4일

저 자 김성덕 / 김은원 / 임동균
발행인 송광헌
발행처 복두출판사
주 소 서울특별시 영등포구 경인로82길 3-4
센터플러스 807호
(우) 07371
전 화 02-2164-2580
FAX 02-2164-2584
등 록 1993. 11. 22. 제 10-902 호

정가 : 14,000원
ISBN : 979-11-86541-67-8 93410

한국과학기술출판협회 회원사